住房和城乡建设部"十四五"规划教材
职业教育装配式建筑工程技术系列教材

装配式钢结构识图与施工

刘学军　梁桥欣　李　稀　主　编

中国建筑工业出版社

图书在版编目（CIP）数据

装配式钢结构识图与施工 / 刘学军，梁桥欣，李稀
主编. -- 北京：中国建筑工业出版社，2025. 8.
（住房和城乡建设部"十四五"规划教材）（职业教育装
配式建筑工程技术系列教材）. -- ISBN 978-7-112
-31190-3

Ⅰ. TU391；TU758. 11

中国国家版本馆 CIP 数据核字第 2025WY6560 号

本教材内容主要包括以下几大方面：钢结构识图，钢结构材料性能与检验存储，钢结构连接施工，钢结构构件制作、涂装与运输，钢结构安装，钢结构施工质量与安全，装配式钢结构工程案例。对各种钢结构施工的基本知识、基本技能以及钢结构施工的实例都有详细的阐述和讲解。本教材内容全面，文字与图片匹配，易教易学，每个项目末尾附有练习题，方便师生复习。

本教材可作为土建类高职专业教材，适合高职本科、应用型本科、高职专科，也适用高等职业教育土建类相关专业教学用书。

为了便于本课程教学，作者自制免费课件资源，索取方式为：1. 邮箱：jckj@cabp. com. cn；2. QQ交流群：472187676。

责任编辑：司 汉 李 阳
责任校对：张 颖

住房和城乡建设部"十四五"规划教材
职业教育装配式建筑工程技术系列教材
装配式钢结构识图与施工
刘学军 梁桥欣 李 稀 主 编

*

中国建筑工业出版社出版、发行（北京海淀三里河路9号）
各地新华书店、建筑书店经销
北京鸿文瀚海文化传媒有限公司制版
廊坊市文峰档案印务有限公司印刷

*

开本：787毫米×1092毫米 1/16 印张：15½ 字数：385千字
2025年8月第一版 2025年8月第一次印刷
定价：**49.00**元（赠教师课件）
ISBN 978-7-112-31190-3
（44849）

本书编审委员会

主　编
刘学军　广西建设职业技术学院
梁桥欣　广西机电职业技术学院
李　稀　广西职业技术学院

副主编
班志鹏　广西建设职业技术学院
杨春辉　广西建设职业技术学院
徐天龙　广西演艺职业学院
郑述芳　广西农业职业技术大学

参　编
詹雷颖　广西建设职业技术学院
孙元习　广西建设职业技术学院
饶晓文　广西机电职业技术学院
张　黎　广西农业职业技术大学
银　杰　内蒙古农业大学职业技术学院
史金田　威海职业学院
杨建华　北京迈达斯技术有限公司

主　审
谢　东　广西建设职业技术学院
刘永娟　威海职业学院

出版说明

党和国家高度重视教材建设。2016 年，中办国办印发了《关于加强和改进新形势下大中小学教材建设的意见》，提出要健全国家教材制度。2019 年 12 月，教育部牵头制定了《普通高等学校教材管理办法》和《职业院校教材管理办法》，旨在全面加强党的领导，切实提高教材建设的科学化水平，打造精品教材。住房和城乡建设部历来重视土建类学科专业教材建设，从"九五"开始组织部级规划教材立项工作，经过近 30 年的不断建设，规划教材提升了住房和城乡建设行业教材质量和认可度，出版了一系列精品教材，有效促进了行业部门引导专业教育，推动了行业高质量发展。

为进一步加强高等教育、职业教育住房和城乡建设领域学科专业教材建设工作，提高住房和城乡建设行业人才培养质量，2020 年 12 月，住房和城乡建设部办公厅印发《关于申报高等教育职业教育住房和城乡建设领域学科专业"十四五"规划教材的通知》（建办人函〔2020〕656 号），开展了住房和城乡建设部"十四五"规划教材选题的申报工作。经过专家评审和部人事司审核，512 项选题列入住房和城乡建设领域学科专业"十四五"规划教材（简称规划教材）。2021 年 9 月，住房和城乡建设部印发了《高等教育职业教育住房和城乡建设领域学科专业"十四五"规划教材选题的通知》（建人函〔2021〕36 号）。为做好"十四五"规划教材的编写、审核、出版等工作，《通知》要求：（1）规划教材的编著者应依据《住房和城乡建设领域学科专业"十四五"规划教材申请书》（简称《申请书》）中的立项目标、申报依据、工作安排及进度，按时编写出高质量的教材；（2）规划教材编著者所在单位应履行《申请书》中的学校保证计划实施的主要条件，支持编著者按计划完成书稿编写工作；（3）高等学校土建类专业课程教材与教学资源专家委员会、全国住房和城乡建设职业教育教学指导委员会、住房和城乡建设部中等职业教育专业指导委员会应做好规划教材的指导、协调和审稿等工作，保证编写质量；（4）规划教材出版单位应积极配合，做好编辑、出版、发行等工作；（5）规划教材封面和书脊应标注"住房和城乡建设部'十四五'规划教材"字样和统一标识；（6）规划教材应在"十四五"期间完成出版，逾期不能完成的，不再作为《住房和城乡建设领域学科专业"十四五"规划教材》。

住房和城乡建设领域学科专业"十四五"规划教材的特点：一是重点以修订教育部、住房和城乡建设部"十二五""十三五"规划教材为主；二是严格按照专业标准规范要求编写，体现新发展理念；三是系列教材具有明显特点，满足不同层次和类型的学校专业教学要求；四是配备了数字资源，适应现代化教学的要求。规划教材的出版凝聚了作者、主审及编辑的心血，得到了有关院校、出版单位的大力支持，教材建设管理过程有严格保障。希望广大院校及各专业师生在选用、使用过程中，对规划教材的编写、出版质量进行反馈，以促进规划教材建设质量不断提高。

住房和城乡建设部"十四五"规划教材办公室

2021 年 11 月

前　言

装配式建筑不仅建造速度快，而且生产成本较低，随着现代工业技术的发展，建造房屋可以像机器生产那样成批成套地制造，把预制好的房屋构件运到工地装配起来就可以建成各种建筑物。我国的装配式建筑规划近年来密集出台，2017年发布《装配式建筑评价标准》GB/T 51129—2017，2020年8月住房和城乡建设部、教育部、科技部、工信部等九部门联合印发《关于加快新型建筑工业化发展的若干意见》，提出要大力发展钢结构建筑，培养新型建筑工业化专业人才；2024年3月国务院办公厅转发《加快推动建筑领域节能降碳工作方案》，要求严格执行建筑节能标准，大力发展装配式建筑和智能建造，推动建筑光伏一体化建设；2024年5月国务院印发《2024—2025年节能降碳行动方案》，提出加快建造方式转型，大力发展装配式建筑。

"装配式钢结构识图与施工"是一门实践性强的专业课程，既要懂得钢结构基本的理论知识，又要学习钢结构施工技能，同时熟悉钢结构现场的质量检验与施工安全。本教材根据学生学习专业课程的思维认知模式和接受程度，先对钢结构的基本知识与识图内容进行全方位的介绍，再对其他内容采用项目任务教学法，由浅入深，教会学生完成学习任务，将抽象知识转化为真实的专业技能。

本教材按照国家培养高素质应用型人才和技术技能型人才的要求，依据现行的钢结构施工、质量与安全规范，编写的内容满足行业对钢结构识图与施工的技能要求。遵循应用型人才教育"必需、够用"原则，同时注重教学的适用性和可操作性。

本教材的编写特色明显，主要表现在以下几个方面：一是在每个项目开始时先了解本项目的知识目标与能力目标，让学生有一个项目轮廓；二是具有工程实用性，以实际的钢结构图片、图纸为例讲授钢结构施工的各项内容，培养学生的读图和实践技能；三是直观形象，对每个项目描述简洁，步骤简练，图文对应，易教易学。

本教材由刘学军、梁桥欣、李稀担任主编，谢东、刘永娟主审。编写分工如下：刘学军编写绪论、项目1、任务2.1、任务2.2；梁桥欣编写任务5.1～任务5.6；李稀编写任务2.3、项目6；班志鹏编写项目3、任务5.7、任务5.8；杨春辉编写项目4；徐天龙编写任务7.1～任务7.3；郑述芳编写任务7.4～任务7.6；詹雷颖编写项目1的习题；孙元习编写项目2的习题；饶晓文编写项目5的习题；张黎编写项目7的习题；银杰编写项目6的习题；史金田、杨建华提供部分案例素材。

由于编者水平有限，书中难免存在不足之处，恳请读者与同行批评指正。

目　录

0　绪论 ································· 1

0.1　装配式建筑概述 ···················· 2

0.2　钢结构体系与特点 ·················· 3

0.3　钢结构应用与发展 ·················· 8

小结 ································· 12

习题 ································· 12

项目1　钢结构识图 ···················· 14

任务1.1　钢结构工程图纸基本知识 ········ 15

任务1.2　焊缝与螺栓表示方法 ··········· 18

任务1.3　钢结构节点详图 ··············· 23

任务1.4　钢结构施工图识图实例 ········· 25

小结 ································· 27

习题 ································· 28

项目2　钢结构材料性能与检验存储 ········ 29

任务2.1　钢材的性能与影响因素 ········· 30

任务2.2　钢材的分类、品种与用途 ······· 36

任务2.3　钢材的检验、存储与选用 ······· 41

小结 ································· 48

习题 ································· 48

项目3　钢结构连接施工 ················ 50

任务3.1　钢结构连接分类 ··············· 51

任务3.2　焊接连接 ···················· 53

任务3.3　螺栓连接 ···················· 78

小结 ································· 93

习题 ································· 93

项目4　钢结构构件制作、涂装与运输 ······ 94

任务4.1　钢结构构件制作前的准备工作 ···· 95

任务4.2　钢材下料和切割 ··············· 100

任务4.3　钢材矫正 ···················· 105

任务4.4　钢材除锈 ···················· 112

任务4.5　钢结构防腐施工 ··············· 117

任务 4.6　钢结构防火施工 ·· 122

任务 4.7　钢构件运输 ·· 125

小结 ·· 126

习题 ·· 126

项目 5　钢结构安装 ·· 128

任务 5.1　钢结构安装准备工作 ·· 129

任务 5.2　门式刚架的结构形式与布置 ·································· 135

任务 5.3　钢柱安装 ·· 141

任务 5.4　钢屋架和钢吊车梁安装 ······································ 149

任务 5.5　钢框架梁安装 ·· 153

任务 5.6　压型钢板工程安装 ·· 157

任务 5.7　钢网架结构的形式 ·· 163

任务 5.8　钢网架安装 ··· 171

小结 ·· 184

习题 ·· 185

项目 6　钢结构施工质量与安全 ······································ 186

任务 6.1　钢结构施工质量 ··· 187

任务 6.2　钢结构施工安全管理与安全技术 ··························· 203

小结 ·· 211

习题 ·· 211

项目 7　装配式钢结构工程案例 ······································ 213

任务 7.1　装配式钢结构建筑施工管理总要求 ························ 214

任务 7.2　某钢结构档案馆综合大楼施工 ······························ 220

任务 7.3　某体育馆因高强度螺栓疲劳而塌落事故 ·················· 226

任务 7.4　钢结构厂房屋面施工方案 ···································· 228

任务 7.5　某在建钢结构房屋坍塌事故 ································· 231

任务 7.6　某火车站大跨度钢结构施工 ································· 232

小结 ·· 237

习题 ·· 237

参考文献 ·· 239

0

绪论

▶▶

教学目标

1. 知识目标

(1) 了解装配式建筑的概念、优点与政策；

(2) 熟悉钢结构体系与特点；

(3) 掌握钢结构的应用范围。

2. 能力目标

(1) 能够分辨给出的钢结构体系图片属于哪一种结构体系；

(2) 能够对钢结构与混凝土结构各自的优缺点有全面的理解。

3. 素质目标

(1) 形成装配式建筑的绿色低碳意识；

(2) 夯实节能、绿色与低碳建设的基础理念认知，激发内生驱动力。

0.1 装配式建筑概述

1. 装配式建筑的概念

由预制构件在工地装配而成的建筑，称为装配式建筑。按预制构件的形式和施工方法分为砌块建筑、板材建筑、盒式建筑、骨架板材建筑及升板升层建筑等五种类型；按结构材料分为装配式钢结构建筑、装配式木结构建筑、装配式混凝土建筑、装配式轻钢结构建筑和装配式复合材料建筑（钢结构、轻钢结构与混凝土结合的装配式建筑）等；按建筑高度分为低层装配式建筑、多层装配式建筑、高层装配式建筑和超高层装配式建筑等；按结构体系分为框架结构、框架-剪力墙结构、筒体结构、剪力墙结构、无梁板结构、空间薄壁结构、悬索结构、预制钢筋混凝土柱单层厂房结构等；根据《装配式建筑评价标准》GB/T 51129—2017，按预制率分为高预制率（60%以上）、较高预制率（40%～60%）、中等预制率（20%～40%）、较低预制率（20%以下，不满足参评装配式建筑的条件）几种类型。

装配式钢结构建筑在 20 世纪初就开始引起人们的兴趣，到 20 世纪 60 年代，英国、法国、苏联等国首先做出尝试。由于装配式钢结构建筑的建造速度快，而且生产成本较低，所以迅速在世界各地推广开来。

早期的装配式钢结构建筑外形比较呆板，千篇一律。后来人们在设计上进行了改进，增加了灵活性和多样性，使装配式建筑不仅能够成批建造，而且样式丰富。美国有一种活动住宅，是比较先进的装配式建筑，每个住宅单元就像是一辆大型的拖车，只要用特殊的汽车把它拉到现场，再由起重机吊装到地板垫块上，与预埋好的水道、电源、电话系统相接后就能使用。活动住宅内部有暖气、浴室、厨房、餐厅、卧室等设施，而且它既能单独构成一个单元，也能互相连接起来。

目前，我国装配式建筑占比不大，与发达国家还存在一定差距，正处于发展时期。住房和城乡建设部发布《"十四五"建筑业发展规划》明确要求，到 2025 年装配式建筑占新建建筑比例需达 30%以上。

2. 装配式建筑的优点与政策

装配式建筑具有施工便捷、施工速度快、人力成本低、受气候条件制约小及可提高建筑质量等优点；同时，装配式建筑技术可节约水、劳动力、能源、钢材、木材等资源，减少垃圾和污水排放，基本消除粉尘和噪声对环境的影响。

（1）国家关于装配式建筑的政策

2015 年 11 月，住房和城乡建设部出台《建筑产业现代化发展纲要》，计划到 2020 年装配式建筑占新建建筑的比例达到 20%以上。2016 年 2 月，国务院出台《关于大力发展装配式建筑的指导意见》，要求要因地制宜发展装配式混凝土结构、钢结构和现代木结构等装配式建筑，力争用 10 年左右的时间，使装配式建筑占新建建筑面积的比例达到 30%。2016 年 3 月，政府工作报告提出，要大力发展钢结构和装配式建筑，提高建筑工程的标准和质量。2016 年 7 月，住房和城乡建设部出台《住房城乡建设部 2016 年科学技术项目计划—装配式建筑科技示范项目》，并公布了 2016 年科学技术项目建设装配式建筑科技示范项目名单。2016 年 9 月，国务院召开国务院常务会议，提出要大力发展装配式建筑推动产业结构调整升级。2016 年 9 月，国务院出台《国务院办公厅关于大力发展装配式建筑的指导意见》，对大力发展装配式建筑和钢结构重点区域、未来装配式建筑占比新建筑目标、重点发展城市进行了明确。2020 年 8 月，住房和城乡建设部、教育部、科技部、工信部等九部门联合印发了《关于加快新型建筑工业化发展的若干意见》。意见提出：要大力发展钢结构建筑、推广装配式混凝土建筑，培养新型建筑工业化专业人才，壮大设计、生产、施工、管理等方面人才队伍，加强新型建筑工业化专业技术人员继续教育，培育技能型产业工人，深化建筑用工制度改革，完善建筑业从业人员技能水平评价体系，促进学历证书与职业技能等级证书融通衔接；全面贯彻新发展理念，推动城乡建设绿色发展和高质量发展，以新型建筑工业化带动建筑业全面转型升级，打造具有国际竞争力的"中国建造"品牌。

（2）地方关于装配式建筑的政策

目前，全国已有 30 多个省、市出台了专门针对装配式建筑的指导意见和相关配套措施，不少地方更是对装配式建筑的发展提出了明确要求。越来越多的市场主体开始加入到装配式建筑的建设大军中。

（3）装配式建筑方面的标准

住房和城乡建设部发布了《装配式建筑评价标准》，编号为 GB/T 51129—2017，自 2018 年 2 月 1 日起实施。经中国工程建设标准化协会组织审查，批准发布《装配式建筑工程总承包管理标准》，编号为 T/CECS 1052—2022，自 2022 年 8 月 1 日起施行。目前，装配式建筑最新国家及行业规范标准规程图集共已发行数十本。

0.2　钢结构体系与特点

钢结构是指用钢板和热轧、冷弯或焊接型材通过连接件连接而成的能承受和传递荷载的结构形式。钢结构在工厂加工、异地安装的施工方法令其天然具有装配式建筑的属性，推广钢结构建筑，契合了国家倡导的大力发展装配式建筑的要求。钢结构建筑根据受力特点，其结构体系可分为桁架结构、排架结构、刚架结构、网架结构和多高层结构中的框架结构、框架剪力墙结构、框筒结构等。

1. 钢结构体系

（1）桁架结构。桁架是由杆件在杆端用铰连接而成的结构，是格构化的一种梁式结构。桁架主要由上弦杆、下弦杆和腹杆三部分组成，各杆件受力均以单向拉、压为主，通过对上下弦杆和腹杆的合理布置，可适应结构内部的弯矩和剪力分布。桁架分为平面桁架和空间桁架，如图 0-1、图 0-2 所示。其中，平面桁架根据外形，可分为三角形桁架、平行弦桁架、折弦桁架等。由于平面桁架常用于房屋建筑的屋盖承重结构，此时常称其为屋架。

（2）排架结构。排架结构是指由梁（或桁架、网架）与柱铰接、柱与基础刚接的结构形式，多用于工业厂房，也可以用于其他房屋。H 型钢柱排架结构和螺栓球网架如图 0-3 所示。

（3）刚架结构。门式刚架的杆件部分或全部采用刚性结点连接而成，是轻钢结构中最常见的一种结构形式，如图 0-4 所示。门式刚架按跨数与起坡分为单跨双坡、双跨双坡、多跨双坡、单跨双坡带挑檐、单跨单坡带毗屋、双跨单坡，如图 0-5（a～f）所示；按夹层位置分为纵向带夹层、端跨带夹层，如图 0-5（g、h）所示。门式刚架结构开间大，柱网

(a)

(b)

图 0-1　平面桁架

（a）平面桁架桥；（b）屋架

图 0-2　空间桁架

图 0-3　H 型钢柱排架结构和螺栓球网架

(a)

(b)

图 0-4　门式刚架

布置灵活，广泛应用于各类工业厂房、仓库以及体育馆等公共建筑。

（4）网架结构。网架结构是指由多根杆件按照一定的网格形式通过节点连结而成的空间结构，具有用钢量省、空间刚度大、整体性好、易于标准化生产和现场拆装等优点，可用于车站、机场、体育场馆、影剧院等大跨度公共建筑。

网架结构按本身的构造分为单层网架、双层网架和三层网架，一般常见的为双层网架；按支承情况可分为周边支承、四点支承、多点支承、三边支承、对边支承以及混合支承等形式；按组成方式不同，可分为交叉桁架体系网架、三角锥体系网架、四角锥体系网架和六角锥体系网架。网架结构如图 0-6 所示。

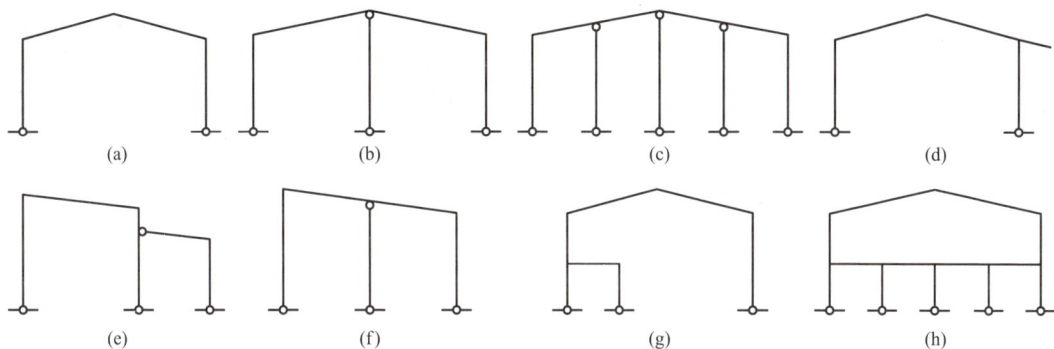

图 0-5 门式刚架分类

（a）单跨双坡；（b）双跨双坡；（c）多跨双坡；（d）单跨双坡带挑檐；（e）单跨单坡带毗屋；

（f）双跨单坡；（g）纵向带夹层；（h）端跨带夹层

图 0-6 网架结构

（a）曲面网架；（b）平面网架

（5）框架结构。框架结构是由梁和柱构成承重体系，承受竖向力和侧向力。基本结构体系一般可分为三种：柱-支撑体系、纯框架体系、框架-支撑体系。其中框架-支撑体系在实际工程中应用较多，这种体系形式是在建筑的横向用纯钢框架，在纵向布置适当数量的竖向柱间支撑，用来加强纵向刚度，以减少框架的用钢量，并且由于横向纯钢框架无柱间支撑，便于生产、人流、物流等功能的安排。框架结构如图 0-7 所示。

图 0-7 框架结构

（6）框架剪力墙结构。框架剪力墙结构是在框架结构的基础上加入了剪力墙以抵抗侧向力。剪力墙一般为钢筋混凝土，或采用钢混组合结构。框架剪力墙结构比框架结构具有更好的抗侧刚度，可适用于更高的建筑。钢框架-混凝土剪力墙结构如图 0-8 所示。

（7）框筒结构。这种结构体系一般由钢筋混凝土核心筒与外圈钢框架组合而成。核心筒主要是指由四片以上的钢筋混凝土墙体围成的方形、矩形或多边形筒体，其内部设置一定数量的纵、横向钢筋混凝土隔墙。当建筑很高时，核心筒墙体内可能设置一定数量的型钢骨架，外圈钢框架是由钢柱与钢梁刚接而成。建筑的侧向变形主要由核心筒来抵抗，是高层中最常用的一种结构体系。框筒结构如图 0-9 所示。

图 0-8　钢框架-混凝土剪力墙结构

图 0-9　框筒结构

（8）新型装配式钢结构体系。在国家对装配式建筑的大力支持下，企业、科研院所和高校等已经开展了新型装配式钢结构体系的研究及应用，其中包括装配式钢管混凝土结构体系、结构模块化新型建筑体系、钢管混凝土组合异形柱框架支撑体系、整体式空间钢网格盒子结构体系、钢管束组合剪力墙结构体系和箱型钢板剪力墙结构体系等。新型装配式钢结构体系如图 0-10 所示。

2. 钢结构的特点

（1）钢材材质均匀，和力学计算的假定比较相符。钢材组织比较均匀，接近各向同性，为理想的弹塑性体，钢结构实际受力情况和工程力学计算结果符合性较好。

（2）建筑钢材强度高，塑性、韧性好。强度高，适用于建造跨度大、高度高、承载重的结构，也适用于抗地震、可移动、易装拆的结构；塑性好，钢结构在一般条件下不会因超载而突然断裂；韧性好，适宜在动力荷载下工作，地震区宜用塑性和韧性较高的钢结构，其可靠性好，不会因偶然超载或局部超载而发生断裂。

（3）钢结构的重量相对钢筋混凝土结构较轻。同样跨度承受同样的荷载，钢屋架的重量约为钢筋混凝土屋架的 1/4～1/3，冷弯薄壁型钢屋架甚至接近钢筋混凝土屋架的 1/10。钢结构重量轻，可减轻基础负荷，降低基础造价。

（4）钢结构制作简便，施工工期短，投资回收快。钢结构构件一般是在工厂制作，采用机械化，准确度和精密度皆较高，并且连接简单，安装方便，施工周期短。

(a)　　　　　　　　　　　　　　　(b)

(c)　　　　　　　　　　　　　　　(d)

图 0-10　新型装配式钢结构体系

（a）构件模块化可建模式 1；（b）构件模块化可建模式 2；（c）模块化钢结构盒子建筑；（d）钢管束组合剪力墙结构

（5）钢结构的密封性好。钢材和连接（如焊接）的水密性及气密性好，适宜建造气密性及水密性要求较高的高压容器、大型油库、输送管道、板壳结构等。

（6）钢结构受力构件面积小，相应建筑物的使用面积大，增加了建筑物的使用价值和经济效益。

（7）钢结构可以形成较宽敞的无柱空间，便于内部灵活布置。

（8）钢结构造价相对不高。由于钢结构建筑在施工时可以节省支模、拆模的材料，因此可降低成本，大大加快施工速度，资金价值在施工中得到充分体现，减少建筑成本。

（9）钢结构符合中国建筑产业化和可持续发展的要求。钢结构建筑现场作业量小、无噪声、不污染周围环境，改建和拆迁容易，材料的回收和再生利用率高。

（10）钢结构耐腐蚀性差。钢材在潮湿的环境中容易锈蚀，应采取防护措施，进行防腐处理，并每隔一定时间要进行维护。

（11）钢材耐热但不耐火。钢材表面温度超过 150℃ 后需进行隔热防护；温度在 200℃以上时，钢材强度将随着温度的升高而大大降低；当温度达 600℃ 时，钢材将不能承载。因此，在高温下工作的钢结构应采取防护措施，进行防火处理，并每隔一定时间要进行维护。

（12）钢材在低温时呈现脆性。例如当温度在 0℃ 以下时，随着温度降低，钢材强度略有提高，而塑性和韧性会降低、脆性增大。尤其是当温度下降到某一区间时，钢材的冲击韧性值会急剧下降，出现低温脆断。通常又把钢结构在低温下的脆性破坏称为"低温冷脆"现象，产生的裂纹称为"冷裂纹"。因此，在低温下工作的钢结构，特别是受动力荷载作用的钢结构，其钢材应具有负温冲击韧性的合格保证，以提高抗低温脆断的能力。

0.3 钢结构应用与发展

1. 钢结构的应用范围

（1）多高层和超高层建筑。由于钢结构的综合效益指标优良，近年来在多高层和超高层民用建筑中得到了广泛的应用。其结构形式主要有多层框架、框架-支撑结构、框筒结构、巨型框架结构等。超高层钢结构建筑如图 0-11 所示。

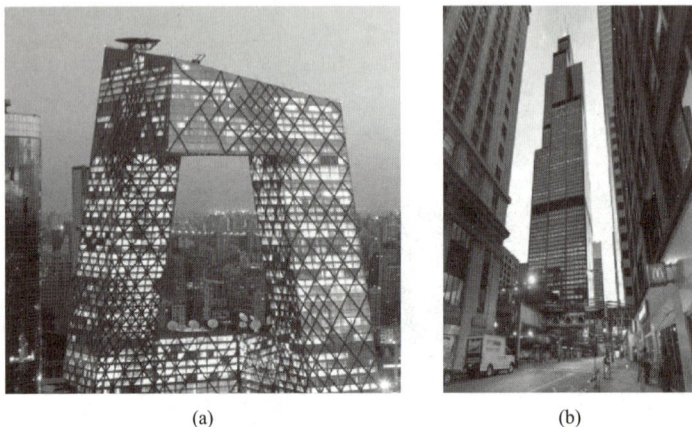

| (a) | (b) |

图 0-11　超高层钢结构建筑
（a）央视主体大楼；（b）芝加哥西尔斯大厦

（2）大跨度结构。结构跨度越大，自重在荷载中所占的比例就越大，减轻结构的自重会带来明显的经济效益。钢结构轻质高强的优势正好适用于大跨度结构，如体育场馆、会展中心、候车厅和机场航站楼等。所采用的结构形式有空间桁架、网架、网壳、悬索（包括斜拉体系）、张弦梁、实腹或格构式拱架和框架等。大跨度结构如图 0-12 所示。

| (a) | (b) |

图 0-12　大跨度结构
（a）湘西矮寨大桥；（b）国家体育场

（3）工业厂房。吊车起重量较大或者其工作较繁重的车间的主要承重骨架多采用钢结构。另外，有强烈辐射热的车间，也经常采用钢结构。其结构形式多为由钢屋架和阶形柱组成的门式刚架或排架，也有采用网架做屋盖的结构形式。工业厂房如图 0-13 所示。

图 0-13　工业厂房

（4）高耸结构。高耸结构是指高度较大、横断面相对较小的结构，以水平荷载（特别是风荷载）为结构设计的主要依据。根据其结构形式可分为自立式塔式结构和拉线式桅式结构，所以高耸结构也称塔桅结构，如图 0-14 所示。

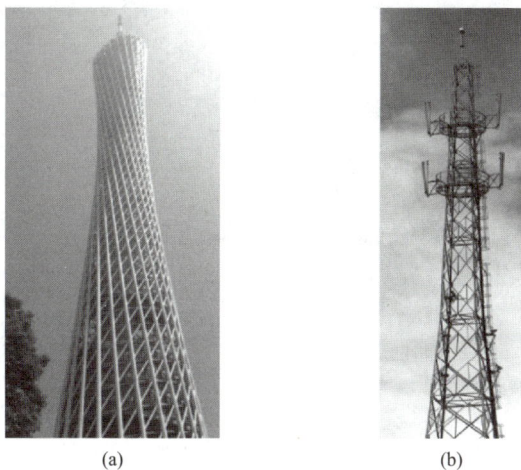

(a)　　　　　　　　　(b)

图 0-14　高耸结构

（a）广州塔；（b）通信塔

（5）轻型钢结构。轻型钢结构主要是用在不承受大载荷的承重建筑，采用轻型 H 型钢（焊接或轧制；变截面或等截面）做成门形刚架支承，C 型、Z 型冷弯薄壁型钢作檩条和墙梁，压型钢板或轻质夹芯板作屋面、墙面围护结构，采用高强度螺栓、普通螺栓及自攻螺丝等连接件和密封材料组装起来的低层和多层预制装配式钢结构房屋体系。冷弯薄壁型钢屋架在一定条件下的用钢量可比钢筋混凝土屋架的用钢量还少。轻型钢结构如图 0-15 所示。

（6）可拆卸的结构。可拆卸活动房是一种基于模块化设计和轻钢结构体系的临时建筑，其核心特点在于通过标准化的构件组合实现快速拆装、重复利用，同时满足安全性和功能性需求。它采用轻钢结构形成其骨架系统，并以夹芯墙板及树脂瓦形成围护及屋面系统，实现了简洁美观、施工快捷、使用安全、标准通用的临建理念。其他可拆卸的钢结构不仅重量轻，还可以用螺栓或其他便于拆装的手段来连接，因此非常适用于需要搬迁的结

(a)　　　　　　　　　　　　　　(b)

图 0-15　轻型钢结构

（a）某轻钢房屋；（b）某轻钢养殖场

构，例如钢筋混凝土结构施工用的模板和支架，以及建筑施工用的脚手架等。可拆卸的结构如图 0-16 所示。

(a)　　　　　　　　　　　　　　(b)

图 0-16　可拆卸的结构

（a）可拆卸的钢结构活动房；（b）可拆卸的钢支架

（7）容器和其他构筑物。冶金、石油、化工企业中大量采用钢板做成的容器结构，包括油罐、煤气罐、高炉、热风炉等。此外，经常使用钢结构的还有皮带通廊栈桥、管道支架、锅炉支架等其他钢构筑物，海上采油平台也大多采用钢结构。容器和其他构筑物如图 0-17 所示。

(a)　　　　　　　　　　　　　　(b)

图 0-17　容器和其他构筑物

（a）钢结构容器；（b）钢结构管道支架

2. 钢结构的发展

（1）钢结构的发展历程。钢结构在我国的发展大致可分为四个阶段：第一阶段，第一个五年计划期间，我国建设了一大批钢结构厂房、桥梁，但受到钢产量的制约，在其后很长一段时间内，钢结构被限制使用在其他结构不能代替的重大工程项目中，我国钢结构的发展在一定程度上受到限制；第二阶段，自 1978 年改革开放以来，我国经济飞速发展，钢产量逐年增加，1996 年的钢产量更是超过 1 亿吨，钢材供不应求的局面得以改变；第三阶段，建设部于 1997 年发布的《1996—2010 年建筑技术政策》中明确提出了合理使用钢材，推广和发展钢结构；第四阶段，2008 年奥运会和 2010 年世博会在我国举办，更为钢结构在我国的发展提供了前所未有的历史契机。市场经济的发展与不断成熟更是为我国钢结构的发展创造了有利条件，我国钢结构正处于迅速发展的时期。

（2）钢结构向标准化、规模化发展。2020 年住房和城乡建设部提出针对装配式建筑的"1+3"标准化设计和生产体系，即启动编制 1 项装配式住宅设计选型标准、3 项主要构件和部品部件尺寸指南（《钢结构住宅主要构件尺寸指南》《装配式混凝土结构住宅主要构件尺寸指南》《住宅装配化装修主要部品部件尺寸指南》）。预计该体系将全面打通装配式住宅设计、生产和工程施工环节，推进全产业链协同发展，可以有效解决装配式建筑标准化设计与标准化构件和部品部件应用之间的衔接问题。其中，针对钢结构行业的《钢结构住宅主要构件尺寸指南》，预计将推动钢结构行业加速向标准化、规模化发展。该指南通过全面提升设计单位和施工企业的效率，将进一步降低装配式钢结构的建设成本，有利于持续扩大钢结构市场份额。

（3）钢结构是光伏建筑的主要受力构件，光伏建筑将成为绿色建筑发展新方向。绿色建筑是建筑业减排的重要方式，在建筑行业内推广绿色建筑由来已久，"十四五"期间，在双碳目标的催化下，绿色建筑大面积铺开已是大势所趋。2020 年 7 月，住房和城乡建设部、国家发展和改革委员会（以下简称发改委）等七部委联合发布了《关于印发绿色建筑创建行动方案》的通知，明确到 2022 年，当年城镇新建建筑中绿色建筑面积占比达到 70%。2022 年 5 月，发改委和能源局联合发布《关于促进新时代新能源高质量发展的实施方案》，明确到 2025 年，公共机构新建建筑屋顶光伏覆盖率力争达到 50%。通过钢结构支架可将普通光伏组件固定在彩钢瓦或者水泥屋顶上，钢结构还可以作为光伏幕墙、光伏遮阳、光伏温室等主要受力构件。另外，钢结构在建筑外观、设计寿命、防水可靠性和施工难度与速度等方面也具有多项显著的技术优势。

（4）钢结构智能制造是钢结构制造业转型升级的必经之路。钢结构具备工业化建造和智能建造的先天优势。当下钢构企业，无论是轻钢、重钢还是装配式钢结构梁（H 型钢梁、箱型梁），在生产制作过程中，所用的技术与工艺都十分关键，直接决定了钢结构产品的品质。比如传统的焊接设备，往往需要先进行单独组立，再进行焊接、矫正，不仅需要耗费大量人工而且工作效率低，在遇到大订单的情况下，很难按计划完成生产，甚至影响交货周期；另一方面，遇到小批量、个性化的定制订单，传统的焊接设备也很难完成生产。再加上近年来我国人口生育率降低，老龄化社会逐渐到来，人口红利的消失使得低成本劳动力成为稀缺资源，传统制造业正在面临人力成本日益提升的难题，推动"中国制造"走向"中国智造"势在必行。加工端智能化改造有助于提高企业员工的生产效率，同时，有助于提升产品质量、精度，从而提高产品附加值。以钢结构为主体的智能化、数字化、平台化等技术，将为建筑行业提供新的发展动能。

（5）装配式钢结构住宅推广应用成为未来趋势。我国《中华人民共和国国民经济与社会发展第十四个五年规划和 2035 年远景目标纲要》提出要发展装配式建筑和钢结构住宅，住房和城乡建设部明确推广装配式钢结构住宅，提升钢结构住宅在未来住宅中的比例。在"碳达峰、碳中和"双碳背景下，高耗能、高污染的传统混凝土住宅将被绿色环保节能的钢结构住宅替代，生态环境可持续发展的要求将使被誉为"绿色建筑"的装配式钢结构住宅得到快速发展，装配式钢结构住宅的重要性将日益凸显，市场占有率也将稳步提升。装配式钢结构住宅的工业化生产、全生命周期碳排放和钢结构住宅循环经济研究将成为未来发展的重要趋势。

（6）特种钢材研究和技术攻关将成为趋势。耐火和耐腐蚀的特种钢材在钢结构住宅以及其他钢结构的应用，能极大提升防火、防腐蚀能力，以及极端环境下抗高温的能力。但目前特种钢材价格较高，得不到推广应用。因此，加强对钢结构保温隔热、耐火阻燃、防水腐蚀、抗风抗震的研究和技术攻关，攻克施工和墙板配套技术，研发价格相对合理、质量过硬的特种钢材，开发集设计、生产、安装、装修一体化，舒适、环保、保温隔热和外立面美观的钢结构住宅以及其他钢结构建筑，是未来主要发展方向之一。

（7）重构钢铁、钢结构和房地产的全产业链体系成为趋势。装配式钢结构住宅上下游企业协调互动，构建统一市场、消除内部壁垒，实现钢结构住宅产品定制化，生产工业化，形成建筑产业链全新模式，实现整体效益最大化。目前，我国钢结构企业产业集中度还不高，在政府引导下，实力雄厚的钢结构企业将会进入装配式住宅市场，整合上下游产业链，形成具有技术研发优势、规模生产优势、自主创新优势、资金优势和品牌优势的龙头企业，推动钢结构住宅的技术升级和高质量发展。

小结

本绪论主要介绍了装配式建筑的概念、装配式建筑的优点与政策、钢结构体系、钢结构的特点、钢结构的应用范围、钢结构的发展，让学生对装配式建筑特别是钢结构有基本的认知。

习　题

1. 选择题

（1）在"（　　）、碳中和"双碳背景下，高耗能、高污染的传统混凝土住宅将被绿色环保节能的钢结构住宅替代。

　　A. 炭低化　　　　　B. 炭消减　　　　　C. 碳达峰　　　　　D. 炭出清

（2）2020 年，住房和城乡建设部提出针对装配式建筑的"1＋3"标准化设计和生产体系，即启动编制 1 项装配式住宅设计选型标准，3 项主要构件和部品部件尺寸指南：（　　）《装配式混凝土结构住宅主要构件尺寸指南》《住宅装配化装修主要部品部件尺寸指南》。

　　A.《钢结构住宅主要构件尺寸指南》　　B.《钢结构指南》

　　C.《钢结构住宅尺寸指南》　　　　　　D.《装配式构件指南》

（3）高耸结构是高度较大、横断面相对较小的结构，以（　　），特别是风荷载为结构设计的主要依据。

A. 竖向荷载　　　　B. 水平荷载　　　　C. 混合荷载　　　　D. 动荷载

（4）钢材耐热但不耐火。钢材表面温度超过 150℃ 后需进行隔热防护，温度在 200℃ 以上时，钢材强度将随着温度的升高而大大降低，温度达（　　）时，钢材即不能承载。

A. 400℃　　　　　B. 500℃　　　　　C. 600℃　　　　　D. 300℃

2. 简答题

（1）为什么钢结构智能制造是钢结构制造业转型升级的必经之路？

（2）新型装配式钢结构体系主要有哪些？

（3）2020 年 8 月 28 日，住房和城乡建设部、教育部、科技部、工业和信息化部等九部门联合印发了《关于加快新型建筑工业化发展的若干意见》，其中与装配式建筑有关的主要意见有哪些？

（4）什么叫装配式建筑？按照各种分类方法分别有哪些类型？

项目1

钢结构识图

教学目标

1. 知识目标

（1）了解施工图基本知识；

（2）熟悉制图标准有关规定、钢结构识图注意事项；

（3）掌握焊缝的表示方法、螺栓与电焊铆钉的表示方法、梁柱节点连接详图、梁拼接连接详图、柱拼接连接详图。

2. 能力目标

（1）能够认知钢结构的常规符号；

（2）能够根据钢结构图纸进行构件材料统计和为现场施工做好准备。

3. 素质目标

（1）形成标准意识；

（2）筑牢装配式钢结构建筑设计与施工的规范意识，激活按图施工内生动力。

任务 1.1 钢结构工程图纸基本知识

1. 施工图基本知识

在钢结构工程设计中，通常将结构施工图的设计分为设计图设计和施工详图设计两个阶段。设计图设计是由设计单位编制完成，施工详图设计是以设计图为依据，由钢结构加工厂深化编制完成，并将其作为钢结构加工与安装的依据。设计图与施工详图的主要区别在于目的和内容。

设计图是根据工艺、建筑和初步设计等要求，经设计和计算编制而成的较高阶段的施工设计图，它的目的和深度以及所包含的内容是作为施工详图编制的依据。设计图由设计单位编制完成，图纸表达简明，图纸量少。其内容一般包括以下几个方面：第一，设计说明，包括设计依据、荷载资料、项目类别、工程概况、所用钢材牌号和质量等级（必要时提出物理、力学性能和化学成分要求）及连接件的型号、规格、焊缝质量等级、防腐及防火措施；第二，基础平面及详图，应表达钢柱与下部混凝土构件的连接构造详图；第三，结构平面（包括各层楼面、屋面）布置图，应注明定位关系、标高、构件（可布置单线绘制）的位置及编号、节点详图索引号等，必要时应绘制檩条、墙梁布置图和关键剖面图，空间网架应绘制上、下弦杆和关键剖面图；第四，构件与节点详图，简单的钢梁、柱可用统一详图和列表法表示，注明构件钢材的牌号、尺寸、规格、加劲肋做法，还包括连接节点详图和施工、安装要求，格构式梁、柱、支撑应绘出平、剖面（必要时加立面）、定位尺寸、总尺寸、分尺寸、单构件型号和规格，以及组装节点和其他构件连接详图。

施工详图是根据钢结构设计图编制组成结构构件的每个零件的放大图，即工厂施工和安装详图，包含标准细部尺寸、材质要求、加工精度、工艺流程要求、焊缝质量等级等，宜对零件进行编号；同时，考虑运输和安装能力确定构件的分段和拼装节点，也包含少量的连接和构造计算，对设计图进一步深化设计，目的是为制造厂或施工单位提供制造、加工和安装的施工详图。施工详图一般由制造厂或施工单位编制完成，图纸表示详细，数量多。其内容包括：构件安装布置图、构件详图等。

2. 制图标准有关规定

（1）图幅。根据《建筑制图标准》GB/T 50104—2010 的规定，图纸幅面的长宽尺寸可分为：A4 图幅（210mm×297mm），A3 图幅（297mm×420mm），A2 图幅（420mm×594mm），A1 图幅（594mm×841mm），A0 图幅（841mm×1189mm）。小号图纸的长度等于大一号图纸的宽度，小号图纸宽度等于大一号图纸长度的一半。

（2）比例尺。一般在一个图形中只采用一种比例尺，但在钢结构中，有时允许在一个图形上使用两种比例尺。例如，在构件图中，为了清楚地表示钢结构建筑中的某个预制钢筋混凝土梁的钢筋布置情况，在长度（水平）方向和高度（垂直）方向可以用两种比例尺。比例注写在图名的右侧；当整张图纸只用一种比例时，也可以注写在图标内图名的下面；详图的比例应注写在详图索引标志的右下角。

（3）轴线。施工图中的轴线是定位、放线的重要依据。凡承重墙、柱子、大梁或屋架等主要承重构件的位置都应画上轴线并编上轴线号；非承重的隔断墙以及其他次要承重构件等，一般不编轴线号；凡需确定位置的建筑局部或构件，都应注明它们与附近轴线的尺寸。轴线用点画线表示，端部画圆圈（圆圈直径一般 8～10mm），圆圈内注明编号。水平方向用阿拉伯数字由左至右依次编号；垂直方向用大写英文字母由下往上顺序编号。

（4）线型。在结构施工图中，图线的宽度 b 通常为 2.0mm、1.4mm、0.7mm、0.5mm、0.35mm。当选定基本线宽度为 b 时，则粗实线为 b、中实线为 $0.5b$、细实线为 $0.25b$。

（5）构件名称的代号与含义。钢结构的基本构件，如板、梁、柱等，种类繁多，布置复杂，为了图示简明扼要，并把构件区分清楚，便于施工、制表、查阅，因此把每类构件给予代号。构件名称的代号与含义见表 1-1。

构件名称的代号与含义　　　　　　　　　　　　表 1-1

代号	含义	代号	含义	代号	含义	代号	含义
L	角钢	WLT	屋脊檩条	B	板	LL	连系梁
GZ	钢柱	SC	水平支撑	WB	屋面板	WJ	屋架
QT	球墨铸铁	ZC	柱间支撑	KB	空心板	TJ	托架
ZG	铸钢	GJ	刚架	CB	槽形板	CJ	天窗架
GJZ	刚架柱	GXG	刚性系杆	ZB	折板	KJ	框架
GJL	刚架梁	YXB	压型金属板	MB	密肋板	GJ	钢架
TL	托梁	SQZ	山墙柱	TB	楼梯板	ZJ	支架
QL	墙梁	XT	斜拉条	GB	（沟）盖板	Z	柱
YC	隔撑	MZ	门边柱	YB	挡雨板	J	基础
T	拉条	ML	门上梁	M	预埋件	SJ	设备基础
HJ	桁架	CG	撑杆	QB	墙板	TD	天窗端壁
XG	系杆	FHB	复合板	TGB	天沟板	CC	垂直支撑
QCG	墙撑管	LG	拉管	L	梁	T	梯
GXL	斜拉条	QLG	墙拉管	WL	屋面梁	YP	雨篷
TL	楼梯梁	GZL	直拉条	DL	吊车梁	YT	阳台
LT	檩条	W	钢筋网	QL	圈梁	LD	梁垫
GLT	刚性檩条	G	钢筋骨架	GL	过梁	JL	基础梁

（6）材料代号。钢结构材料门类繁多，在图纸上直接写汉字影响图纸阅读，将文字含义用代号表示，简洁方便。

第一，普通碳素结构钢。碳素钢是以铁为基本成分，以碳为主要合金元素的铁碳合金。碳钢除含铁、碳外，还含有少量的有益元素锰、硅及有害杂质元素硫、磷。普通碳素结构钢按其质量等级不同可分为 A、B、C、D 四个等级。其中，A 级一般不做冲击试验；B 级做常温冲击试验；C 级做 0℃ 冲击试验；D 级做 −20℃ 冲击试验。因此，D 级质量最好，C、D 级可用作重要的焊接结构。普通碳素结构钢的牌号是由代表屈服点的字母"Q"、屈服点的数值以及质量等级和脱氧方法四个部分按顺序组成。"F"表示沸腾钢，"b"表示半镇静钢，"Z"表示镇静钢，"TZ"表示特殊镇静钢。通常镇静钢和特殊镇静钢不标注符号。例如：Q235BF 表示钢材屈服点为 $235N/mm^2$，钢材的质量等级为 B 级，沸腾钢。沸腾钢是在熔炼钢液中加入弱脱氧剂进行脱氧；镇静钢和特殊镇静钢是在熔炼钢液中加入强脱氧剂进行脱氧，脱氧彻底充分，质量比沸腾钢好，价格也比沸腾钢高；半镇静钢的价格和质量介于沸腾钢和镇静钢之间。《碳素结构钢和低合金结构钢热轧钢板和钢带》GB/T 3274—2017 将普通碳素结构钢分为 Q195、Q215、Q235、Q255、Q275 五种牌号，其中 Q235 在使用、加工和焊接方面的性能较好，是钢结构中最常用的钢种之一。

第二，优质碳素结构钢。优质碳素结构钢比普通碳素结构钢杂质含量少、性能优越。优质碳素结构钢的牌号是由阿拉伯数字和随其后加注的规定符号来表示。如 08F、45、20A、70Mn、20g 等，牌号中的两位阿拉伯数字表示以万分之几计算的平均碳的质量分数。例如："45"表示这种钢的平均碳的质量分数为 0.45%；阿拉伯数字之后标注的符号"F"表示沸腾钢，"b"表示半镇静钢，镇静钢不标注符号；阿拉伯数字之后标注的符号"Mn"表示钢中锰的质量分数较高，达到 0.7%～1.0%，普通含锰量的钢不标注其符号；阿拉伯数字之后标注的符号"A"表示高级优质碳素结构钢，"E"表示特级优质碳素结构钢，钢中硫的质量分数小于 0.03%，磷的质量分数小于 0.035%；阿拉伯数字之后标注的符号也可表示专门用途钢，其中"g"表示锅炉用钢，"R"表示压力容器用钢，"q"表示桥梁用钢，"DR"表示低温压力容器用钢等。

第三，低合金高强度结构钢。低合金高强度结构钢的牌号表示方法与普通碳素结构钢相同，由代表屈服点的字母"Q"、屈服点的数值、质量等级符号三个部分按顺序组成。只是质量等级有 A、B、C、D、E 五个等级，其中 E 级需要做 −40℃ 的冲击试验。《低合金高强度结构钢》GB/T 1591—2018 按屈服强度高低将低合金高强度结构钢分为 Q295、Q355、Q390、Q420、Q460 五种牌号。

第四，合金结构钢。合金结构钢的牌号用阿拉伯数字和合金元素符号表示。前面两位阿拉伯数字表示钢中以万分之几计算的平均碳的质量分数，接着是合金所含的元素符号和平均质量分数。元素的平均质量分数小于 1.5%，该元素只标注符号。

3. 钢结构识图注意事项

在钢结构识图过程中，应注意细节问题，通过不断学习和实践，逐步提高自己的识图水平和实践能力，需要注意以下事项：

（1）掌握投影与视图原理。投影的概念以及视图的形成过程：一是从实物通过投影变为图形的原理说明物与图之间的关系；二是从利用投影原理见到的视图说明形成图纸的道理。钢结构图形形成主要是正投影，即光线平行，投影方向垂直于投影面作出的平行投影。视图就是人从不同的位置所看到的一个物体在投影平面上投影后所绘成的图纸。一般分为上视图，前、后、侧视图，剖视图和仰视图。上视图是人在这个物体的上方往下看，物体在下面投影平面上所投影出的形象；前、后、侧视图是人在物体的前、后、侧面看到的这个物体的形象；剖视图是人们假想的一个平面，即假想把物体某处剖切开后，移走一部分，人站在未移走的那部分物体剖切面前所看到的物体在剖切平面上的投影的形象；仰视图是人在物体下方向上观看所见到的形象，仰视图一般是在室内仰头观看到的顶棚构造或吊顶平面的布置图形，当天棚无各种装饰时，一般不绘制仰视图。施工图是根据投影原理绘制的，理解图纸上的各个视图、标注和尺寸，用图纸表明房屋建筑的设计及构造做法。

（2）熟悉建筑基本构造。钢结构施工图是表明房屋建筑的设计及构造做法的图纸，因此，需要了解房屋建筑的基本构造和常用做法。

（3）识别图例符号和文字说明。施工图采用了一些图例符号以及必要的文字说明，共同把设计内容表现在图纸上，因此，要看懂施工图，还必须记住常用的图例符号。熟悉常用的图例符号和文字说明，以便正确理解图纸内容。

（4）注意图纸的层次和部位。读图应从粗到细、从大到小，先粗略看一遍，了解工程的概貌，然后再仔细看。一套施工图是由各工种的许多张图纸组成的，各图纸之间是互相配合、紧密联系的。在看图时，需要将各图纸联系起来，注意图纸的层次和部位，以便更好地理解整体结构。

（5）结合实践看图。根据"实践、认识、再实践、再认识"的规律，看图时联系实践，就能较快地掌握图纸的内容。同时，注意结合实际施工情况，理解图纸中的各个细节和要求。

（6）注意查看设计总说明。设计总说明是钢结构识图过程中非常重要的一部分，其中包含了工程概况、设计依据、使用的图集规范、各种构件的材质及螺栓等级等重要信息。在阅读图纸时，应注意查看设计总说明，以便更好地理解整个工程的设计要求和施工方法。

（7）注意查看节点细节。钢结构节点是结构的重要组成部分，其构造和连接方式直接影响结构的承载力和安全性。在识图过程中，应注意查看节点细节，包括节点连接板、加劲板、螺栓布置规则和规格等，以确保节点构造符合设计要求。

（8）注意查看材料报告和焊接工艺要求。钢结构材料的质量和焊接工艺的合理性是影响结构安全性的重要因素。在识图过程中，应注意查看材料报告和焊接工艺要求，以确保所使用的材料符合规范要求，同时了解焊接工艺要点和质量要求。

（9）注意查看安装说明。钢结构安装是施工过程中的重要环节，其安装质量和进度直接影响整个工程的进度和质量。在识图过程中，应注意查看安装说明，了解安装过程中的注意事项、特殊要求和施工方法等，以确保安装工作顺利进行。

（10）注意查看图纸中的修改和补充说明。在钢结构识图过程中，有时会遇到图纸中的修改和补充说明。这些修改和补充说明可能涉及结构形式、材料规格或连接方式的改变等。在阅读图纸时，应注意查看这些修改和补充说明，以确保对图纸的理解是准确和全面的。

任务 1.2　焊缝与螺栓表示方法

1. 焊缝的表示方法

焊缝连接是钢结构主要应用的连接方法之一，焊缝符号是工程语言的一种，用于在图样上标注焊缝形式、焊缝尺寸和焊接方法等，它是进行焊接施工的主要依据。从事焊接或检测工作的人，要熟悉常用焊缝符号的标注方法及其含义。

焊缝符号一般由基本符号与指引线组成，必要时还可以加上辅助符号、补充符号和焊缝尺寸符号。焊缝的表示方法如下：

（1）表示焊缝横截面形状的符号，见表1-2。

表示焊缝横截面形状的符号 表 1-2

序号	名称	示意图	符号
1	卷边焊缝		八
2	I形焊缝		‖
3	V形焊缝		V
4	单边V形焊缝		V
5	带钝边V形焊缝		Y
6	带钝边单边V形焊缝		Y
7	角焊缝		△
8	塞焊缝或槽焊缝		⊓

（2）表示焊缝表面形状特征的符号，见表1-3。

表示焊缝表面形状特征的符号 表 1-3

序号	名称	示意图	符号	说明
1	平面		—	焊缝表面齐平（一般通过加工）
2	凹面		⌣	焊缝表面凹陷

序号	名称	示意图	符号	说明
3	凸面	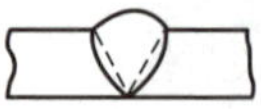		焊缝表面凸起

注：不需要确切说明焊缝表面形状时，可以不用辅助符号。

（3）补充说明焊缝的某些特征而采用的符号，见表1-4。有时为了补充说明焊缝的某些特征，还需要其他符号来表示。比如，要表示焊缝环绕工件周围，用一圆圈表示；要表示焊接时焊缝底部带有垫板，可以用一矩形来表示等，这些都属于补充符号。

补充说明焊缝的某些特征而采用的符号　　　　　　　　　　表1-4

序号	名称	示意图	符号	说明
1	带垫板	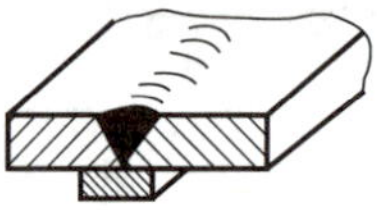	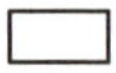	焊缝底部有垫板
2	三面围焊缝	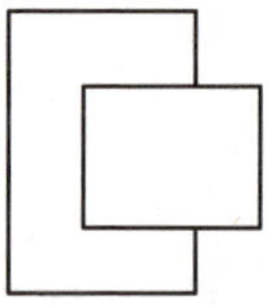		表示三面有焊缝
3	周围焊缝	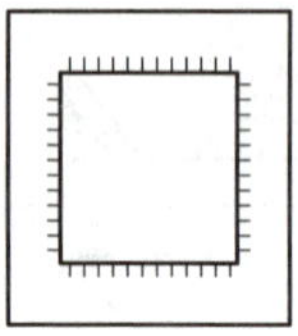		环绕工件周围焊缝
4	现场焊缝	—		表示工地现场进行焊接
5	典型焊缝（余同）	—		表示类似部位采用相同的焊缝

但是为了完整地表示焊缝，除了以上符号以外，还应包括指引线、一些尺寸符号及数据。指引线的表示方法如图1-1所示。

指引线一般由带有箭头的指引线和两条基准线（一条为实线，另一条为虚线）两部分组成，如图1-1（a）所示。如果焊缝在接头的箭头侧，则将基本符号标在基准线的实线侧，如图1-1（b）所示；如果焊缝在接头的非箭头侧，则将基本符号标在基准线的虚线侧，如图1-1（c）所示；标注对称焊缝及双面焊缝时，可不加虚线，如图1-1（d）所示。

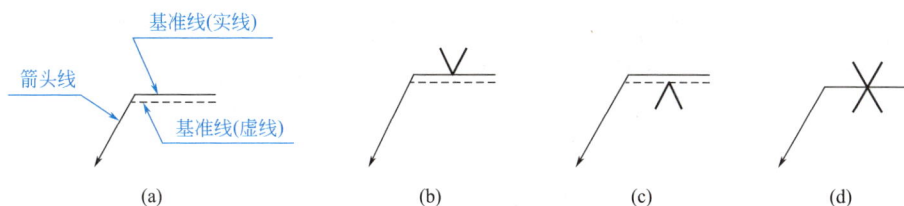

图 1-1　指引线的表示方法

（a）指引线组成；（b）焊缝在接头的箭头侧；（c）焊缝在接头的非箭头侧；（d）双面焊缝

（4）尾注。尾注是对焊缝的要求进行备注，一般说明质量等级、适用范围、剖口工艺的具体编号等，如图 1-2 所示。

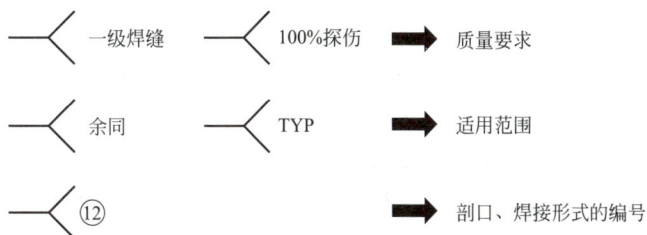

图 1-2　尾注

（5）焊缝尺寸的标注，见表 1-5。

焊缝尺寸的标注　　　　　　　　　　　　　　表 1-5

序号	名称	示意图	焊缝尺寸	说明
1	对接焊缝		S：焊缝有效厚度	
2	卷边焊缝		S：焊缝有效厚度	
3	连续角焊缝		S：焊脚尺寸	

序号	名称	示意图	焊缝尺寸	说明
4	断续角焊缝		l:焊缝长度 （不计弧坑） e:焊缝间距 n:焊缝段数 S:焊脚尺寸	$S \quad n \times l \quad (e)$
5	交错断续 角焊缝		l:焊缝长度 （不计弧坑） e:焊缝间距 n:焊缝段数 S:焊脚尺寸	$S \quad n \times l \quad (e)$ $S \quad n \times l \quad (e)$

说明：当无焊缝长度尺寸标注时，表示焊缝是通长连续的；当对接焊缝（含角对接组合焊缝）无有效深度的尺寸标注时，表示全熔透。

（6）塞焊的详细标注。塞焊是指在被连接的钢板上钻孔，用焊缝金属将孔填满使两板连接起来。塞焊可分为圆孔内塞焊和长孔内塞焊两种。塞焊的有效面积应为贴合面上圆孔或长槽孔的标称面积；塞焊焊缝的尺寸应根据贴合面上承受的剪力计算确定。塞焊的详细标注如图 1-3 所示。图 1-3 中，h 表示填焊高度，t 表示钢板厚度，其余符号表示相应位置处尺寸。

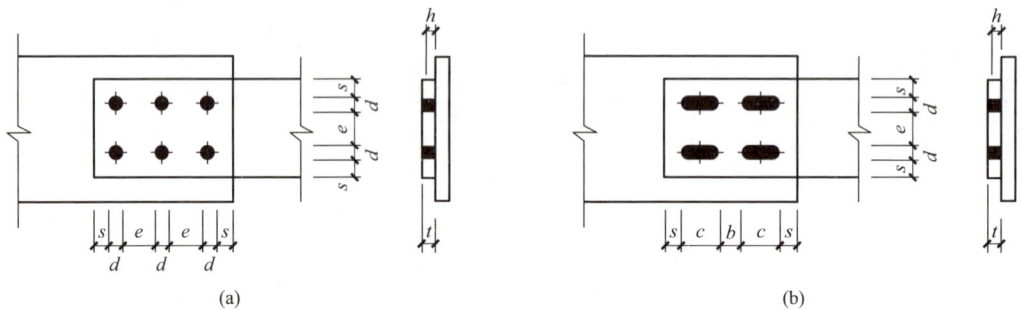

图 1-3　塞焊的详细标注

（a）圆孔内塞焊；（b）长孔内塞焊

（7）其他表达方式，如图 1-4 所示。

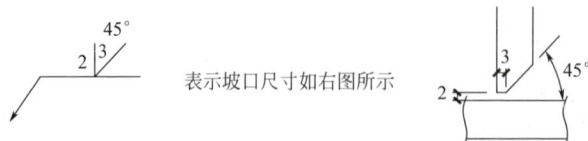

图 1-4　其他表达方式

（8）焊缝的表示方法，如图 1-5 所示。

2. 螺栓与电焊铆钉的表示方法

螺栓连接是钢结构主要应用的连接方法之一，螺栓及电焊铆钉的表示方法见表 1-6。

焊缝标注示例

	╱	指引线
	▶ ╱ ⊏	补充符号
	$\frac{10}{▷}$	焊缝基本符号及尺寸
	──◁ 外观二级	尾注
	⌣	辅助符号

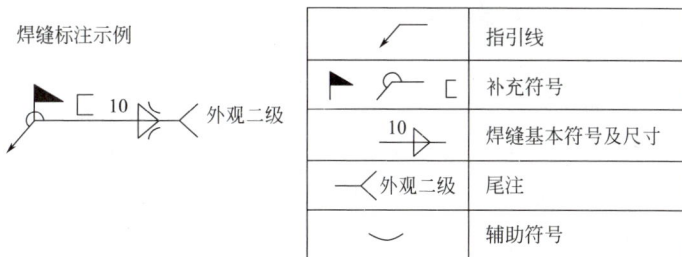

图 1-5　焊缝的表示方法

螺栓及电焊铆钉的表示方法　　　　　　　　　　　　　　　　　表 1-6

序号	名称	图例	说明
1	永久螺栓	$\frac{M}{\phi}$	
2	高强度螺栓	$\frac{M}{\phi}$	
3	安装螺栓	$\frac{M}{\phi}$	1. 细"+"线表示定位线； 2. M 表示螺栓型号； 3. ϕ 表示螺栓孔直径； 4. d 表示膨胀螺栓、电焊铆钉直径； 5. 采用引出线标注螺栓时，横线上标注螺栓规格，横线下标注螺栓孔直径
4	膨胀螺栓	d	
5	圆形螺栓孔	ϕ	
6	长圆形螺栓孔	ϕ　h	
7	电焊铆钉	d	

任务 1.3　钢结构节点详图

连接节点的设计是钢结构设计中重要的内容之一。在结构分析前，就应对钢结构节点的形式有充分思考与确定，否则很容易导致最终设计的节点与结构分析模型中使用的节点形式不完全一致，必须避免这种情况的出现。

1. 梁柱节点连接详图

梁柱连接按转动刚度不同分为刚性、半刚性和铰接三类。梁柱节点连接详图如图 1-6 所示。在此连接详图中，梁柱连接采用螺栓和焊缝的混合连接，梁翼缘与柱翼缘为坡口对接焊缝。为保证焊透，施焊时梁翼缘下面须设小衬板，衬板反面与柱翼缘相接处宜用角焊

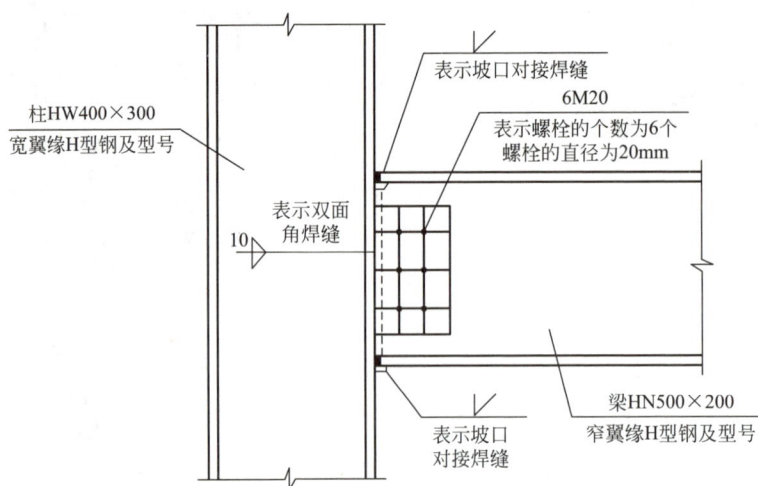

图 1-6　梁柱节点连接详图

缝补焊。梁腹板与柱翼缘用螺栓与剪切板相连接，剪切板与柱翼缘采用双面角焊缝，此连接节点为刚性连接。

2. 梁拼接连接详图

梁拼接连接详图如图 1-7 所示。从图中可以看出，两段梁拼接采用螺栓和焊缝混合连接，梁翼缘为坡口对接焊缝连接，腹板采用两侧双盖板高强度螺栓连接，此连接为刚性连接。

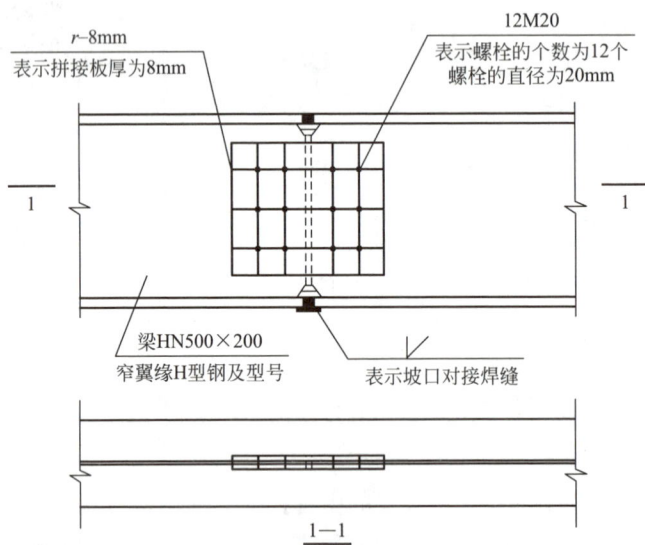

图 1-7　梁拼接连接详图

3. 柱拼接连接详图

柱拼接连接详图如图 1-8 所示。在此详图中可知，此钢柱为等截面拼接，拼接板均采用双盖板连接，螺栓为高强度螺栓。作为柱构件，在节点处要求能够传递弯矩、剪力和轴

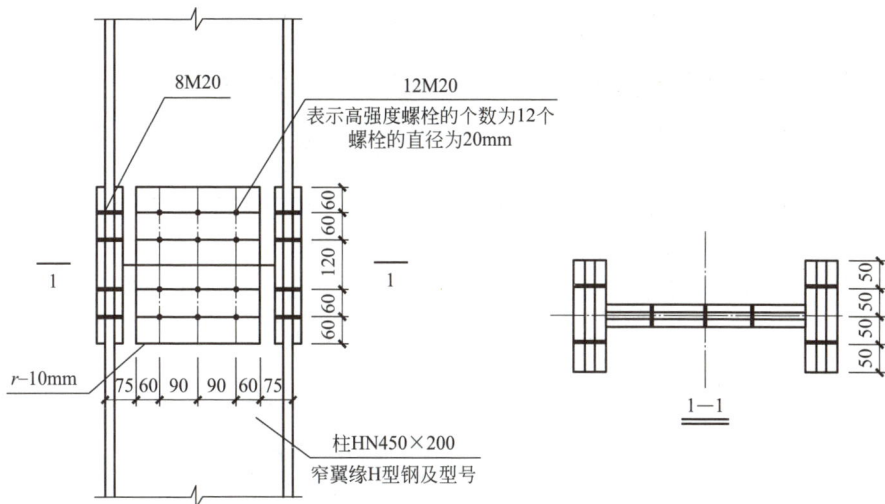

图 1-8 柱拼接连接详图

力，柱连接必须为刚性连接。

任务 1.4 钢结构施工图识图实例

1. 实例 1

某阶形柱的下柱柱间支撑采用的连接方式如图 1-9 所示，请解释其中的连接方法？

答：柱间支撑由双肢等边角钢 90×6 与节点板采用双面角焊缝连接，角钢肢背与节点板连接的侧面角焊缝高度为 8mm，角钢肢尖与节点板连接的侧面角焊缝高度为 6mm，小三角旗代表焊缝是现场安装时施焊。

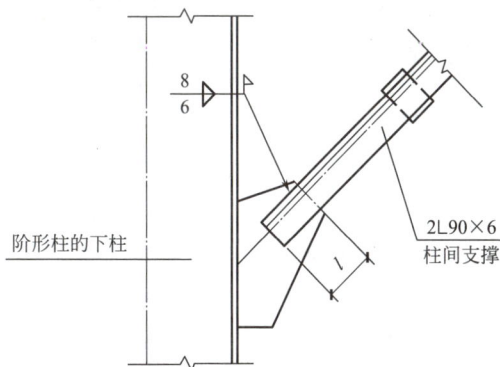

图 1-9 阶形柱的下柱柱间支撑连接图

2. 实例 2

某主梁与次梁的连接节点如图 1-10 所示，请解释其中的连接方法？

答：次梁上翼缘与连接板采用单角焊缝连接，连接板与次梁上翼缘是三面围焊，焊缝高度图上没有详细标注，小三角旗代表焊缝是现场安装时施焊。

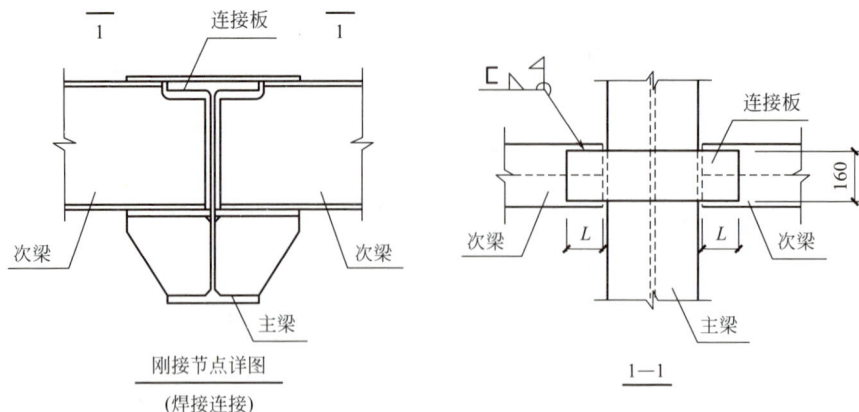

图 1-10　主梁与次梁的连接节点

3. 实例 3

因为钢结构识图中的图线、符号以及表达含义较为复杂，专业性强，为了理解前述有关识图内容，这里给出一些钢结构实物图片，以帮助形象地理解识图知识，如图 1-11～图 1-20 所示。

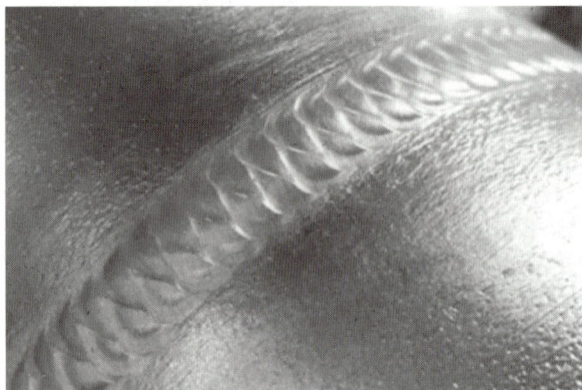

图 1-11　钢管对接焊缝

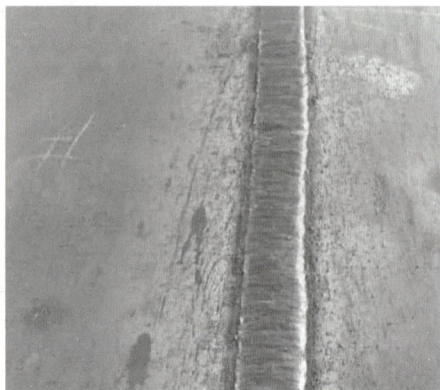

图 1-12　钢板对接焊缝

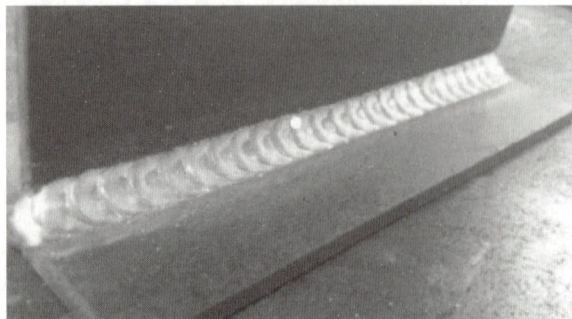

图 1-13　钢板角焊缝连接

图 1-14　钢管角焊缝连接

图 1-15　塞焊缝连接

图 1-16　钢柱脚栓钉 T 形连接

图 1-17　普通螺栓（帽顶有 4.8 级标志）

图 1-18　普通螺栓（带开槽圆盘头）

图 1-19　高强度大六角头螺栓
（头部六角型）

图 1-20　扭剪型高强度螺栓
（头部半圆且尾部梅花头）

小结

　　本项目主要介绍了钢结构工程图纸基本知识、焊缝与螺栓的表示方法、钢结构节点详图、钢结构施工图识图实例等内容，让学生对钢结构的基本识图知识有了较为详细的认知，同时为能应用识图技能于实际工程项目打下较坚实的基础。

习　题

1. 选择题

(1) A3 图幅是以下哪一个？（　　　）

A. 210mm×297mm

B. 297mm×420mm

C. 420mm×594mm

D. 297mm×594mm

(2) 按屈服强度高低将低合金高强度结构钢分为不同牌号，以下（　　　）不是其中的牌号。

A. Q295

B. Q355

C. Q390

D. Q425

(3) 要表示焊缝环绕工件周围，用（　　）表示。

A. 半圆圈

B. 两圆圈

C. 一圆圈

D. 一矩形

(4) 要表示焊接时焊缝底部带有垫板，可以用（　　）来表示。

A. 一矩形

B. 两矩形

C. 一圆圈

D. 半矩形

(5) 尾注是对焊缝的要求进行备注，下面（　　）不是它表示的含义。

A. 质量等级

B. 适用范围

C. 剖口工艺的具体编号

D. 指引线

2. 简答题

(1) 阐述施工详图的含义。

(2) 简述轴线的作用以及表达方法。

(3) 塞焊与槽焊的含义是什么？其尺寸如何确定？

(4) 焊缝横截面形状主要有哪些名称？

项目 2
钢结构材料性能与检验存储

教学目标

1. 知识目标

（1）了解钢材的破坏形式与原因；

（2）熟悉钢材的主要性能、影响钢材性能的主要因素、钢材的分类、钢材检验流程与常用计量器具；

（3）掌握钢材的品种与用途、钢材检验标准及方法、钢结构材料的选用。

2. 能力目标

（1）能够认知和判断常规钢材品种，能够读懂厂家提供的货单以及材料证书；

（2）能够熟练操作常规的钢材检验工具，填写验收表格，对不合格的材料提出解决问题的建议。

3. 素质目标

（1）形成预防材料以次充好的意识；

（2）强化装配式钢结构原材料验收存储责任体系，锻造标准化管理执行效能。

任务 2.1　钢材的性能与影响因素

1. 钢材的破坏形式与原因

钢材有两种破坏形式，即塑性破坏和脆性破坏。塑性破坏的特征是，钢材在断裂破坏时产生很大的塑性变形，又称为延性破坏，其断口呈纤维状，色发暗，有时能看到滑移的痕迹。适度的塑性变形能起到调整结构内力分布的作用，使原先结构中应力不均匀的部分趋于均匀，从而提高结构的承载能力。脆性破坏的特征是，钢材断裂破坏时没有明显的变形征兆，其断口平齐，呈有光泽的尖粒状。由于脆性破坏具有突然性，无法预测，因此比塑性破坏要危险得多，在钢结构工程设计、施工与安装中应采取适当措施尽力避免。为了防止发生脆性破坏，有必要对于引起脆性的原因先有基本了解，为后续对钢材性能与影响因素的学习打下基础。引起钢材脆性的原因主要包括以下几种：

（1）材质缺陷。当钢材中碳、硫、磷、氧、氮、氢等元素的含量过高时，将会严重降低其塑性和韧性，脆性则相应增大。通常碳导致可焊性差；硫、氧导致"热脆"；磷、氮导致"冷脆"；氢导致"氢脆"。另外，钢材的冶金缺陷，如偏析、非金属夹杂、裂纹以及分层等，也将大大降低钢材抗脆性断裂的能力。氢在冶炼和焊接过程中侵入金属，造成材料韧性降低，从而可能导致断裂。焊条在使用前需要烘干，就是为了防止"氢脆"断裂。此外，钢材本身存在的内部冶金缺陷，如裂纹、偏析、非金属夹杂以及分层等，也能使钢材抗脆性断裂的能力大大降低。

（2）应力集中。钢结构由于孔洞、缺口、截面突变等不可避免出现局部形状变化变大的情况，在荷载作用下，这些部位将产生局部高峰应力，而其余部位应力较低且分布不均匀，这种现象称为应力集中。我们通常把截面高峰应力与平均应力之比称为应力集中系数，以表明应力集中的严重程度。当钢材在某一局部出现应力集中，将出现同号的二维或三维应力场，使材料不易进入塑性状态，从而导致脆性破坏。应力集中越严重，钢材的塑性降低越多，同时脆性断裂的危险性也越大。

钢结构或构件的应力集中主要与其构造细节有关。在钢构件的设计和制作中，孔洞、刻槽、凹角、缺口、裂纹以及截面突变等缺陷在所难免。

焊接作为钢结构的主要连接方法，虽有众多的优点，但不利的是，焊缝缺陷以及残余应力的存在往往成为应力集中源。据资料统计，焊接结构脆性破坏事故远远多于铆接结构和螺栓连接结构，主要有以下原因：①焊缝或多或少存在一些缺陷，如裂纹、夹渣、气孔、咬肉等，这些缺陷将成为断裂源；②焊接后结构内部存在的残余应力又分为残余拉应力和残余压应力，其作为初应力场，与其他因素组合作用，即与荷载应力场的叠加可导致驱动开裂的不利应力组合，进而可能导致开裂；③焊接结构的连接往往刚性较大，当出现多焊缝汇交时，材料塑性变形很难发展，脆性增大；④焊接使结构形成连续的整体，没有止裂的构造措施，一旦裂缝开展，就可能一裂到底。与铆接或螺栓连接不同，裂缝一遇螺孔就会终止。

（3）使用环境。当钢结构受到较大的动载作用或者处于较低的环境温度下工作时，钢结构脆性破坏的可能性增大。在 0℃ 以上，当温度升高时，钢材的强度及弹性模量均有变化，一般是强度降低，塑性增大；当温度在 200℃ 以内时，钢材的性能没有多大变化；但温度达到 250℃ 左右时，钢材的抗拉强度小幅下降，屈服强度明显下降，塑性小幅提升，冲击韧性下降从而出现所谓的"蓝脆现象"，此时进行热加工钢材易发生裂纹；当温度达到 600℃ 时，钢材屈服强度及弹性模量均接近于零，此时认为钢结构几乎完全丧失承载力；当温度在 0℃ 以下时，随温度降低，钢材强度略有提高，而塑性和韧性降低、脆性增大。尤其是当温度下降到某一温度区间时，钢材的冲击韧性值急剧下降、出现低温脆断。通常又把钢结构在低温下的脆性破坏称为低温冷脆现象，产生的裂纹称为"冷裂纹"。因此，在低温下工作的钢结构，特别是受动力荷载作用的钢结构，钢材应具有负温冲击韧性的合格保证，以提高抗低温脆断的能力。

除此之外，对于大型复杂结构，工作条件恶劣（如海洋工程）的结构认识不足等都是造成脆性破坏发生的因素。

（4）钢板厚度。随着钢结构向大型化发展，尤其是高层结构的兴起，构件钢板的厚度大有增加的趋势。钢板厚度对脆性断裂有较大的影响。钢板厚度越大，不但强度越低、塑性越差，而且韧性也越低。因此，通常钢板越厚，脆性断裂破坏的倾向也越大。厚钢板、特厚钢板的"层状撕裂"问题也是引起脆性断裂破坏的原因之一，应引起高度重视。

（5）应力腐蚀断裂。在腐蚀环境中承受静力或准静力荷载作用的钢结构，在远低于屈服极限的应力状态下发生的断裂破坏，称为应力腐蚀断裂。它是腐蚀和非过载断裂的综合结果。钢材强度越高则对应力腐蚀断裂越敏感，对于常见碳钢和低合金钢而言，屈服强度大于 700MPa 时，才表现出对应力腐蚀断裂比较敏感。

（6）疲劳断裂和腐蚀疲劳断裂。在交变荷载作用下，裂纹的失稳扩展导致的断裂破坏称之为疲劳断裂。疲劳断裂有"高周"和"低周"之分。循环周数在 10 万次以上者称为高周疲劳，属于钢结构中常见情况。而低周疲劳断裂前的周数只有几百次或几十次，每次都有较大的非弹性应变。典型的低周疲劳破坏产生于强烈地震作用下。环境介质导致或加速疲劳裂纹的产生和扩展称为腐蚀疲劳。

2. 钢材的主要性能

钢材使用中要承受拉力、压力、弯曲、扭曲等各种静力荷载作用，这就要求钢材具有一定的强度及其抵抗有限变形而不破坏的能力。对于承受动力荷载作用的钢材，还要求其具有较高的冲击韧性而不致发生疲劳断裂。钢材常见的力学性能有强度、硬度、塑性、韧性。钢材在使用前，需要根据实际情况进行多种形式的加工，良好的工艺性能可以满足施工工艺的要求。钢材常见的工艺性能有冷弯性能、可焊性能。

（1）强度。强度是指材料抵抗变形或断裂的能力，可分为屈服强度 σ_s 和抗拉强度 σ_b。强度指标是衡量结构钢的重要指标，强度越高说明钢材承受的力（也叫载荷）越大。拉伸试验是将特制的拉伸试件置于拉力试验机上，在试件两端施加一缓慢增加的拉伸荷载，观察加荷过程中产生的弹性和塑性变形，直至试件被拉断为止，绘出整个试验过程的应力-应变曲线。低碳钢受拉的应力-应变曲线如图 2-1 所示。低碳钢是广泛使用的一种材料，它在外力作用下的拉伸变形可分为四个阶段：弹性阶段、屈服阶段、强化阶段和颈缩阶段；每一阶段对应的极限强度分别是弹性极限、屈服强度（或称屈服点）、抗拉强度。

应力超过弹性极限 σ_e 后，应变急剧增加，而应力基本保持不变，这种现象称为屈服，如图 2-1 的 AB 阶段。在该阶段，应力与应变不再成比例变化，应变增加的速度远大于应力增加的速度，若在该阶段卸载，试件的变形将有部分不能恢复，即试件发生了塑性变

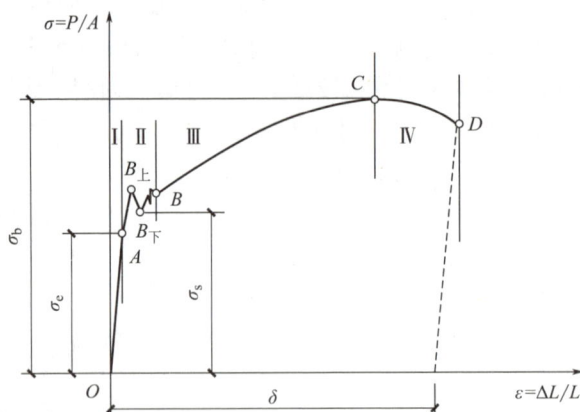

图 2-1　低碳钢受拉的应力-应变曲线

形。如图 2-1 中，$B_上$ 点是该阶段的应力最高点，称为屈服上限，$B_下$ 点称为屈服下限。一般以 $B_下$ 点对应的应力为屈服强度，用 σ_s 表示。钢材受力达到 σ_s 后，变形迅速发展，已经不能满足使用要求，故设计中一般用屈服点作为强度取值的依据。

荷载超过 σ_s 后，因塑性变形使钢材内部的组织结构发生变化，抵抗变形的能力有所增强，σ-ε 曲线出现上升，进入强化阶段，如图 2-1 的 BC 阶段。此阶段虽然应力能够增加，表现为承载力提高，但变形速率比应力增加速率大，对应于最高点 C 的应力称为极限抗拉强度，用 σ_b 表示。

弹性模量是在弹性阶段，应力与应变成正比例关系，应力与应变的比值为常数，弹性模量反映钢材的刚度。碳素结构钢的弹性模量 $E=(2.0\sim2.1)\times10^5\,\mathrm{MPa}$，合金钢弹性模量 $E=2.06\times10^5\,\mathrm{MPa}$。

屈服强度和抗拉强度是衡量钢材强度的两个重要指标，也是设计中的重要依据。在工程中，希望钢材不仅具有高的屈服点，还应具有一定的"屈强比"（即屈服强度与抗拉强度的比值）。屈强比是反映钢材利用率和安全可靠程度的一个指标。合理的屈强比一般应在 0.60~0.75 范围内。

中碳钢与高碳钢的拉伸曲线形状与低碳钢不同，屈服现象不明显，难以测定屈服点。按规定该类钢材在拉伸试验时，产生残余变形为原标距长度的 0.2% 时所对应的应力值，即作为其屈服强度值，称为条件屈服点。

通常以伸长率的大小来评定塑性性能的大小，伸长率越大表示塑性越好。

对于一般非承重结构或由构造决定的构件，只要保证钢材的抗拉强度和伸长率即能满足要求；对于承重结构则必须具有抗拉强度、伸长率、屈服强度三项指标合格的保证。

（2）硬度。硬度是指材料表面抵抗硬物压入的能力。常见的表示方法有三种：布氏硬度 HB、洛氏硬度 HR、维氏硬度 HV。硬度是衡量钢材表面变形能力的指标，硬度越高，说明钢的耐磨性越好，越不容易磨损。

（3）塑性。塑性是指材料产生变形而不断裂的能力。通常有两种表示方法：伸长率 δ、断面收缩率 ψ。塑性是衡量钢材成型能力的指标，塑性越高，说明钢材的延展性越好，即容易拉丝或轧板。

（4）韧性。韧性也叫冲击韧性，是指材料抵抗冲击变形的能力，以及在低温、应力集中、冲击荷载等作用下抵抗脆性断裂的能力。钢材中非金属夹杂物、脱氧不良等因素都将影响其冲击韧性。为了保证钢结构建筑物的安全，防止低应力脆性断裂，建筑结构钢必须具有良好的韧性。目前试验方法较多，其中冲击试验是最简便的检验钢材缺口韧性的试验方法，也是作为建筑结构钢的验收试验项目之一。通常钢材的冲击韧性采用 V 形缺口的标准试件，冲击试验示意图如图 2-2 所示。

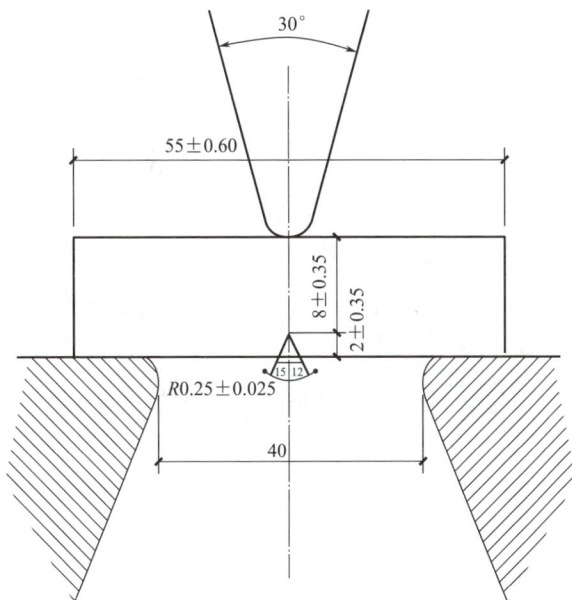

图 2-2　冲击试验示意图（单位：cm）

冲击韧性指标是指用冲击荷载使试件断裂时所吸收的冲击功。冲击韧性是衡量钢材抗冲击能力的指标，冲击功数值越高，说明钢材抵抗运动载荷的能力越强。钢材的冲击韧性全面反映钢材的品质，对于直接承受荷载而且可能在负温下工作的重要结构，必须进行冲击韧性试验。一般情况下，强度低的钢材，硬度也低，而塑性和韧性较高，例如钢板、型材，就是由强度较低的钢材生产的；而强度较高的钢材，硬度也高，但塑性和韧性较差，例如生产机械零件的中碳钢、高碳钢。

（5）冷弯性能。冷弯性能是指钢材在常温下承受弯曲变形的能力。冷弯是通过检验试件经规定的弯曲程度后，弯曲处拱面及两侧面有无裂纹、起层、鳞落和断裂等情况进行评定的。

冷弯试验的指标主要包括：弯心直径 d 与试件厚度（直径）a 的比值 d/a；弯曲角（90°或 180°）；试样弯曲外表面无肉眼可见的裂纹则冷弯合格。通过冷弯试验，更有助于暴露钢材的某些内在缺陷，它能揭示钢材是否存在内部组织不均匀、内应力和夹杂物等缺陷。冷弯也是检验钢材塑性性能的一种方法，伸长率大的钢材，其冷弯性能较好，但冷弯检验对钢材塑性的评定比拉伸试验更严格、更敏感；也可以用冷弯的方法来检验钢材的焊接质量。对于重要结构和弯曲成型的钢材，冷弯性能必须合格。冷弯试验如图 2-3 所示。

（6）可焊性能。焊接是各种型钢、钢板、钢筋的重要连接方式，是钢材一种特有的加工工艺，通过焊接可使钢材组成庞大的整体结构。焊接的质量取决于焊接工艺、焊接材料

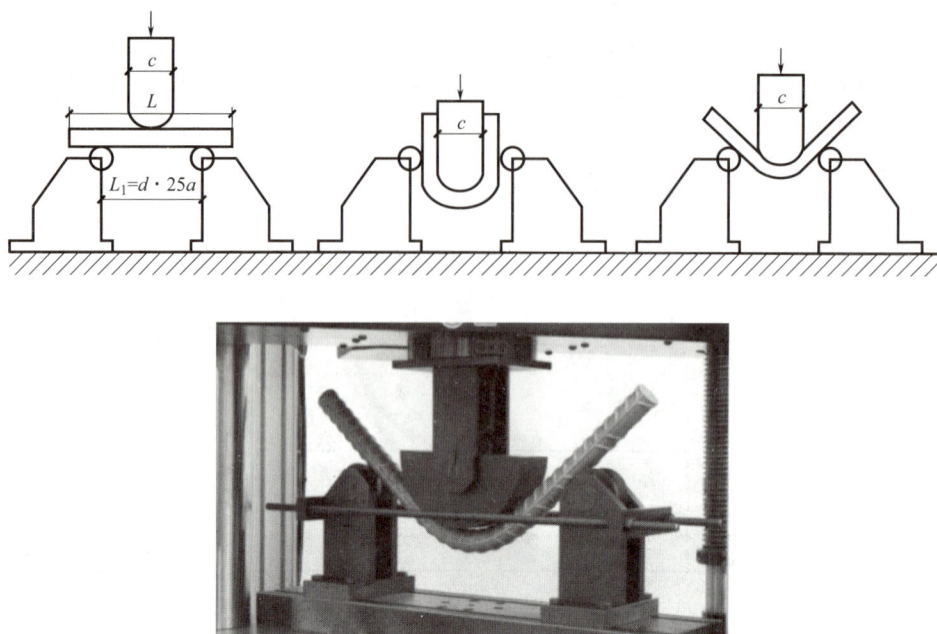

图 2-3　冷弯试验

及钢材的可焊性能。可焊性能是指钢材按特定的焊接工艺，在焊缝及附近过热区是否产生裂缝及硬脆倾向，以及焊接后的力学性能，特别是强度是否与原钢材相近的性能。钢材的可焊性能主要受其化学成分及含量的影响，当含碳量超过 0.3%、硫和其他杂质含量高以及合金元素含量较高时，钢材的可焊性能降低。钢材人工焊接如图 2-4 所示。

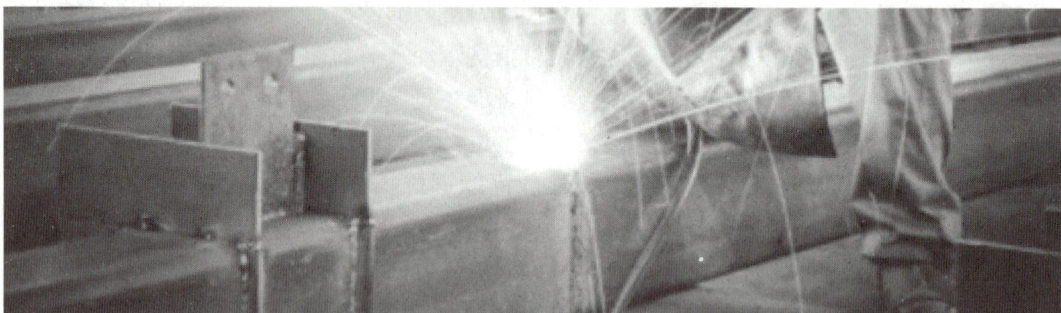

图 2-4　钢材人工焊接

一般焊接结构用钢应选用含碳量较低的氧气转炉或平炉的镇静钢，对于高碳钢及合金钢，为了改善焊接后的硬脆性，焊接时一般要采用焊前预热及焊后热处理等措施。钢材在焊接之前，焊接部位应进行清除铁锈、熔渣和油污等；尽量避免不同国家的进口钢材之间或进口钢材与国产钢材之间的焊接；冷加工钢材的焊接，应在冷加工之前进行。

（7）耐疲劳性能。钢材在交变荷载反复作用下，往往在远小于其抗拉强度时发生突然破坏，此现象称为疲劳破坏。试验证明，钢材承受的交变应力越大，则断裂时所经受的交变应力循环次数越少，反之则越多。

疲劳破坏的危险应力用疲劳强度表示。疲劳强度是指钢材在交变荷载作用下于规定的周期基数内不发生疲劳破坏所能承受的最大应力。通常取交变应力循环次数 $N=10^7$ 时试件不发生破坏的最大应力作为疲劳强度。

钢材疲劳强度与其内部组织状态、成分偏析、杂质含量及各种缺陷有关，钢材表面光洁程度和受腐蚀等因素都会影响疲劳强度。一般钢材的抗拉强度高，则耐疲劳强度也较高。

（8）热处理性能。热处理是将焊件按规定的温度要求，进行加热、保温和冷却处理，以改变其组织，从而得到所需要的性能的一种工艺。热处理的方法有：正火、退火、淬火和回火。正火是将钢件加热至基本组织改变的温度以上，然后在空气中冷却，使晶格细化，钢的强度提高而塑性降低，内应力消除，此方法适合钢厂对大型钢件的热处理；退火是将钢材加热至基本组织改变的温度以下或以上，适当保温后缓慢冷却，以消除内应力，减少缺陷和晶格畸变，使钢的塑性和韧性得到改善；淬火是将钢材加热至基本组织改变的温度以上，保温使基本组织转变成奥氏体，然后投入水中或矿物油中急冷，使晶格细化，碳的固溶量增加，机械强度提高，硬脆性增加，其效果与冷却速度有关；回火是将比较硬脆、存在内应力的钢，再加热至基本组织改变的温度以下，保温后按一定要求冷却至室温的热处理方法。回火后的钢材，内应力消除，硬脆性降低，韧性得到改善。对于含碳量高的高强度钢筋和焊接时形成硬脆组织的焊件，适合以退火方式来消除内应力和降低脆性，保证焊接质量。

3. 影响钢材性能的主要因素

（1）化学成分的影响。钢材中除主要化学成分铁（Fe）以外，还含有少量的碳（C）、硅（Si）、锰（Mn）、磷（P）、硫（S）、氧（O）、氮（N）、钛（Ti）、钒（V）等元素，这些元素虽含量很少，但对钢材性能的影响很大。

1）铁：钢材的基本成分为铁。碳钢中铁含量占99%，碳、硅、锰为杂质元素，硫、磷、氮、氧为冶炼过程中不易除尽的有害元素。

2）碳：碳是决定钢材性能的最重要元素。建筑钢材的碳含量不大于0.8%，随着含碳量的增加，钢材的强度和硬度提高，塑性和韧性下降。含碳量超过0.3%时，钢材的可焊性显著降低。碳还增加钢材的冷脆性和时效敏感性，降低其抗大气锈蚀性。

3）硅：硅是我国钢筋用钢材中的主要添加元素。当硅含量小于1%时，可提高钢材强度，对塑性和韧性影响不明显。

4）锰：锰是有益的元素。含锰适量可以使钢材强度增大，降低硫、氧的热脆影响，改善热加工性能，对其他性能影响不大。

5）硫：硫是有害的元素。呈非金属硫化物夹杂物存在于钢材中，会降低钢材的各种机械性能。硫化物所造成的低熔点使钢材在焊接时易产生热裂纹，形成热脆现象，称为热脆性。硫还会使钢材的可焊性、冲击韧性、耐疲劳性和抗腐蚀性等性能降低。

6）磷：磷是有害的元素。磷含量增加，会使钢材的强度、硬度提高，导致其塑性和韧性显著下降。特别是温度越低，对塑性和韧性的影响越大，从而显著加大钢材的冷脆性，也使钢材的可焊性显著降低。但磷可提高钢材的耐磨性和耐蚀性，在低合金钢中可配合其他元素作为合金元素使用。

7）氧：氧是有害的元素，它会降低钢材的机械性能，特别是韧性。氧有促进时效倾向的作用。氧化物所造成的低熔点亦使钢材的可焊性变差。

8）氮：氮对钢材性质的影响与碳、磷相似，它会使钢材强度提高，导致塑性、特别是韧性显著下降。

（2）冶金与轧制的影响。冶金的影响主要为脱氧方法：沸腾钢用锰为脱氧剂，则时间快，价格低，质量差；镇静钢用硅为脱氧剂，则时间慢，价格高，质量好。特殊镇静钢用硅脱氧后，再用铝补充脱氧。反复的轧制可以改善钢材的塑性，同时可以使钢材中的气孔、裂纹、疏松等缺陷焊合，使金属晶体组织密实，晶粒细化，消除纤维组织缺陷，使钢材的力学性能提高。

（3）冷作硬化与时效硬化。由于某种因素的影响而使钢材强度提高，塑性、韧性下降，脆性增加的现象称之为硬化现象。

冷加工时（常温进行弯折、冲孔剪切等），钢材发生塑性变形从而使钢材变硬的现象称之为冷作硬化。

钢材中的碳、氮，随着时间的增长和温度的变化，形成碳化物和氮化物，从而使钢材变脆的"老化"现象称之为时效硬化。

（4）复杂应力与应力集中的影响。钢材在多向同号应力场作用下，一向的变形会受到另一向的限制，从而使钢材强度增加，塑性、韧性下降；异号应力场时则相反。

钢构件由于截面的改变以及孔洞、凹槽、裂纹等原因而使构件内产生应力集中。应力集中是指局部应力增大并多为同号应力场。

（5）残余应力的影响。钢材在轧制、焊接、切割等过程中会产生在构件内部自相平衡的内力称之为残余应力。残余应力虽对构件的强度无影响，但对构件的变形（刚度）、疲劳以及稳定承载力会产生不利影响。

（6）温度的影响。温度的影响，一般可分正温影响与负温影响两部分。

对正温影响而言，当250℃左右时，钢材的强度降低，塑性、韧性下降，钢材表面呈蓝色，这一现象称之为蓝脆现象；钢材在250℃以上时应采取隔热措施；但当温度达600℃左右时，钢材的强度几乎降至为零，而塑性极大，易于进行热加工，此温度称之为热锻温度。

对负温影响而言，随温度下降，钢材的冲击韧性显著下降而表现出脆性的现象称为钢材的冷脆性。冲击韧性显著降低时的温度为脆性转变温度。脆性转变温度越低说明钢材的低温冲击韧性越好。

任务2.2　钢材的分类、品种与用途

1. 钢材的分类

钢是含碳量在0.04%～2.3%之间的铁碳合金。为了保证其韧性和塑性，含碳量一般不超过1.7%。钢的分类方法多种多样，常见的有如下几种分类：

（1）按化学成分分类。按化学成分分为碳素钢和合金钢。

1）碳素钢（也称非合金钢）按含碳量的多少，又分为低碳钢（含碳量≤0.25%）、中碳钢（含碳量在0.25%～0.60%）和高碳钢（含碳量≥0.60%）。

型号的表示方法为：Q＋数字＋质量等级符号＋脱氧方法符号＋专门用途的符号。钢

号冠以"Q",代表钢材的屈服点,"Q"后面的数字表示屈服点数值,单位是 MPa,例如 Q235 表示屈服点 (σ_s) 为 235MPa 的碳素结构钢;必要时,钢号后面可标出表示质量等级和脱氧方法的符号。质量等级符号分别为 A、B、C、D(A 级仅保证抗拉强度、屈服点和伸长率,无冲击韧性要求,硫、磷含量相对较高;B 级需通过 20℃ 冲击试验,硫、磷含量较 A 级更低,可进行冷弯试验;C 级需通过 0℃ 冲击试验,硫、磷含量进一步降低,冷弯试验合格;D 级需通过 −20℃ 冲击试验,硫、磷含量最低,冷弯试验合格);脱氧方法符号为 F 表示沸腾钢,b 表示半镇静钢,Z 表示镇静钢,TZ 表示特殊镇静钢,镇静钢可不标符号,即 Z 和 TZ 都可不标,例如 Q235AF 表示 A 级沸腾钢。还有一些我们常用的碳素钢,例如 Q235、Q235AF、Q235AB、Q235C、Q355、Q355A、Q355B、Q355C 等。

优质碳素结构钢的表示方法为:数字+元素符号+脱氧方法符号+专门用途的符号。钢号开头的两位数字表示钢的碳含量,以平均碳含量的万分之几表示,例如平均碳含量为 0.45% 的钢,钢号为"45";锰含量较高的优质碳素结构钢,应将锰元素标出,例如 50Mn;沸腾钢、半镇静钢及专门用途的优质碳素结构钢应在钢号最后特别标出,例如平均碳含量为 0.1% 的半镇静钢,其钢号为 10b。

碳素钢由于价格低廉,便于获得,容易加工等优势,是钢中应用最多、数量最大的金属材料,常轧制成钢材、型材及异型材。它一般不需要热处理,可直接使用,主要用于机械制造、一般结构和工程。

2)合金钢是为了提高钢的机械性能、工艺性能或物理、化学性能,在冶炼时根据需要加入一些合金元素,从而可以提高钢的强度、硬度和韧性等其他特性。其编号采用"数字+化学元素+数字"的方法,例如 60Si$_2$Mn,即表示钢中含碳量 0.60% 左右,含硅(Si)2% 左右,含锰(Mn)为 1% 左右。按合金元素的含量,分为低合金钢(合金元素总量≤5%)、中合金钢(合金元素总量在 5%~10%)和高合金钢(合金元素总量≥10%)。

(2)按成型方法分类。

1)锻钢:采用锻造方法而生产出来的各种锻材和锻件。

2)铸钢:专用于制造钢质铸件的钢材。

3)热轧钢:是经过高温加热轧制而成的钢材,它强度不是很高,但塑性、可焊性较好。

4)冷拉钢:是一种冷拔加工的钢材,其工艺是将热轧钢材通过冷拔加工使其尺寸和形状得到精确控制,同时提高了钢材的强度、硬度和表面质量。

(3)按品质分类。按品质将钢材分为普通钢(硫含量≤0.05%,磷含量≤0.045%)、优质钢(硫含量≤0.035%,磷含量≤0.035%)和高级优质钢(硫含量≤0.03%,磷含量≤0.035%)。

(4)按用途分类。

1)建筑及工程用钢:普通碳素结构钢、低合金结构钢、钢筋钢。

2)钢材结构钢:机械制造用钢、弹簧钢、轴承钢。

3)工具钢:碳素工具钢、合金工具钢、高速工具钢。

4)特殊性能钢:不锈耐酸钢、耐热钢、电热合金钢、耐磨钢、低温用钢、电工用钢。

5)专业用钢:桥梁用钢、船舶用钢、锅炉用钢、压力容器用钢、农机用钢等。

2. 钢材的品种与用途

（1）热轧卷板。热轧卷板是以板坯（主要为连铸坯）为原料，经加热后由粗轧机组及精轧机组制成带钢。从精轧最后一架轧机出来的热钢带通过层流冷却至设定温度，冷却后的钢带由卷取机卷成钢带卷（即热轧卷）。

热轧卷板一般包括中厚宽钢带、热轧薄宽钢带和热轧薄板。中厚宽钢带是其中最具代表性的品种，其产量占比约为热轧卷板总产量的 2/3。中厚宽钢带是指厚度大于 3mm 且小于 20mm，宽度大于 600mm 的钢带；热轧薄宽钢带是指厚度小于 3mm，宽度大于 600mm 的钢带；热轧薄板是指厚度小于 3mm 的单张钢板。

主要用途：热轧卷板产品具有强度高，韧性好，易于加工成型及良好的可焊接性等优良性能，被广泛应用于冷轧基板、船舶、汽车、桥梁、建筑、机械、输油管线、压力容器等制造行业。

（2）冷轧卷板。冷轧卷板是以热轧卷板为原料，在室温下或在再结晶温度以下进行轧制而成，包括板和卷。其中成张交货的称为钢板，也称盒板或平板；长度很长、成卷交货的称为钢带，也称卷板。其规格为厚度为 0.2～4mm，宽度为 600～2000mm，钢板长度为 1200～6000mm。

主要用途：冷轧卷板用途很广，如汽车制造、电气产品、机车车辆、航空、精密仪表、食品罐头等。冷板是由普通碳素结构钢热轧钢带，经过进一步冷轧制成厚度小于 4mm 的钢板。由于在常温下轧制，不产生氧化铁皮，冷板表面质量好，尺寸精度高，再加之退火处理，其机械性能和工艺性能都优于热轧薄钢板，在许多领域里，特别是家电制造领域，已逐渐用它取代热轧薄钢板。

（3）中厚板。厚度 3～25mm 的钢板称为中厚板。其规格用符号"-"和宽度×厚度×长度的毫米数值表示。如：-300×10×3000 表示宽度为 300mm，厚度为 10mm，长度为 3000mm 的钢板。

主要用途：中厚板主要应用于建筑工程、机械制造、容器制造、造船、桥梁建造等。其多用来制造各种容器（特别是压力容器）、锅炉的炉壳、桥梁结构，以及汽车大梁结构、江海运输的船壳和某些机械零部件，还可以拼装焊接成大型构件等。

（4）带钢。带钢广义上是指所有以卷状作为交货状态，长度相对较长的扁平钢材，狭义上指宽度较窄的卷板，即通常所说的窄带钢和中宽带钢，有时尤指窄带钢。按照国家统计分类指标，宽度在 600mm 以下（不含 600mm）的卷板为窄钢带或窄带钢；600mm 及其以上为宽带钢。其规格表示方法与中厚板相同。

主要用途：带钢主要使用在汽车工业、机械制造行业、建筑工程、钢结构、日用五金等领域，比如生产焊接钢管，作冷弯型钢的坯料，制造自行车车架、轮圈、卡箍、垫圈、弹簧片、锯条和刀片等。

（5）型材。型材可分为以下几种类型：

1）扁钢：是指宽 12～300mm、厚 4～60mm、截面为长方形并稍带钝边的钢材。主要用途：扁钢可作为成品钢材，用于制箍铁、工具及机械零件，在建筑上用作屋架结构件；也可以作为焊管的坯料和叠轧薄板用的薄板坯；弹簧扁钢还可以作为组装汽车的叠片弹簧。

2）方钢：是方形断面的钢材，分热轧和冷轧（冷拉）两大类，常见产品以冷轧居多。

热轧方钢的边长一般为5～250mm。冷轧方钢要使用高质量的硬质合金模具加工，尺寸小一些，但表面光滑，精度较高，边长在3～100mm。主要用途：轧制或加工成方形截面的钢材；多用于机械制造，做工具模具，或加工零配件；特别是冷轧钢材的表面状况良好，可直接使用，如喷涂、打砂、打弯、钻孔，也可直接电镀，免去了大量机加工时间及节省配置加工机械的费用。

3）槽钢：是截面为凹槽形的长条钢材，分热轧普通槽钢和冷弯轻型槽钢。热轧普通槽钢的规格为5～40号，经供需双方协议供应的热轧变通槽钢规格为6.5～30号；冷弯槽钢按形状又可分为4种：冷弯等边槽钢、冷弯不等边槽钢、冷弯内卷边槽钢、冷弯外卷边槽钢。槽钢型号用符号"["及号数表示，号数也代表截面高度的厘米数值，如[20与Q[20分别代表截面高度为200mm的普通槽钢和轻型槽钢。14号和24号以上的普通槽钢，同一号数中又分a、b和a、b、c类型，其腹板厚度和翼缘宽度均分别递增2mm。例如碳素结构钢Q235A镇静钢，尺寸为180mm×68mm×7mm的热轧槽钢标记为：[180×68×7，Q235A。主要用途：槽钢可单独使用，还常常和工字钢配合使用；其主要用于制作建筑钢结构、制造车辆和其他工业结构。

4）角钢：俗称角铁，是两边互相垂直成角形的长条钢材。角钢分为等边角钢和不等边角钢两种。等边角钢其相互垂直的两肢长相等，其型号用符号"L"和肢宽×肢厚的毫米数值表示，如L100×10为肢宽100mm、肢厚10mm的等边角钢；不等边角钢其相互垂直的两肢长不相等，其型号用符号"L"和长肢宽×短肢宽×肢厚的毫米数值表示，如L100×80×8为长肢宽100mm、短肢宽80mm、肢厚8mm的不等边角钢。角钢属建造用碳素结构钢，是简单断面的型钢钢材，在使用中要求有较好的可焊性、塑性变形性能及一定的机械强度。生产角钢的原料钢坯为低碳方钢坯，成品角钢为热轧成型。主要用途：角钢可按不同需要组成各种不同的受力金属构件，也可作为构件之间的连接件；角钢被广泛地用于各种建筑结构和工程结构，如房梁、厂房框架、桥梁、输电线塔、起重运输机械、船舶、工业炉、反应塔、容器架以及仓库货架等。

5）工字钢：是一种工字形截面型材，上下翼缘是齐头的。因轧制工艺需要，传统的工字钢的翼缘部分外伸长度受到限制，同时翼缘内表面必须有倾斜度（1：6），翼缘外薄而内厚，造成工字钢在两个主平面内的截面特性（惯性矩、截面模量和回转半径）相差很大，一般应用中较难充分发挥钢材强度。随着轧制H型钢的出现，工字钢将被逐渐淘汰。工字钢分为普通、轻型和宽翼缘三种，用符号"I"及号数表示。其中号数代表截面高度的厘米数值。20号和32号以上的普通工字钢，同一号数中又分a、b和a、b、c类型，其腹板厚度和翼缘宽度均分别递增2mm。如I36a表示截面高度为360mm、腹板厚度为a类的普通工字钢。工字钢宜尽量选用腹板厚度最薄的a类，这是因其重量轻，而截面惯性矩相对却较大。主要用途：工字钢由于宽度方向的惯性矩和回转半径比高度方向的小得多，因而在应用上有一定的局限性，一般宜用于单向受弯构件。

6）H型钢：是一种断面形状与字母"H"相同的型材。其不同于工字钢之处有：H型钢翼缘宽，故曾有宽翼缘工字钢的说法，且其翼缘内表面不需有斜度，上下表面平行；从材料分布形式来看，工字钢截面中材料主要集中在腹板左右，越向两侧延伸，钢材越少，而轧制H型钢中，材料分布侧重在翼缘部分。H型钢的截面特性明显优于传统的工字钢、槽钢、角钢及它们的组合截面，使用上有较好的经济效果。H型钢分为四类，其代号如下：宽翼缘 H 型钢符号 HW（W 为 Wide 英文字头），高度与宽度规格为 100mm×100mm～400mm×400mm；中翼缘 H 型钢符号 HM（M 为 Middle 英文字头），高度规格为 150～600mm，宽度规格为 100～300mm；窄翼缘 H 型钢符号 HN（N 为 Narrow 英文字头）；薄壁 H 型钢符号 HT（T 为 Thin 英文字头）。H 型钢的规格标记采用 H 与高度值×宽度值×腹板厚度值×翼缘厚度值表示，如 H800×300×14×26，即为截面高度为 800mm，翼缘宽度为 300mm，腹板厚度 14mm，翼缘厚度 26mm 的 H 型钢。或表示方法是先用符号 HW、HM 和 HN 表示 H 型钢的类别，后面加"高度（mm）×宽度（mm）"，例如 HW300×300，即为截面高度为 300mm，翼缘宽度为 300mm 的宽翼缘 H 型钢。

（6）管材。管材主要分为以下几类：

1）焊管。焊接钢管简称焊管，是用钢板或钢带经过弯曲成型，然后焊接制成。按焊缝形式分为直缝焊管和螺旋焊管两种。一般情况下所说的焊管，都是指这两类空心圆形断面的钢管，其他非圆形的钢管称为异形管。钢管要进行水压、弯曲、压扁等试验，对表面质量有一定要求，通常交货长度为 4～10m。焊管按规定壁厚可分为普通钢管和加厚钢管两种；按管端形式又分为带螺纹扣和不带螺纹扣两种，连续敷设多用带螺纹扣的。主要用途：焊管按用途常分为一般流体输送焊管（水管）、镀锌焊管、吹氧焊管、电线套管、托辊管、深井泵管、汽车用管（传动轴管）、变压器管、电焊薄壁管、电焊异形管等。

螺旋焊管的强度一般比直缝焊管高，能用较窄的坯料生产管径较大的焊管，还可以用同样宽度的坯料生产出管径不同的焊管。但是与相同长度的直缝焊管相比，螺旋焊管焊缝长度增加 30%～100%，而且生产速度比较低。因此，较小口径的焊管大多采用直缝焊，大口径焊管则大多采用螺旋焊。主要用途：主要用于输送石油、天然气的管线；用高频搭接焊法焊接的，用于承压流体输送的螺旋缝高频焊钢管，钢管承压能力强，塑性好，便于焊接和加工成型；采用双面自动埋弧焊或单面焊法制成的，用于输送水、煤气、空气和蒸汽等一般低压流体。

2）方管。方管是边长相等的钢管，边长不等的是方矩形管。其是带钢经过拆包、工艺处理后，再平整、卷曲、焊接形成圆管，再由圆管轧制成方管，最后剪切成需要长度，市面包装一般是每 50 根一包。主要用途：大多数方管是钢管，多作为结构方管、装饰方管、建筑方管等。

（7）涂镀板卷。涂镀板卷可分为以下两种：

1）镀锌板卷。它是指表面镀有一层锌的钢板，钢板镀锌是一种普遍采用的、经济有效的防腐方法。镀锌板在早年曾被习惯称为"白铁皮"。交货状态分为卷状、平板两种。主要用途：按生产工艺可分为热镀锌板和电镀锌板。热镀锌板的锌层厚度较厚，用于制作露天使用的抗腐蚀性强的部件；电镀锌板的锌层厚度较薄且均匀，多用于涂漆或制作室内用品。

2）彩涂板卷。它是以热镀锌板、热镀铝锌板、电镀锌板等为基板，经表面预处理（化学脱脂及化学转化处理）之后，在表面涂敷一层或几层有机涂料，随后经过烘烤固化而成的产品。也因涂有各种不同颜色的有机涂料，彩色钢卷板由此得名，简称彩涂卷。主要用途：在建筑业中，应用于屋顶、屋顶结构、卷帘门、售货亭、百叶窗、看守门、街头候车室及通风道等；在家具行业中，应用于冰箱、空调机、电子炉灶、洗衣机外壳、石油炉等；在运输业中，应用于汽车天花板、背板、围板、车外壳、拖拉机、轮船隔仓板等。

在这些用途当中，使用较多的是钢构厂房、复合板厂房、彩钢瓦厂。

（8）冷弯薄壁型钢。钢结构的冷弯薄壁型钢由厚度1.5～6mm的热轧钢板或钢带经冷加工成型，同一截面各部分的厚度相同，截面各角顶处呈圆弧形。冷弯型钢按截面形式可分为等边角钢、卷边等边角钢、Z型钢、卷边Z型钢、槽钢、卷边槽钢等开口截面以及方形和矩形闭口截面。

主要用途：冷弯型钢品种繁多，有开口的、半闭口和闭口的，主要产品有冷弯槽钢、角钢、Z型钢、冷弯波形钢板、方管、矩形管、电焊异型钢管、卷帘门等。通常生产的冷弯型钢，厚度在6mm以下，宽度在500mm以下。

冷弯薄壁型钢的规格用字母"B"（薄）、形状符号和"长边宽（或高度）×短边宽（或宽度）×卷边宽度×厚度"（长短边宽相等时只注一个边宽，卷边宽度只用于卷边型钢）表示，如等边角钢BL60×2、正方钢管B□60×2、不等边角钢BL60×40×2.5、长方钢管B□80×60×2、槽钢BC120×40×25、卷边等边角钢BL60×20×2、卷边不等边角钢BL60×40×20×2、卷边槽钢BC120×50×20×25、卷边Z型钢BZ120×50×20×25。

任务2.3 钢材的检验、存储与选用

1. 钢材的检验流程与常用计量器具

材料进场验收的资料应符合国家标准、采购合同、进场计划等相关规定。

（1）送货单查验。检查来料的具体尺寸、重量、规格及材质，还应明确对应的项目名称、采购合同以及对应备料计划。

（2）质量证明文件检查。进厂钢材必须具有质量保证书。质量保证书需要检查的内容有：规格、数量、材质是否正确；字迹是否清晰、是否有涂改；保证书是否盖红章等。

（3）登记验收记录。检验人员需严格按照以上检验标准对采购的进场钢材进行检验，并填写《物资进场逐日登记表》表单；检验完成后，将检验表单及材料合格证明等资料一起交给对应管理人员留存。

（4）不合格品处理。如果进场材料验收不合格，要单独存放于不合格品区，及时报采购部门及主管领导，通知供货商做退货或换货处理。如因对方供货质量问题影响工期或造成损失，按照合同规定或依法追究责任。

（5）游标卡尺。游标卡尺是一种测量长度、内外径、深度的量具。游标卡尺由主尺和附在主尺上能滑动的游标两部分构成，如图2-5所示。若从背面看，游标是一个整体。深度尺与游标连在一起，可以测槽和筒的深度。

（6）钢卷尺。常用规格是5m和15m。卷尺头是松动的，以便于测量尺寸。卷尺测量尺寸有两种方法，一种是挂在物体上，另一种是顶到物体上。两种测量方法的差别就是卷尺头部铁片的厚度。卷尺头部设计为松动的目的就是当顶在物体上时，能将卷尺头部铁片补偿出来。

（7）外径千分尺。也叫螺旋测微器，如图2-6所示。它是比游标卡尺更精密的长度测量仪器，精度有0.01mm、0.02mm、0.05mm几种，加上估读的1位，可读取到小数点后第3位（千分位），故称千分尺。

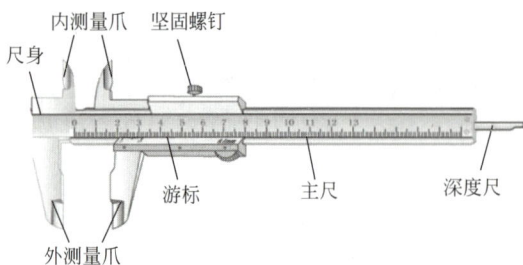

图 2-5　游标卡尺

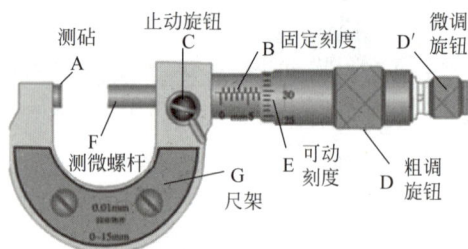

图 2-6　外径千分尺

2. 钢材的检验标准及方法

钢材进场后，首先进行表面质量检验。表面质量检验主要是对材料、外观、形状、表面缺陷的检验，通常包括以下几个方面：括伤，指材料表面呈直线或弧形沟痕；结疤，指不均匀分布在金属材料表面呈舌状、指甲状或鱼鳞状的薄片；粘结，是指金属板、箔、带在退火时产生的层与层间点、线、面的相互粘连，经掀开后表面留有粘结痕迹；氧化铁皮，是指材料在加热、轧制和冷却过程中，在表面生成的金属氧化物；折叠，是金属在热轧过程中（或锻造）形成的一种表面缺陷，表面互相折合的双金属层，呈直线或曲线状重合；麻点，是指金属材料表面凹凸不平的粗糙面；皮下气泡，是指金属材料的表面呈现无规律分布大小不等、形状不同、周围圆滑的小凸起、破裂的凸泡呈鸡爪形裂口或舌状结疤。表面缺陷产生的原因主要是由于生产、运输、装卸、保管等操作不当。根据对使用的影响不同，有的缺陷是根本不允许存在；有些缺陷虽然允许存在，但不允许超过限度；各种表面缺陷是否允许存在，或者允许存在程度，在有关标准中均有明确规定。

（1）钢板的验收。《热轧钢板和钢带的尺寸、外形、重量及允许偏差》GB/T 709—2019 对热轧钢板和钢带的尺寸、外形、重量及允许偏差有具体规定。本标准规定了热轧钢板和钢带的术语和定义、分类和代号、尺寸、尺寸允许偏差、外形、尺寸及外形测量、重量、数值修约。

以毛边钢板板标 18mm×2200mm×12000mm 为例，实际检尺应去除毛边，宽度测量三点按最窄位置尺寸、长度按实量尺寸、厚度在国标偏差范围内按公称厚度进行验收，则实收尺寸为厚度 18mm、宽度 2240mm、长度 12040mm。毛边钢板的理重计算公式为钢板单张重量（kg）＝板厚 mm×板宽 mm×板长 mm×7.85t/m³，则单张理重计算为：18mm×2240mm×12040mm×7.85×1000kg/（1000mm×1000mm×1000mm）＝3810.8kg。偏差范围：钢板厚度为 18mm±0.75mm 范围内均为合格。

（2）H 型钢的验收。《热轧 H 型钢和剖分 T 型钢》GB/T 11263—2024 对热轧 H 型钢和剖分 T 型钢有具体规定。H 型钢的翼缘都是等厚度的，有轧制截面，也有由 3 块钢板焊接组成的组合截面。由于 H 型钢的各个部位均以直角排布，所以它具有抗弯能力强、施工简单、节约成本和结构重量轻等优点。

以 H 型钢 H600×200×11×17 为例，表示高为 600mm、宽度为 200mm、腹板厚度为 11mm、翼缘厚度为 17mm 的 H 型钢。H 型钢的理重计算可对照国标理重 103kg/m 进行计算，按 12m 单支理重计算为：103×12＝1236kg。偏差范围：H 型钢高度为（600±

4）mm、宽度为（200±3）mm、腹板厚度为（11±0.7）mm、翼缘厚度为（17±1.5）mm范围内均为合格。

（3）工字钢的验收。《热轧型钢》GB/T 706—2016对热轧工字型钢有具体规定。工字钢也叫钢梁，是截面为工字形的长条钢材。工字钢的翼缘从根部向边上逐渐变薄，且有一定的角度。工字钢截面受直压力好，耐拉，但是截面尺寸因翼板太窄，不易抗扭。

以工字钢I250×116×8为例，表示高为250mm，翼宽为116mm，腰厚为8mm的工字钢。工字钢的理重计算可对照国标理重38.1kg/m进行计算，按12m单支理重计算为：38.1×12＝457.2kg。偏差范围：工字钢高为（250±3）mm、翼宽为（116±3）mm、腰厚为（8±0.7）mm范围内均为合格。

（4）等边角钢的验收。《热轧型钢》GB/T 706—2016对热轧型等边角钢有具体规定。角钢是两边互相垂直成90°角形的长条钢材，等边角钢的两个边宽相等。其规格是以边宽×边宽×边厚的毫米数值表示。

以等边角钢L63×63×6为例，即表示边宽为63mm、边厚为6mm的等边角钢。等边角钢的理重计算可对照国标理重5.72kg/m进行计算，按6m单支理重计算为：5.72×6＝34.32kg。偏差范围：等边角钢边宽为（63±1.2）mm、边厚为（6±0.6）mm范围内均为合格。

（5）不等边角钢的验收。《热轧型钢》GB/T 706—2016对热轧型不等边角钢有具体规定。不等边角钢是两个边宽不相等，两边互相垂直成90°角形的长条钢材。其规格是以边宽×边宽×边厚的毫米数值表示。

以不等边角钢L140×90×8为例，表示边宽为140mm、另一边宽为90mm、边厚为8mm的不等边角钢。不等边角钢的理重计算可对照国标理重14.2kg/m进行计算，按12m单支理重计算为：14.2×12＝170.4kg。偏差范围：不等边角钢边宽为（140±2）mm、另一边宽为（90±2）mm、边厚为（8±0.7）mm范围内均为合格。

（6）槽钢的验收。《热轧型钢》GB/T 706—2016对槽钢有具体规定。槽钢是截面为凹槽形的长条钢材。其规格以腰高（h）×翼宽（b）×腰厚（d）的毫米数值表示。

以槽钢180×68×7为例，表示高为180mm，翼宽为68mm，腰厚为7mm的槽钢。槽钢的理重计算可对照国标理重20.2kg/m进行计算，按12m单支理重计算为：20.2×12＝242.4kg。偏差范围：槽钢高为（180±2）mm、翼宽为（68±2.5）mm、腰厚为（7±0.5）mm范围内均为合格。

（7）方管的验收。《结构用冷弯空心型钢》GB/T 6728—2017对方管有具体规定。本标准规定了方管的订货内容、分类、代号、截面尺寸及允许偏差、长度及允许偏差、外形、重量及允许偏差、技术要求和标记示例。其规格是以边长×边长×壁厚的毫米数值表示。

以方管120×120×6为例，即表示四边边长均为120mm，壁厚6mm的方管。方管的理重计算可对照国标理重20.749kg/m进行计算，按6m单支理重计算为：20.749×6＝124.494kg。偏差范围：方管四边边长均为（120±0.9）mm，壁厚为（6±0.6）mm范围内均为合格。

（8）矩形管的验收。《结构用冷弯空心型钢》GB/T 6728—2017对矩形管有具体规定。本标准规定了矩形管的订货内容、分类、代号、截面尺寸及允许偏差、长度及允许偏差、外形、重量及允许偏差、技术要求和标记示例。其规格是以长边×短边×壁厚的毫米数值表示。

以矩形管 150×100×6 为例，即表示长边边长均为 150mm，短边边长均为 100mm，壁厚 6mm 的矩形管。矩形管的理重计算可对照国标理重 21.691kg/m 进行计算，按 6m 单支理重计算为：21.691×6＝130.146kg。偏差范围：矩形管长边边长均为（150±0.9）mm，短边边长均为（100±0.9）mm，壁厚为（6±0.6）mm 范围内均为合格。

（9）无缝钢管的验收。《钢管尺寸、外形、重量及允许偏差》GB/T 17395—2024 对无缝钢管有具体规定。无缝钢管是一种具有中空截面、周边没有接缝的圆形钢管。其规格是以外径×壁厚的毫米数值表示。以无缝钢管 ϕ219×8 为例，即表示直径（外径）为 219mm、管壁厚为 8mm 的无缝钢管。无缝钢管的理重计算可对照国标理重 41.63kg/m 进行计算，按 12m 单支理重计算为：41.63×12＝499.56kg。偏差范围：无缝钢管外径有允许偏差，以外径小于 50mm 的热轧管为例，普通级允许偏差为±0.5mm，高级允许偏差为±0.4mm；无缝钢管壁厚也有允许偏差，以厚度小于 4mm 的热轧管为例，普通级允许偏差为±12.5%，高级允许偏差为±10%。

（10）焊管的验收。《低压流体输送用焊接钢管》GB/T 3091—2025 对焊管有具体规定。焊接钢管也称焊管，是用钢板或带钢经过卷曲成型后焊接制成的钢管，一般定尺 6m。焊接钢管生产工艺简单，生产效率高，品种规格多，但一般强度低于无缝钢管。

以焊管 ϕ114×4 为例，即表示直径为 114mm、管壁厚为 4mm 的焊管。焊管的理重计算：焊管的理论重量（kg/m）＝0.0246615×（114－4）×4＝10.851kg/m。偏差范围：焊管壁厚允许偏差＝±10%×t＝±10%×4＝±0.4mm，管壁厚度为（4±0.4）mm 范围内均为合格。

另外，对钢材的标志和数量也要进行检验。标志，是区别材料的材质、规格的标志，主要说明供方名称、牌号、检验批号、规格、尺寸、级别、净重等；涂色，是指在金属材料的端面、端部涂上各种颜色的油漆，主要用于钢材、生铁、有色原料等；打印，是指在金属材料规定的部位（端面、端部）打钢印或喷漆的方法，说明材料的牌号、规格、标准号等，主要用于中厚板、型材、有色材等；挂牌，是指成捆、成箱、成轴等金属材料在外面挂牌，说明其牌号、尺寸、重量、标准号、供方等。金属材料的标志检验时要认真辨认，在运输、保管等过程中要妥善保护。

钢材的数量，一般是指重量。数量的检验方法有两种：一是按实际重量计量，按实际重量计量的材料一般应全部过磅检验，对有牢固包装（如箱、盒、桶等），在包装上均注明毛重、净重和皮重，例如薄钢板、硅钢片、铁合金可进行抽检数量不少于一批的 5%，如果抽检重量与标记重量出入很大，则须全部开箱称重；二是按理论换算计量，以材料的公称尺寸（实际尺寸）和相对密度计算得到的重量，对那些定尺的型板等材都可按理论换算，但在换算时要注意换算公式和材料的实际相对密度。

3. 钢结构材料的存储

（1）钢结构材料的存储基本原则。存储应有专人负责，管理人员应经企业培训上岗；材料入库前应进行检验，核对材料的品种、规格、批号、质量合格证明文件、中文标志和检验报告等，还应检查表面质量、包装等；检验合格的材料应按品种、规格、批号分类堆放，材料堆放应有标识；材料入库和发放应有记录；发料和领料时应核对材料的品种、规格和性能；剩余材料应回收管理；回收入库时，应核对其品种、规格和数量，并应分类保管。钢材堆放应避免钢材的变形和锈蚀，放置垫木或垫块，钢材堆放时应每隔5～6层放置垫木，其间距以不引起钢材明显的弯曲变形为宜（最大不超过3m），垫木要上下对齐，并在同一垂直平面内。为增加堆放钢材的稳定性，可使钢材互相勾连，或采取其他措施。焊接材料存储应符合下列规定：焊条、焊丝、焊剂等焊接材料应按品种、规格和批号分别存放在干燥的存储室内；焊条、焊剂及栓钉在使用前，应按产品说明书的要求进行焙烘。连接用紧固件应防止锈蚀和碰伤，不得混批存储。涂装材料应按产品说明书的要求进行存储。

（2）选择存储场所。存放钢材的场所或仓库，应选在干净、排水畅通的地方，并远离产生有害气体和粉尘的厂矿；清除现场杂草和其他杂物，保持钢材的清洁；不能将酸、碱、盐、水泥等对钢铁有腐蚀性的物质堆放在仓库内；不同种类的钢材要分开堆放，防止混淆和接触腐蚀；大型型钢、钢轨、钢板、大口径钢管、锻件等可选择露天堆放。钢材露天堆放示意图如图2-7所示。

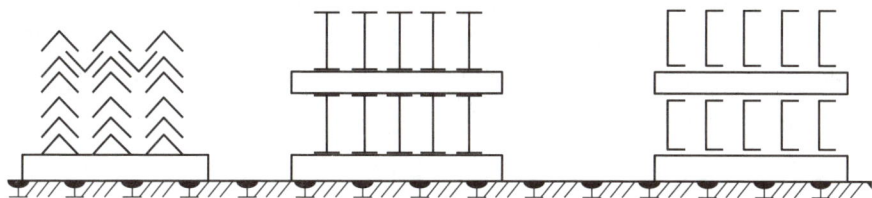

图2-7　钢材露天堆放示意图

中小型型钢、盘条、钢筋、中口径钢管、钢丝和钢丝绳等，可以存放在通风良好的料棚里；一些小型钢材、薄钢板、钢带、硅钢片、小口径或薄壁钢管、冷轧冷拔钢及易腐蚀的金属制品，可选择存放在库房内。钢材在仓库内堆放示意图如图2-8所示。库房应按地理条件选择，一般采用普通封闭仓库，其顶部有围墙，门窗严密，并设有通风装置。仓库应注意在晴天通风，雨天防潮气，保持良好的存储环境。

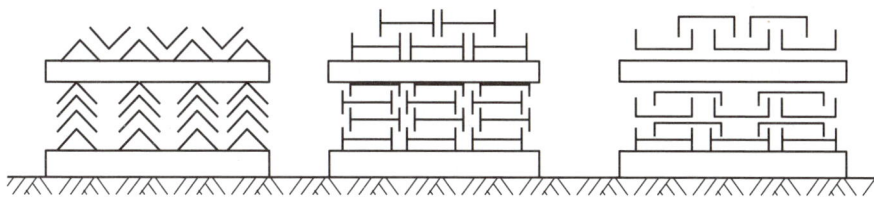

图2-8　钢材在仓库内堆放示意图

（3）合理存放方法。堆码的原则是要求码垛牢固。在保证安全的条件下，做到按品种、规格码垛，不同品类的钢材分别码垛，防止混淆和互相腐蚀；禁止在钢材码垛附近存放有腐蚀性的物品；码垛底部要垫高，牢固、平整，避免物料受潮或变形；同一种材料按入库顺序分别堆码，便于实时取货；型钢若露天堆放，其下方必须有垫木或条石，且垛面应稍倾斜，以利排水，并注意材料放置要平直，避免产生弯曲变形。关于堆垛高度，人工作业的要低于1.2m，机械作业的要低于1.5m，垛宽低于2.5m。垛与垛之间应留有通道，检查通道宽度一般为0.5m，进出通道宽度视材料大小和运输机械而定，通常是1.5～2.0m。关于垛底垫高，如果仓库内是朝阳的水泥地面，垫高0.1m即可，泥沙地面则需垫高0.2～

0.5m；如果是露天场地，则水泥地面需垫高 0.3～0.5m，泥沙地面需垫高 0.5～0.7m。角钢和槽钢露天堆放时应当将口朝下；工字钢应该竖放，钢材的槽面不要朝上，以免积水生锈。

高强度螺栓连接副应按不同的种类、规格、批号分类保管；严禁在露天、潮湿的地方堆放，在储存中要选用宽敞通风干燥的地方，防止受潮生锈，引起表面状态变化；在储存时，必须离地面高 300mm、离墙壁间隔 300mm 以上存放，以免受潮生锈；在搬运、交付过程中应轻装、轻放，以防止螺纹的碰伤及散包。

五金制品的存放要按品种、规格、型号、产地、质料、整洁顺序定量码放在干燥通风的库房内；存放时应保持包装完整，不得与酸碱等化工材料混库，防止锈蚀；发放时应掌握"先入先出"的原则，遇有锈蚀应及时处理，螺钉与螺母要涂油。

各类焊条必须分类、分牌号堆放，避免混乱；堆放过程中应注意不要损伤药皮，对药皮结合强度较差的焊条，如高强钢焊条、不锈钢焊条、铸铁焊条等，更要小心轻放；焊条堆放不能太高；焊条必须存放在较干燥的仓库内，相对湿度≤60%；各类焊条储存时，必须离地面高 300mm、离墙壁 300mm 间隔以上存放，以免焊条受潮。焊丝应按类别、规格分类存放在木托盘或金属及木架上，不能将其直接放在地板或紧贴墙壁（焊丝距地面及墙壁应大于 250mm）；焊丝库房应具备干燥通风的条件（条件建议为：库房室温 10～40℃，最大相对湿度 60%）；拒绝水、酸、碱等液体及易挥发有腐蚀性的物质存在，更不宜与这些物质共存同一库房；存取及搬运焊丝时，小心不要弄破及弄掉防锈包装，特别是防锈纸、塑料膜等内包装；按照"先进先出"的原则发放焊丝，尽量减少库存时间。

油漆涂料及化工材料的存放要按品种、规格，存放在干燥、通风、阴凉的仓库内，严格与火源、电源隔离，温度应保持在 5～30℃之间；保持包装完整及密封，码放位置要平稳牢固，防止倾斜与碰撞；发放时应按照"先进先发"的原则，严格控制保存期；油漆应每月倒置一次，以防沉淀；存放应有严格的防火、防水措施，对于剧毒品、危险品（如氧气）等，必须设专库存放，并有明显的标志。

氧气瓶在入库前应逐瓶检查验收，气瓶外表面的漆色和标志要清晰明显；旋紧瓶帽，放置整齐，留有通道，妥善固定气瓶；氧气瓶应在通风良好、安全且不受气候影响的区域竖直储存，存储温度不可高于 52℃，确保存储区域内没有易燃性材料并远离频繁出入处和紧急出口，且周围没有盐等腐蚀性材料存在；气瓶应远离易燃物，至少与其保持 7m 的距离，或者在中间放置至少 1.8m 高的非易燃材料作为屏障；对于还未使用的气瓶应保持保护阀盖和输出阀的密封圈完好；应将空瓶与满瓶分开存放；避免过量存储和存储时间过长，按照"先进先出"的原则发放，保持良好的储存记录；在现场要制作专门的氧气满瓶笼和空瓶笼。

乙炔气瓶应存放于通风良好、安全且避免日晒雨淋的场所；储存区温度不能超过 40℃，且不可放置可燃物质，严禁烟火，远离人员进出繁杂地区和紧急出口；钢瓶应直立存放并适当锁紧阀出口盖及阀保护盖，且瓶身应预固定；残、空瓶应分开贮放，按照"先进先出"的原则发放，定时记录库存量；气瓶非使用时阀需紧闭，远离热、发火源及不兼容物（如氧化物），距离保持 8m 以上，或设置 1.5m 高的防火墙；乙炔气库房应使用不产生火花且接地的通风系统与电气设备，避免成为发火源；定期检查钢瓶有无缺陷，如破损或溢漏等；应在显眼处贴警示标志，遵循易燃物及压缩气体的相关法规规定贮存与处理。

二氧化碳气瓶应储存在通风良好、安全且不受天气影响的地方，且直立存储；存储温度不可高于52℃，存储区域内不应有可燃性材料，不存在盐或其他腐蚀性材料，并远离频繁出入处和紧急出口；对于还未使用的气瓶应保持保护阀盖和输出阀的密封完好；空瓶与满瓶要分开存放；要避免过量存储和存储时间过长；发放按照"先进先出"的原则，并保持良好的储存记录。

周转料具应随拆、随整、随保养，码放整齐。钢脚手管应有底垫，并按长短分类，一头齐码放；跳板、枕木应有底垫，离地面高250mm，分层架空码放成方，高度不超过1.8m；各种扣件、配件应集中堆放，并设有围挡。

（4）加强钢材保护。钢材出厂前涂有防腐剂或其他涂层和包装，以防止钢材生锈，在运输和装卸钢材时应注意保护其涂层和包装，不可损坏，以延长保管期；钢材进入仓房前要注意防止雨淋或其他杂质混入，对于被雨淋湿或弄脏的物料，应根据其性质采用相应的方法擦干净，如硬度高的可用钢丝刷，硬度低的用棉布等；进库后要经常检查物料，如果有锈蚀，则将其清理干净；普通钢材表面清理干净后，不需要涂油，但对优质钢、合金薄钢板、薄壁管、合金钢管等，除锈后其内外表面都需要涂上防锈油后再存放；锈蚀比较严重的钢材，除锈后不宜长时间保存，应尽快使用。

4. 钢结构材料选用

钢结构建筑中材料选用主要涉及钢型材选用和焊材选用。

（1）钢型材选用。结构钢材的选用应遵循技术可靠、经济合理的原则，综合考虑结构的重要性、荷载特征、结构形式、应力状态、连接方法、工作环境、钢材厚度和价格等因素，选用合适的钢材牌号。

结构用的钢型材包括钢板、热轧工字钢、槽钢、角钢、H型钢和钢管等，其中钢材材料宜选用Q235、Q355、Q390、Q420、Q460的牌号；焊接承重结构为防止钢材的层状撕裂应采用Z向钢；处于外露环境，且对耐腐蚀有特殊要求或处于侵蚀性介质环境中的承重结构，可采用Q235NH、Q355NH和Q415NH牌号的耐候结构钢；非焊接结构可用铸钢件。

承重结构所用的钢材应具有屈服强度、抗拉强度、断后伸长率和硫、磷含量的合格保证，对焊接结构尚应具有碳含量的合格保证；焊接承重结构以及重要的非焊接承重结构采用的钢材应具有冷弯试验的合格保证；对直接承受动力荷载或需验算疲劳的构件所用钢材尚应具有冲击韧性的合格保证。

钢材质量等级的选用应符合下列规定：A级钢仅可用于工作温度高于0℃、不需要验算疲劳的结构，且Q235A级钢不宜用于焊接结构；需验算疲劳的焊接结构用钢材，当工作温度高于0℃时其质量等级不应低于B级；当工作温度不高于0℃但高于−20℃时，Q235、Q355钢不应低于C级，Q390、Q420及Q460钢不应低于D级；当工作温度不高于−20℃时，Q235钢和Q345钢不应低于D级，Q390钢、Q420钢、Q460钢应选用E级；需验算疲劳的非焊接结构，其钢材质量等级要求可较上述焊接结构降低一级，但不应低于B级；吊车起重量不小于50t的中级工作制吊车梁，其质量等级要求应与需要验算疲劳的构件相同。

工作温度不高于−20℃的受拉构件及承重构件的受拉板材应符合下列规定：所用钢材厚度或直径不宜大于40mm，质量等级不宜低于C级；当钢材厚度或直径不小于40mm

时，其质量等级不宜低于 D 级；重要承重结构的受拉板材宜满足《建筑结构用钢板》GB/T 19879—2023 的要求。

在 T 形、十字形和角形焊接的连接节点中，当其板件厚度不小于 40mm 且沿板厚方向有较高撕裂拉力作用，包括较高约束拉应力作用时，该部位板件钢材宜具有厚度方向抗撕裂性能即 Z 向性能的合格保证，其沿板厚方向断面收缩率不小于《厚度方向性能钢板》GB/T 5313—2023 规定的 Z15 级允许限值。钢板厚度方向承载性能等级应根据节点形式、板厚、熔深或焊缝尺寸、焊接时节点拘束度以及预热、后热情况等综合确定。

采用塑性设计的结构及进行弯矩调幅的构件，所采用的钢材屈强比不应大于 0.85，钢材应有明显的屈服台阶，且伸长率不应小于 20%。

钢管结构中的无加劲直接焊接相贯节点，其管材的屈强比不宜大于 0.8；与受拉构件焊接连接的钢管，当管壁厚度大于 25mm 且沿厚度方向承受较大拉应力时，应采取措施防止层状撕裂。

（2）焊材选用。焊材包括焊条、焊丝、焊剂等。手工焊焊条或自动焊焊丝的牌号和性能应与构件钢材性能相适应，当两种强度级别的钢材焊接时，宜选用与强度较低钢材相匹配的焊接材料；焊条的材质和性能应符合《非合金钢及细晶粒钢焊条》GB/T 5117—2012、《热强钢焊条》GB/T 5118—2012 的有关规定；焊丝的材质和性能应符合《熔化焊用钢丝》GB/T 14957—1994、《熔化极气体保护电弧焊用非合金钢及细晶粒钢实心焊丝》GB/T 8110—2020、《热强钢药芯焊丝》GB/T 17493—2018 的有关规定；埋弧焊用焊丝和焊剂的材质和性能应符合《埋弧焊用非合金钢及细晶粒钢实心焊丝、药芯焊丝和焊丝-焊剂组合分类要求》GB/T 5293—2018、《埋弧焊用热强钢实心焊丝、药芯焊丝和焊丝-焊剂组合分类要求》GB/T 12470—2018 的有关规定。

焊条或焊丝的型号和性能应与相应母材的性能相适应，其熔敷金属的力学性能应符合设计规定，不应低于相应母材标准的下限值。用字母“E”表示焊条，焊条型号前两位数字表示熔敷金属抗拉强度的最小值，焊条型号有 E43 系列、E50 系列、E55 系列。对直接承受动力荷载或需要验算疲劳的结构，以及低温环境下工作的厚板结构，宜采用低氢型焊条。

小结

本项目主要介绍了钢材的性能与影响因素，钢材的分类、品种与用途，钢材的检验、存储与选用等内容，让学生对钢结构材料性能和检验的基本知识有了较为详细的认知，同时为能应用检验规范和检测工具于实际钢结构工程项目打下较坚实的基础。

习　题

1. 选择题

（1）钢材塑性破坏的特征是，在断裂破坏时产生很大的塑性变形，又称为延性破坏，以下（　）不是断口的特征。

A. 呈纤维状　　　　　　　　　　　　B. 色发暗

C. 平齐   D. 有时能看到滑移的痕迹

（2）当钢材中某些元素的含量过高时，将会严重降低其塑性和韧性，脆性则相应增大，以下哪一种不是这类元素（   ）？

A. 碳   B. 硫   C. 氢   D. 铁

（3）脆性转变温度越低说明钢材的低温冲击韧性越（   ）。

A. 好   B. 差   C. 一般   D. 低

（4）焊接承重结构为防止钢材的层状撕裂应采用（   ）钢。

A. Z 向   B. X 向   C. Y 向   D. 分层

（5）处于外露环境，且对耐腐蚀有特殊要求或处于侵蚀性介质环境中的承重结构，以下（   ）不可采用。

A. Q235NH   B. Q345NH   C. Q355NH   D. Q415NH

（6）手工焊焊条或自动焊焊丝的牌号和性能应与构件钢材性能相适应，当两种强度级别的钢材焊接时，宜选用与强度（   ）钢材相匹配的焊接材料。

A. 较低   B. 较高   C. 相同   D. 不等

（7）存取及搬运焊丝时，小心不要弄破及弄掉防锈包装，特别是防锈纸、塑料膜等内包装；按照（   ）的原则发放焊丝。

A. 后进先出   B. 先进后出   C. 先进先出   D. 后进后出

2. 简答题

（1）阐述合金钢的含义。

（2）钢材按用途可分为哪几类？

（3）H 型钢与工字钢的区别是什么？它的代号表示方法是什么？

（4）钢材检验流程与常用计量器具有哪些？

（5）焊条系列有哪些？型号选择时应该注意什么？

（6）钢结构材料存储的基本原则有哪些？

项目 3

钢结构连接施工

教学目标

1. 知识目标

（1）了解各种钢结构连接方式的特点；

（2）熟悉钢结构焊接工程常用的焊接材料和钢结构螺栓连接的类型；

（3）熟悉常用的焊接方式的特点和适用范围；

（4）掌握焊接形式和节点构造；

（5）掌握焊接施工要求和焊缝质量检验要求；

（6）掌握螺栓连接的施工要求和连接质量检验标准。

2. 能力目标

（1）能合理选择适合的焊接材料；

（2）能选用正确的焊接方式、焊缝形式、焊缝节点构造；

（3）能组织焊接连接施工；

（4）能识别钢结构螺栓连接的形式；

（5）能组织普通螺栓和高强度螺栓连接施工；

（6）能进行焊接连接和高强度螺栓连接质量检验。

3. 素质目标

（1）内化焊接与螺栓连接对工程重要性的认知；

（2）植入钢结构连接施工全过程质量管控意识，达到精细化作业要求。

任务 3.1 钢结构连接分类

钢结构是将不同形状和规格的钢构件通过一定的方式连接起来，形成的稳定、可靠的完整结构。钢结构连接的可靠性直接影响到钢结构的使用寿命和安全性。因此，选择合适的连接方式是钢结构设计中的关键步骤。钢结构连接的要求主要包括以下几个方面：

（1）强度要求：钢结构连接需要具备足够的强度，以承受结构的荷载和力矩，并保持结构的完整性和稳定性。

（2）刚度要求：钢结构连接需要具备足够的刚度，以保持结构的几何形状和稳定性，同时减小结构的变形和振动。

（3）耐久性要求：钢结构连接需要具备耐久性，能够长期承受环境和荷载引起的应力和变形，不出现疲劳、腐蚀和断裂等问题。

（4）安全要求：钢结构连接需要具备足够的安全性，确保在正常工作条件下不会发生意外事故。

此外，对于不同的连接类型，还有其他的特殊要求。例如，焊接连接需要保证焊接质量，避免出现焊接缺陷；螺栓连接需要保证螺栓的紧固力矩和预紧力，避免出现松动和脱落；铆钉连接需要保证铆钉的强度和稳定性，避免出现松动和脱落等。

钢结构的连接方法可分为焊接连接、螺栓连接和铆钉连接等。

1. 焊接连接

焊接连接一般是指通过加热，使焊条和焊件局部熔化，经冷却凝结成焊缝，从而将构件连接成一体的连接方式。焊接连接有很多种工艺，其中最常用的是电弧焊，我国最著名的体育场馆鸟巢，其钢结构部分全部是采用电弧焊的方式进行连接的，如图 3-1 所示。

(a)　　　　　　　　　　　　　　　(b)

图 3-1　鸟巢钢结构焊接

焊接连接的优点是，任何形式的构件一般都可直接相连，无需使用额外的零配件材料。比如要将两块钢板连接在一起，只需要将其接缝处的金属和焊条融化后冷凝形成焊缝即可完成连接。焊接连接构造比较简单，也不会削弱构件截面，且刚度较大，密封性能好，是一种非常可靠的连接形式。

但焊接连接也存在一定的缺点，焊接过程中钢材要经历一个高温过程，一般会达到1600℃左右，钢材受热后会变脆，在一定程度上影响材料性能。除此之外，焊接过程中钢材由于受到不均匀的加温和冷却，还会在材料内部产生额外的应力，称之为焊接残余应力，其会使钢材产生焊接残余变形，对构件外形尺寸的精度产生一定影响。

2. 螺栓连接

螺栓连接需要螺杆搭配螺母，穿过构件上预留的孔洞，利用扭矩扳手等专用工具进行紧固后完成连接。钢结构住宅的梁柱节点常采用这种连接方式进行连接。

螺栓连接分为普通螺栓连接和高强度螺栓连接两类。普通螺栓连接一般有粗制 C 级螺栓和精制 A、B 级螺栓两种。粗制 C 级螺栓由圆钢热压而成，螺杆与孔之间有空隙，受剪能力较差，一般用于安装连接中；精制 A、B 级螺栓在车床上加工而成，螺杆直径基本与孔径相同，抗剪能力较好，但因其制造过程比较费工，成本较高，一般较少采用。

高强度螺栓连接在 20 世纪中期逐步开始使用，这种连接方式主要通过钢板与钢板之间被螺栓紧密夹紧后产生的大量的摩擦力来传递荷载，连接十分紧密，在受到动力荷载时不易松动，耐疲劳性能好，是现代钢结构建筑的主结构系统中采用的主要连接方式。高强度螺栓如图 3-2 所示，高强度螺栓连接如图 3-3 所示。

图 3-2　高强度螺栓

图 3-3　高强度螺栓连接

对比焊接连接，螺栓连接安装比较方便，使用的工具设备简单，可按使用需求随时拆卸，比如我国在举办世博会时建设的展示场馆主要为钢结构形式的建筑，采用螺栓连接的形式，方便展出结束后的拆除移建。但螺栓连接也具有一定的缺点，比如需要在板件上开孔，使构件截面削弱；拼装时需对孔，对开孔精度要求较高；被连接的板件需要相互搭接或另加拼接板，相比焊接连接多费钢材。

3. 铆钉连接

铆钉连接是 19 世纪二三十年代出现的一种连接形式。铆钉是一种一端有帽的零件的钉形物件，它既可忍耐 −50℃ 的低温，也能承受 80℃ 的高温，紧固连接力和剪切力强大。举世闻名的埃菲尔铁塔应用的就是铆钉连接的方式，整座塔身使用了超过 250 万颗铆钉进行连接，上百年屹立不倒，足以证明这种连接形式的可靠性。铆钉如图 3-4 所示，埃菲尔铁塔铆钉连接如图 3-5 所示。

铆钉连接具有塑性与韧性较好，连接牢固，几乎不松动，传递荷载可靠，承受动力荷载时的疲劳性能好等优点，在一定时期内作为钢结构主要的连接形式。但铆钉连接也有自身的一些缺点，其是使用铆钉穿过构件上预留的孔洞，再利用铆钉枪等工具将铆钉另一端

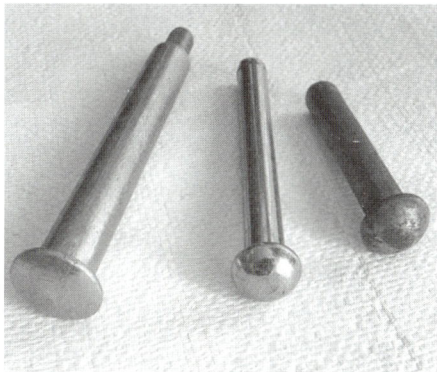

图 3-4　铆钉

图 3-5　埃菲尔铁塔铆钉连接

挤压变形后完成紧固连接，通常需要先将铆钉加热到能软化变形后再进行穿孔，施工工艺比较复杂，劳动强度高，因此这一连接方式目前在建筑工程中已逐渐被施工更为简便的螺栓连接替代。

钢结构的三种连接方式都具有各自的优缺点，但同时也符合钢结构连接设计的基本原则，即安全可靠、节约钢材、构造简单、施工方便，因此都能作为现代钢结构广泛应用的连接方式。

任务 3.2　焊接连接

焊接技术是钢结构工程的关键技术之一。焊接连接是钢结构工程中一种重要的连接方式，在以焊接连接作为主要连接方式的钢结构工程中，焊接工时约占钢结构主体建造工时的 $30\%\sim40\%$，焊接成本占钢结构建造成本的 $20\%\sim40\%$。因此焊接质量是评价钢结构工程质量的重要指标，而钢结构工程中采用何种焊接方法、焊接工艺，则具有十分重要的意义。

1. 焊接工艺要求

施工单位首次采用的钢材、焊接材料、焊接方法、接头形式、焊接位置、焊后热处理等各种参数及参数的组合，应在钢结构制作及安装前进行焊接工艺评定试验。焊接工艺评定试验方法和要求，应符合《钢结构焊接规范》GB 50661—2011 的有关规定。

焊接施工前，施工单位应以合格的焊接工艺评定结果为依据，编制焊接工艺文件，并应包括下列内容：

（1）焊接方法。

（2）钢材的规格、牌号、厚度及覆盖范围。

（3）填充金属的规格、类别和型号。

（4）焊接接头形式、坡口形式、尺寸及其允许偏差。

（5）焊接位置。

（6）焊接电源的种类和极性。

（7）清根处理。

（8）焊接工艺参数，包括焊接电流、焊接电压、焊接速度、焊层和焊道分布。

（9）预热温度及车间温度范围。

（10）焊后消除应力处理工艺。

（11）其他必要的规定。

2. 焊接作业条件

（1）作业环境温度不应低于−10℃。

（2）焊接作业区的相对湿度不应大于90%。

（3）当手工电弧焊和自保护药芯焊丝电弧焊时，焊接作业区最大风速不应超过8m/s；当气体保护电弧焊时，焊接作业区最大风速不应超过2m/s。

（4）现场高空焊接作业应搭设稳固的操作平台和防护棚。

（5）焊接前，应采用钢丝刷、砂轮等工具清除待焊处表面的氧化皮、铁锈、油污等杂物，焊缝坡口宜按《钢结构焊接规范》GB 50661—2011的有关规定进行检查。

（6）焊接作业应按工艺评定的焊接工艺参数进行。

（7）当焊接作业环境温度低于0℃且不低于−10℃时，应采取加热或防护措施，应将焊接接头和焊接表面各方向大于或等于钢板厚度的2倍且不小于100mm范围内的母材，加热到规定的最低预热温度且不低于20℃后再施焊。

3. 焊接材料

钢结构工程常用的焊接材料主要有焊条、焊丝及焊剂等，焊接材料应与设计选用的钢材相匹配，且应符合《钢结构焊接规范》GB 50661—2011的有关规定。

（1）焊条

焊条是手工电弧焊使用的焊接材料，是熔化填充在焊接工件的接合处的金属条。低碳钢焊接所用焊条产品性能应符合《非合金钢及细晶粒钢焊条》GB/T 5117—2012的要求，低合金钢所用焊条产品性能应符合《热强钢焊条》GB/T 5118—2012的要求。焊条的材料通常跟工件的材料相同，它由焊芯和药皮两部分组成。焊条组成示意图如图3-6所示。

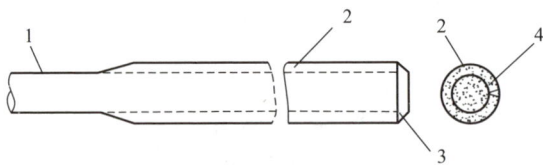

1—夹持端；2—药皮；3—引弧端；4—焊芯

图3-6　焊条组成示意图

焊芯的作用主要是传导电流，产生电弧，同时其本身熔化作为填充金属与液体母材金属熔合形成焊缝。因此，焊芯的成分和性能直接影响焊缝的质量和性能。

药皮的作用主要是保护焊缝金属，防止空气中的氮、氧进入熔池，同时其具有脱氧、脱硫、脱磷等作用，提高焊缝质量，减少合金元素烧损。药皮在焊接时会形成套筒，保证熔滴过渡到熔池，同时使电弧热量集中，减少飞溅，提高焊缝金属的熔敷效率。焊条药皮主要由稳弧剂、造气剂、造渣剂、脱氧剂、合金剂、粘结剂和增塑剂等成分组成。

焊条型号按熔敷金属力学性能、药皮类型、焊接位置、电流类型、熔敷金属化学成分和焊后状态等进行划分。根据《非合金钢及细晶粒钢焊条》GB/T 5117—2012的规定，焊条型号由五部分组成：

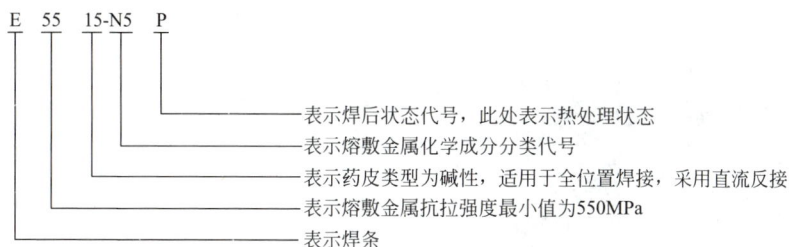

```
E   55   15-N5   P
```

表示焊后状态代号，此处表示热处理状态
表示熔敷金属化学成分分类代号
表示药皮类型为碱性，适用于全位置焊接，采用直流反接
表示熔敷金属抗拉强度最小值为550MPa
表示焊条

1) 第一部分用字母 "E" 表示焊条。

2) 第二部分为字母 "E" 后面的紧邻两位数字，表示熔敷金属的最小抗拉强度代号，见表3-1。

熔敷金属抗拉强度代号 表3-1

抗拉强度代号	最小抗拉强度值（MPa）
43	430
50	490
55	550
57	570

3) 第三部分为字母 "E" 后面的第三和第四两位数字，表示药皮类型、焊接位置和电流类型，见表3-2。

药皮类型代号 表3-2

代号	药皮类型	焊接位置[a]	电流类型
03	钛钙型	全位置[b]	交流和直流正、反接
10	纤维素	全位置	直流反接
11	纤维素	全位置[b]	交流和直流反接
12	金红石	全位置[b]	交流和直流正接
13	金红石	全位置[b]	交流和直流正、反接
14	金红石＋铁粉	全位置[b]	交流和直流正、反接
15	碱性	全位置[b]	直流反接
16	碱性	全位置[b]	交流和直流反接
18	碱性＋铁粉	全位置[b]	交流和直流反接
19	钛铁矿	全位置[b]	交流和直流正、反接
20	氧化铁	PA、PB	交流和直流正接
24	金红石＋铁粉	PA、PB	交流和直流正、反接
27	氧化铁＋铁粉	PA、PB	交流和直流正、反接
28	碱性＋铁粉	PA、PB、PC	交流和直流反接
40	不做规定	由制造商确定	
45	碱性	全位置	直流反接
48	碱性	全位置	交流和直流正、反接

[a]焊接位置见《焊缝--工作位置--倾角和转角的定义》GB/T 16672—1996，其中 PA＝平焊、PB＝平角焊、PC＝横焊、PG＝向下立焊；

[b]此处"全位置"并不一定包含向下立焊，由制造商确定。

图 3-7 埋弧焊用焊剂

4）第四部分为熔敷金属的化学成分分类代号，可为"无标记"或短划"-"后的字母、数字或字母和数字的组合。

5）第五部分为熔敷金属的化学成分代号之后的焊后状态代号，其中"无标记"表示焊态，"P"表示热处理状态，"AP"表示焊态和焊后热处理两种状态均可。

（2）焊剂

焊剂广泛应用于埋弧焊和电渣焊中，是在焊接时能够熔化形成熔渣（有的也有气体）对熔化金属起保护和冶金作用的一种物质，如图 3-7 所示。焊剂在焊接过程中具有下列作用：保护熔池，防止空气中有害气体的侵蚀；与焊丝配合作用，使焊缝金属获得所需的化学成分和机械性能；减缓熔化金属的冷却速度，减少气孔、夹渣等缺陷；防止飞溅，减少损失，提高熔敷系数等。

按照《埋弧焊和电渣焊用焊剂》GB/T 36037—2018，埋弧焊和电渣焊所用焊剂型号按适用焊接方法、制造方法、焊剂类型和适用范围等进行划分，主要由四部分组成：

```
S  F  CS  1
```

———— 表示焊剂适用范围

———— 表示焊剂类型，硅钙型

———— 表示焊剂制造方法，熔炼型

———— 表示适用于埋弧焊

1）第一部分：表示焊剂适用的焊接方法，"S"表示适用于埋弧焊，"ES"表示适用于电渣焊。

2）第二部分：表示焊剂制造方法，"F"表示熔炼焊剂，"A"表示烧结焊剂，"M"表示混合焊剂。

3）第三部分：表示焊剂类型代号。

4）第四部分：表示焊剂适用范围代号，见表 3-3。

焊剂适用范围代号   表 3-3

代号[a]	适用范围
1	用于非合金钢及细晶粒钢、高强钢、热强钢和耐候钢，适合于焊接接头和（或）堆焊 在接头焊接时，一些焊剂可应用于多道焊和单、双道焊
2	用于不锈钢和（或）镍及镍合金 主要适用于接头焊接，也能用于带极堆焊
2B	用于不锈钢和（或）镍及镍合金 主要适用于带极堆焊

代号[a]	适用范围
3	主要用于耐磨堆焊
4	1类～3类都不适用的其他焊剂,例如铜合金用焊剂

[a]由于匹配的焊丝、焊带或应用条件不同,焊剂按此划分的适用范围代号可能不止一个,在型号中应至少标出一种适用范围代号。

（3）焊丝

焊丝是作为填充金属,同时作为导电用的金属丝焊接材料,包括碳钢焊丝、低合金结构钢焊丝、合金结构钢焊丝、不锈钢焊丝和有色金属焊丝等。当气体保护电弧焊时,焊丝用作填充金属,当埋弧焊、电渣焊和其他熔化极气体保护电弧焊时,焊丝既是填充金属,也是导电电极。焊丝如图 3-8 所示。

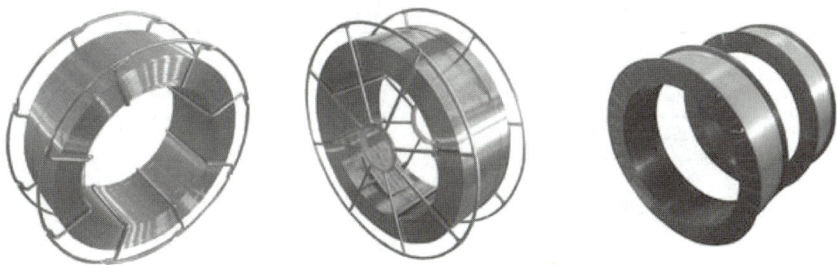

图 3-8　焊丝

焊丝根据成分分类可分为:碳钢焊丝、低合金钢焊丝、不锈钢焊丝及铝焊丝等;根据形状结构分类可分为:实心焊丝、药芯焊丝及活性焊丝等;根据适用金属材料分类可分为:低碳钢焊丝、低合金钢焊丝、硬质合金堆焊焊丝、铝焊丝、铜焊丝及铸铁焊丝等;根据焊接方法分类可分为:埋弧焊焊丝、气体保护焊焊丝、钨极氩弧焊焊丝、熔化极氩弧焊焊丝、自保护焊焊丝和电渣焊焊丝等。

气体保护焊常用焊丝应符合《熔化极气体保护电弧焊用非合金钢及细晶粒钢实心焊丝》GB/T 8110—2020 的要求,焊丝型号按熔敷金属力学性能、焊后状态、保护气体类型和焊丝化学成分等进行划分,主要由五部分组成:

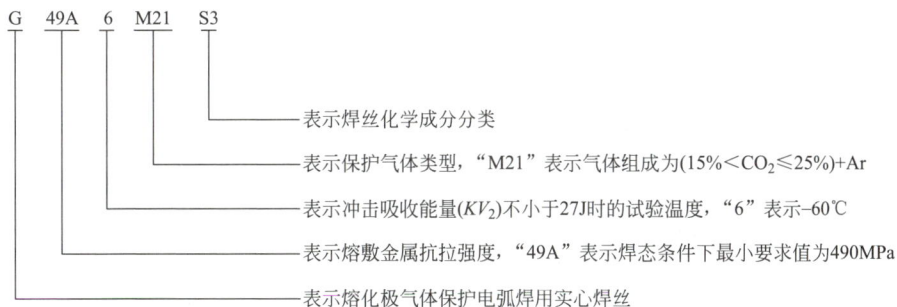

G　49A　6　M21　S3

表示焊丝化学成分分类

表示保护气体类型,"M21"表示气体组成为$(15\% < CO_2 \leqslant 25\%)+Ar$

表示冲击吸收能量(KV_2)不小于27J时的试验温度,"6"表示$-60℃$

表示熔敷金属抗拉强度,"49A"表示焊态条件下最小要求值为490MPa

表示熔化极气体保护电弧焊用实心焊丝

1）第一部分:用字母"G"表示熔化极气体保护电弧焊用实心焊丝。

2）第二部分:表示在焊态,焊后热处理条件下,熔敷金属的抗拉强度代号,见表3-4。

熔敷金属抗拉强度代号　　　　　　　　　　　　　　表 3-4

抗拉强度代号[a]	抗拉强度 R_m（MPa）	屈服强度[b] R_{eL}（MPa）	断后伸长率 A（%）
43×	430～600	≥330	≥20
49×	490～670	≥390	≥18
55×	550～740	≥460	≥17
57×	570～770	≥490	≥17

[a] ×代表"A""P"或者"AP"，"A"表示在焊态条件下试验；"P"表示在焊后热处理条件下试验；"AP"表示在焊态和焊后热处理条件下试验均可。

[b] 当屈服发生不明显时，应测定规定塑性延伸强度 $R_{p0.2}$。

3）第三部分：表示冲击吸收能量（KV_2）不小于 27J 时的试验温度代号，见表 3-5。

冲击试验温度代号　　　　　　　　　　　　　　表 3-5

冲击试验温度代号	冲击吸收能量（KV_2）不小于 27J 时的试验温度（℃）
Z	无要求
Y	+20
0	0
2	−20
3	−30
4	−40
4H	−45
5	−50
6	−60
7	−70
7H	−75
8	−80
9	−90
10	−100

4）第四部分：表示保护气体类型代号，保护气体类型代号按《焊接与切割用保护气体》GB/T 39255—2020 的规定。

5）第五部分：表示焊丝化学成分分类。

埋弧焊和电渣焊所用的焊丝应符合《熔化焊用钢丝》GB/T 14957—1994 的要求。焊丝牌号以字母"H"开头，后附加各类包含化学成分的代号，例如：H08Mn2SiA，其中"H"表示焊丝，"08"表示含碳量的百分数约 0.08%，"Mn2"表示添加的 Mn 含量百分数约 2%，"Si"表示添加的 Si 含量百分数≤1%，"A"表示为优质品，即 S、P 的质量分数约≤0.03%。对于低碳钢焊件，使用的牌号有 H08A、H08MnA、H10Mn2 等，其中 H08A 使用最为普遍。

熔焊用钢丝的直径有 1.6mm、2mm、2.5mm、3mm、3.2mm、4mm、5mm、6mm 等几种，焊丝直径的选择依用途而定。半自动埋弧焊用的焊丝较细，一般直径为 1.6mm、

2mm、2.5mm，以便能顺利地通过软管，并且使焊工在操作中不会因焊丝的刚度而感到操作困难；自动埋弧焊一般使用直径3～6mm的焊丝，以充分发挥埋弧焊的大电流和高熔敷率的优点；对于一定的电流值可能使用不同直径的焊丝，同一电流使用较小直径的焊丝时，可获得加大焊缝熔深、减小熔宽的效果；当工件装配不良时，宜选用较粗的焊丝。

焊丝表面应当干净光滑，焊接时能顺利地送进，以免给焊接过程带来干扰。除不锈钢焊丝和有色金属焊丝外，各种低碳钢和低合金钢焊丝的表面最好镀铜。镀铜层既可起防锈作用，也可改善焊丝与导电嘴的电接触状况。为了使焊接过程能稳定地进行并减少焊接辅助时间，焊丝应当用盘丝机整齐地盘绕在焊丝盘上，且每盘钢焊丝应由一根焊丝绕成。

（4）焊接材料的验收

焊接材料入库前，应依据焊接材料的产品标准及订货技术条件等对焊接材料进行验收，验收的内容主要包括以下几个方面：

1）包装检验：检验焊接材料的包装是否符合有关标准的要求，是否完好，有无破损、受潮现象；标记内容是否完整、清晰可辨。

2）质量证明检验：核对焊接材料的质量证明所提供的数据是否齐全并符合规定要求；使用方有规定时，焊接材料生产企业或经销商应提供质量证明原件。

3）外观检验：检验焊接材料的外表面是否污染，在储运过程中是否产生可能影响焊接质量的缺陷，标记是否清晰、牢固，与产品实物是否相符。

4）成分及性能检验：依据有关标准和订货技术条件进行相应的检验。

5）其他项目检验：依据相关标准和订货技术条件的要求进行其他项目的检验。

焊接材料经检验后应出具验收报告，注明各项检验结果的规定值和依据的标准、规范。验收合格的焊接材料可用适宜的方式在包装上进行标识并应办理入库登记手续，登记的内容可包括但不限于以下几项：焊接材料的名称、执行标准编号、型号（牌号）及可能使用的内部编号；规格；批号或炉号；入库数量（或净质量）；生产日期；入库日期；库存有效期；供应商名称等。

（5）焊接材料的储存

焊接材料的储存库房应保持适宜的温度及湿度，一般室内温度不低于5℃，相对湿度不大于60%。室内应保持清洁，不得存放有害介质，以保证不损害焊接材料的性能。对于因吸潮而可能导致失效及有特殊要求的焊接材料，应采取必要的存放措施，如设置货架，采用防潮剂、去湿器，设置恒温恒湿室等。

品种、型号（牌号）、批号、规格、入库时间不同的焊接材料应分别存放，并有明确的标识，以免混杂。摆放高度或层数、与地面及墙面的距离等应视产品、包装情况和环境条件等进行相应规定，如货架距地面及墙壁的距离不小于300mm，以利于安全和通风。在搬运、装卸、摆放过程中，应小心操作，避免混料、损伤焊条药皮、焊丝盘（桶）及密封包装等而影响焊接材料的使用及性能。

仓储管理人员应定期对库存的焊接材料进行检查，温、湿度超出规定要求时，应采取措施；当发生恶劣天气等突发事件后和进入潮湿季节时，应及时、全面检查保管情况，并将检查结果书面记录；当发现由于保存不当而出现可能影响焊接质量的缺陷时，应及时处理。

（6）焊接材料的烘干

焊接材料，如焊条、焊剂和焊丝，在储存和保管过程中可能会吸附水分、油污等，这会导致焊接过程中出现气泡、裂缝、夹杂等缺陷，从而影响焊缝的质量和强度。因此，为了保证焊接质量，避免潜在的问题，通常会在使用前对焊接材料进行烘干处理。

酸性焊条保存时应有防潮措施，受潮的焊条使用前应在 100～150℃ 范围内烘焙 1～2h。低氢型焊条的烘干应符合下列要求：焊条使用前应在 300～430℃ 范围内烘焙 1～2h，或按厂家提供的焊条使用说明书进行烘干；焊条放入时，烘箱的温度不应超过规定最高烘焙温度的一半，且烘焙时间以烘箱达到规定最高烘焙温度后开始计算；烘干后的低氢焊条应放置于温度不低于 120℃ 的保温箱中存放、待用；待用时应置于保温筒中，随用随取；焊条烘干后在大气中放置时间不应超过 4h，而用于焊接Ⅲ、Ⅳ类钢材的焊条，烘干后在大气中放置时间不应超过 2h。焊接材料的重新烘干次数限制取决于材料类型以及各种相关标准。

焊剂的烘干应符合下列要求：使用前应按制造厂家推荐的温度进行烘焙，已受潮或结块的焊剂应严禁使用；用于焊接Ⅲ、Ⅳ类钢材的焊剂，烘干后在大气中放置时间不应超过 4h。

焊丝的烘干应符合下列要求：一般来说，焊丝烘干温度应控制在 50～120℃ 之间；焊丝烘干时间不得少于 1h，尤其是在高湿度、低温度环境下，需要相应延长烘干时间。烘干的焊丝应放置在干燥清洁的容器中，避免与其他材料混合。

如果焊丝未经过充分烘干处理，残留在焊丝表面的水汽和油脂等杂质可能会导致焊缝质量不佳、气孔过多、凝固裂纹等不良现象。

4. 钢结构常用的焊接方法

目前钢结构焊接主要以电弧焊为主，即在构件连接处，借短路电弧产生的高温，将置于焊缝部位的焊条或焊丝金属熔化，从而使构件连接在一起。常用的钢结构焊接方法主要有手工电弧焊、自动（半自动）埋弧焊、气体保护焊和熔嘴电渣焊等。

（1）手工电弧焊

手工电弧焊是利用焊条与焊件之间形成电弧，产生高温，将焊条与焊件局部加热到熔化状态，焊条中的填充金属熔化后，与焊件熔化金属混合形成熔池，熔池冷却结晶后形成焊缝。

在焊接过程中，将焊条和焊件分别接至电焊机的两个电源输出端上。焊接时，首先要引弧，将焊条端部与工件接触，此时焊条与焊件形成短路状态，由于接触点的接触面积较小，又通过较大的短路电流，此处将产生大量的电阻热，使焊条端部和焊件局部迅速熔化。随着焊条的提起（2～4mm），两极间的空气间隙被强烈加热并电离，电弧被引燃，电弧温度高达 3000～6000℃。在电弧的高温作用下，焊条和焊件熔化，同时包裹焊条的药皮也随之融化产生一定量的气体和液态熔渣。气体包围在焊条、电弧和熔池周围，使之与空气分开，防止工件的氧化，防止氮气和氢气对焊缝的危害，液态熔渣则浮在熔池上面阻止液体金属与空气的接触，两者均有隔离保护作用。熔池形成后，随着焊条的移动，熔池前方的焊件和焊条继续熔化，形成新的焊缝。后方熔池液体金属逐渐冷却结晶形成焊缝，液态熔渣凝固形成渣壳，覆盖在焊缝表面上起保护作用。

手工电弧焊的主要设备包括电焊机、焊钳、焊条、面罩等。电焊机是提供焊接电流的设备，通常有交流电焊机和直流电焊机两种；焊钳一端用于夹持焊条进行焊接，另一端夹在焊件上，将焊件与电焊机相连；面罩则是为了保护焊接操作者的面部和眼睛免受飞溅和弧光的伤害。

焊条的种类根据药皮类型可分为酸性焊条和碱性焊条；根据用途可分为结构钢焊条、不锈钢焊条、铸铁焊条等。选择焊条时需要考虑母材的化学成分、力学性能、焊接位置、焊接工艺等因素，应遵循以下几个基本原则：

1）等强度原则

对于承受静载或一般载荷的工件或结构，通常选用熔敷金属的抗拉强度与母材匹配的焊条。例如，Q235 钢抗拉强度一般为 370～500MPa，可选用 E43 系列焊条进行焊接。当两种不同强度的钢材进行焊接时，应选用与低强度钢材相匹配的焊条进行焊接，保证强度要求，也可满足经济性的要求。

2）等同性原则

焊接在特殊环境下工作的工件或结构，如要求耐磨、耐腐蚀、在高温或低温下具有较高的力学性能，则应选用能保证熔敷金属的性能与母材相近或相近似的焊条，这就是等同性原则。例如，焊接不锈钢时，应选用不锈钢焊条；焊接耐热钢时，应选用耐热钢焊条。

3）等条件原则

根据工件或焊接结构的工作条件和特点进行选用。例如，焊接需承受动荷载或冲击荷载的工件，应选用熔敷金属冲击韧度较高的焊条；焊接刚度大、形状复杂的结构，应选用抗裂性好的碱性焊条；受焊接工艺条件的限制，如对焊件接头部位的油污、铁锈等清理不便，应选用抗气孔能力强的酸性焊条。除此之外，还应考虑工地供电情况、工地设备条件、经济性及焊接效率等。

4）等韧性原则

焊条熔敷金属的韧性应相等或相近于被焊母材金属的韧性。这一原则主要适用于对低合金高强度钢焊条的选用。当母材结构刚性大、受力复杂时，通过选用与母材等韧性的焊条，可以避免因接头的塑性或韧性不足而引起接头受力破坏的问题。

5）低成本原则

在满足使用要求的前提下，尽量选用工艺性能好、成本低和效率高的焊条。

在手工电弧焊过程中，会产生高温、弧光、飞溅等危险因素，因此必须采取相应的安全防护措施。操作者应穿戴好防护服、防护鞋、面罩等防护用品，避免皮肤直接接触高温金属和飞溅物。同时，工作场所应保持良好的通风条件，以减少有害烟尘和气体的危害。

手工电弧焊作为一种传统的焊接方法，主要由人工操作，因此焊接效率往往较低，焊接质量受操作者技能水平影响较大。对于大型结构或长焊缝等大面积焊接任务，目前已由自动化焊接技术作为替代。但是手工电弧焊设备简单，操作灵活，适应性强，可适用于各种钢种、各种位置和各种结构的焊接，特别适用于对不规则焊缝、短焊缝、仰焊缝等位置的焊接，因此仍被广泛运用于钢结构各类焊接场景中。

（2）自动（半自动）埋弧焊

埋弧焊的电弧燃烧过程与手工电弧焊相同，是在半封闭的电弧区进行的。埋弧焊施焊过程中，焊接电源接在导电嘴和工件之间用来产生电弧，焊丝由焊丝盘经送丝机构和导电嘴送入焊接区，颗粒状焊剂由焊剂漏斗经软管均匀地堆敷到焊缝接口区，焊丝及送丝机构、焊剂漏斗和焊接控制盘等通常装在一台小车上，以实现焊接电弧的移动。随着焊机自动向前移动，电弧不断熔化前方的焊件金属、焊丝及焊剂，而熔池后方的边缘开始冷却凝固形成焊缝，液态熔渣随后也冷凝形成坚硬的渣壳。

焊剂的作用是覆盖在电弧周围，将空气与焊接区隔离，防止空气中的有害气体进入焊接区域。同时，焊剂熔化后形成熔渣和气体，起到保护焊缝金属的作用。熔渣保护了熔池和弧柱的金属不与空气接触，并稳定了电弧燃烧过程。在焊接过程中，焊剂的作用非常重要，不同的焊剂可以产生不同的冶金反应和保护效果。

焊丝作为焊接时的填充金属，通过连续送进的焊丝补充因电弧热而熔化的母材和焊剂，在焊接过程中与母材熔化形成焊缝。焊丝的化学成分和规格根据母材的材质和焊接工艺要求而定。通过调整焊丝的成分和规格，可以控制焊缝的化学成分和力学性能，以满足不同的焊接要求。低碳钢常用的焊丝牌号有 H08A、H08Mn 等；低合金钢常用的有 H10Mn2、H10MnSi 等；低合金高强度结构钢用焊丝要求含 Mn 1% 以上，含 Mo 0.3%～0.8%，如 H08MnMo、H08Mn2Mo。此外，根据低合金高强度结构钢的成分及使用性能要求，还可在焊丝中加入 Ni、Cr、V 及 Re 等元素，提高焊缝性能。

埋弧焊焊接质量高，焊丝埋在焊剂中，可以减少焊接过程中的空气对熔池的干扰，从而减少气孔、裂纹等缺陷的产生，提高焊接质量。埋弧焊焊接过程自动化程度较高，可以连续进行焊接，提高了生产效率，减轻了工人的劳动强度，能很好地满足大规模生产的要求。但是埋弧焊焊接需要依赖固定的设备，无法适用于所有焊接位置，一般只用于平焊，同时也无法用于不规则焊缝的焊接。埋弧焊一般适用于焊接中厚板结构的长焊缝或规则焊缝的焊接，例如焊接 H 型钢的拼接焊缝，以及各种管道的焊接。

（3）气体保护焊

气体保护焊的原理与手工电弧焊相同，依靠焊丝与焊件之间产生的电弧热熔化金属后形成焊缝，焊丝从手持的焊枪中送进，同时焊枪喷出保护气体包围在焊缝的四周，在熔池和电弧周围形成一个临时的保护气罩，有效地阻止了空气中的有害气体和水分进入焊接区域，从而保证了焊接接头的质量。

常用的保护气体包括氩气、二氧化碳、混合气体等。这些气体具有不同的性质和特点，可以根据不同的焊接需求选择合适的气体。例如，氩气是一种惰性气体，化学性质稳定，不易与金属发生反应，因此适用于焊接不锈钢、铝等金属材料；二氧化碳气体适用于碳钢、低合金钢等黑色金属的焊接；混合气体则可以根据不同的焊接需求调整气体的比例，以达到最佳的焊接效果。根据所用气体的不同，气体保护焊分为惰性气体保护焊（TIG 焊和 MIG 焊）、活性气体保护焊（MAG 焊）以及自保护焊接。

TIG 焊接和 MIG 焊接时，由于保护气体一般为纯氩气等惰性气体，无氧化性，所以焊丝熔化后成分基本不发生变化，可根据母材成分选择焊丝，使焊缝成分与母材一致。

在氩气体中加入适量氧气或二氧化碳气体，即 MAG 焊。MAG 焊接时，由于保护气体有一定的氧化性，应适当提高焊丝中 Si、Mn 等脱氧元素的含量，如 H08MnSiA、H08Mn2SiA、H04Mn2SiA 等，其他成分可以与母材一致，也可以有所差别。

气体保护焊对比其他焊接方式，具有以下优点：焊接时没有焊剂产生熔渣，便于观察焊缝的成型过程；焊接操作方便，焊接完成后基本不需要清理焊渣；焊接时电弧加热比较集中，焊接速度快，熔深大，焊缝强度比手工焊要高，焊接后变形也小，很适合厚钢板的焊接。但气体保护焊焊接操作时须在室内避风处，在工地操作需要设置挡风装置，否则气体保护的效果不好。

（4）熔嘴电渣焊

熔嘴电渣焊是一种先进的焊接技术，它利用渣池作为焊接熔池，通过熔嘴将熔渣和金属熔化，从而实现金属材料的连接。这种焊接方法具有高效、高质量、低成本等优点，因此在许多领域中得到了广泛应用。熔嘴电渣焊焊接前将两工件垂直放置，下端装好起焊槽，上端装好引出板，焊件两侧装有强迫成型装置。熔嘴电渣焊焊接过程可分为三个阶段：

1）引弧造渣阶段。焊接开始时，电极在引弧板上引出电弧，不断地将加入的固体焊剂熔化，形成渣池。渣池达到一定深度时，降低焊接电压并增加焊丝送进速度，这样会使焊丝插入渣池并熄灭电弧，进而转入电渣焊接过程。

2）正常焊接阶段。焊接电流通过渣池产生的热使渣池温度升至 $1600\sim2000℃$，渣池将电极和焊件边缘熔化，形成的钢水汇集在渣池下部成为金属熔池。随着焊丝不断地向渣池送进，金属熔池和熔池上面的渣池逐渐上升，而金属熔池的下部远离热源的液体金属逐渐凝固形成焊缝。

3）引出阶段。在焊件上部装有引出板，熔池上升到待焊母材坡口全长后，继续焊接，以便将渣池和在停止焊接时容易产生缩孔和裂纹的那部分焊缝金属通过引出板引出焊件，随后逐步降低电流和电压停止焊接，以减少缩孔和裂纹。

这种焊接方法焊接速度快，适用于不同厚度、不同材料的焊接，特别适合于厚板的焊接。焊接时只要求焊件边缘保持一定的装配间隙，不需要坡口，就可以一次成型，效率高，金属熔池凝固速率低，熔池中的气体和杂质容易浮出，不易产生气孔和夹渣等缺陷，焊接质量好。目前在钢结构领域熔嘴电渣焊常用于箱形梁（柱）构件内隔板部位焊口的焊接。

5. 焊缝形式

根据《焊接术语》GB/T 3375—1994 的规定，按焊缝结合形式，分为对接焊缝、角焊缝、塞焊缝、槽焊缝和端接焊缝五种，钢结构焊接多采用对接焊缝或角焊缝。焊缝的接头形式根据被连接件之间的相互位置，可分为平接接头、搭接接头、T形接头和角接接头四种。按施焊焊件接缝所处的空间位置不同，可分为平焊、立焊、横焊和仰焊四种。焊接接头与焊缝的形式如图 3-9 所示，焊缝的施焊位置如图 3 10 所示。

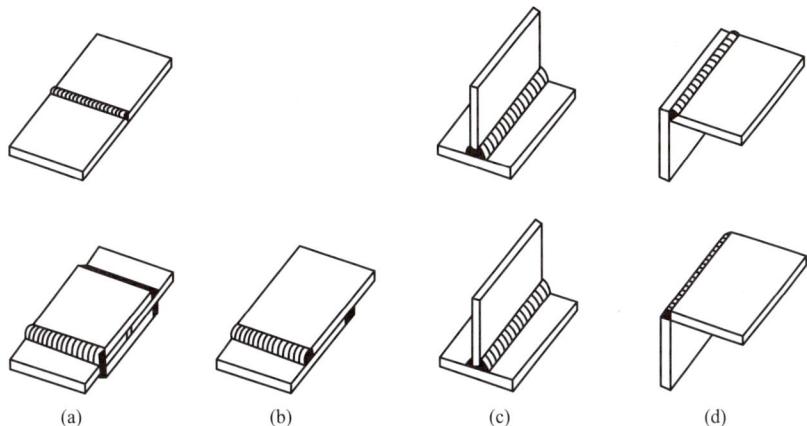

图 3-9 焊接接头与焊缝的形式

（a）平接接头；（b）搭接接头；（c）T 形接头；（d）角接接头

（上行各图为对接焊缝，下行各图为角焊缝）

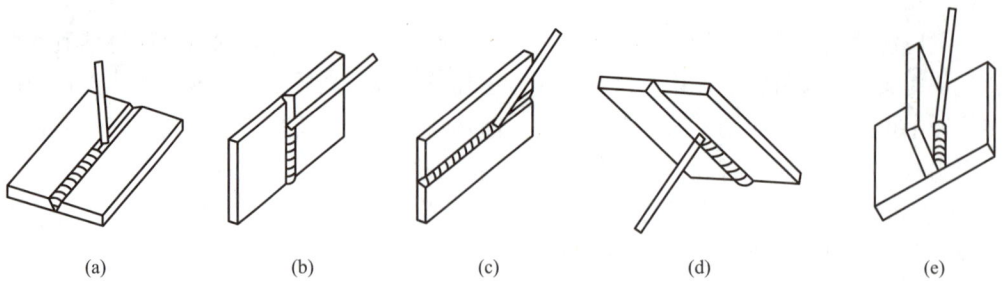

图 3-10　焊缝的施焊位置

（a）、（e）平焊；（b）、（c）立焊；（d）仰焊

（1）对接焊缝

对接焊缝是指在焊件的坡口面间或一焊件的坡口面与另一焊件端（表）面间焊接的焊缝。可用于平接接头、T形接头和角接接头的焊接。这种焊缝因为焊件的边缘常加工成各种形状的坡口，所以也被称为坡口焊缝。对接焊缝常用于板件和型钢的拼接。对接焊缝坡口类型如图 3-11 所示。

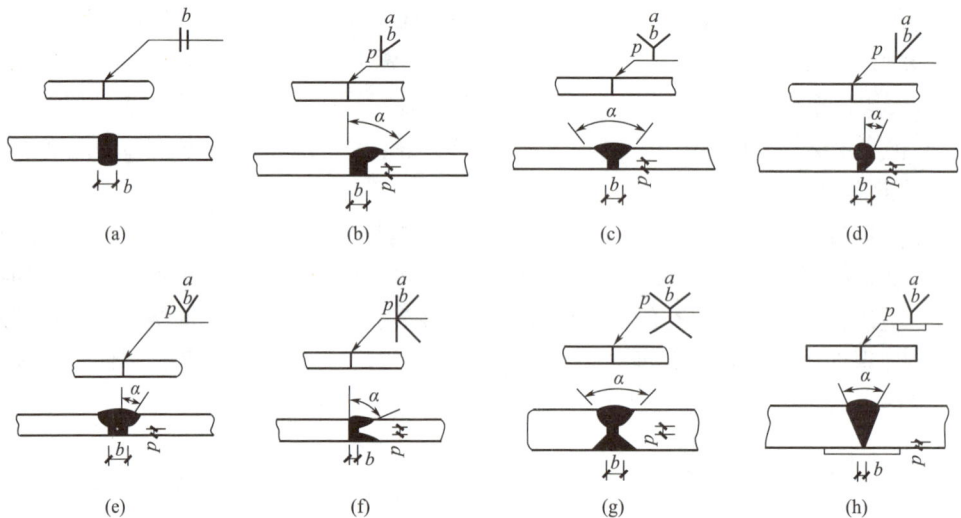

图 3-11　对接焊缝坡口类型

（a）I形；（b）单边V形；（c）V形；（d）单边U形；（e）U形；（f）K形；（g）X形；（h）加垫板的V形

《气焊、焊条电弧焊、气体保护焊和高能束焊的推荐坡口》GB/T 985.1—2008 和《埋弧焊的推荐坡口》GB/T 985.2—2008 中规定了坡口的通用形式。采用手工电弧焊或气体保护焊焊接厚度在 6～8mm 以下的焊件可以开 I 形坡口，如果采用埋弧焊，则焊件厚度一般可在 12mm 以下。对于 60mm 以下的中等厚度焊件，宜采用 V 形坡口、K 形坡口或 X 形坡口，其中，V 形坡口为单面焊接，不用翻转焊件，但是焊后容易往一个方向变形，因此在必要时，应采取反变形措施；K 形坡口和 X 形坡口为双面焊接，焊后的残余变形较小。对于 60mm 以上的较厚焊件，规定采用 U 形坡口，U 形坡口的焊缝填充金属相比其他坡口形式少，焊件产生的变形也小，但这种坡口加工较困难，必要时可下设垫板或留钝边，防止根部焊穿。

（2）角焊缝

角焊缝是指沿两直交或近直交零件的交线所焊接的焊缝。角焊缝的形式按其与力作用的关系可分为平行于力作用方向的侧面角焊缝、垂直于力作用方向的正面角焊缝和与力作用方向成斜角的斜向角焊缝；按焊缝断续情况可分为连续角焊缝和断续角焊缝两种形式。角焊缝的受力形式如图 3-12 所示。采用角焊缝的接头应符合以下几点：

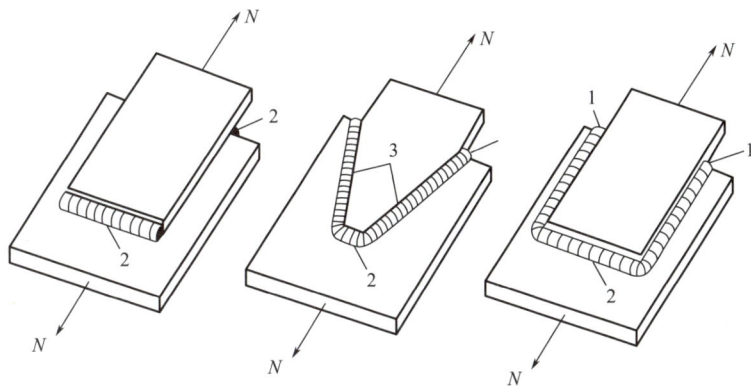

1—侧面角焊缝；2—正面角焊缝；3—斜向角焊缝
图 3-12　角焊缝的受力形式

1）由角焊缝连接的部件应密贴，根部间隙不宜超过 2mm；当接头的根部间隙超过 2mm 时，角焊缝的焊脚尺寸应根据根部间隙值增加，但最大不应超过 5mm。

2）当角焊缝的端部在构件上时，转角处宜连续包角焊，起弧和熄弧点距焊缝端部宜大于 10.0mm；对于角焊缝端部不设置引弧和引出板的连续焊缝，起熄弧点距焊缝端部宜大于 10.0mm，弧坑应填满。

3）间断角焊缝每焊段的最小长度不应小于 40mm，焊段之间的最大间距不应超过较薄焊件厚度的 24 倍，且不应大于 300mm。

（3）焊缝构造要求

不同厚度和宽度的材料对接时，应作平缓过渡，其连接处坡度值不宜大于 1∶2.5。不同宽度或厚度钢板的拼接如图 3-13 所示。

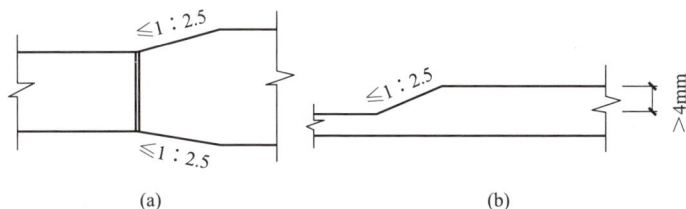

图 3-13　不同宽度或厚度钢板的拼接
（a）不同宽度；（b）不同厚度

承受动力荷载时，塞焊、槽焊、角焊、搭接连接应符合下列规定：

1）承受动力荷载不需要进行疲劳验算的构件，采用塞焊、槽焊时，孔或槽的边缘到构件边缘在垂直于应力方向上的间距不应小于此构件厚度的 5 倍，且不应小于孔或槽宽度的 2 倍；构件端部搭接连接的纵向角焊缝长度不应小于两侧焊缝间的垂直间距，且在无塞焊、槽焊等其他措施时，间距不应大于较薄件厚度的 16 倍。

2）不得采用焊脚尺寸小于 5mm 的角焊缝。

3）严禁采用断续坡口焊缝和断续角焊缝。

4）对接与角接组合焊缝和 T 形连接的全焊透坡口焊缝应采用角焊缝加强，加强焊脚尺寸不应大于连接部位较薄件厚度的 1/2，但最大值不得超过 10mm。

5）承受动力荷载需经疲劳验算的连接，当拉应力与焊缝轴线垂直时，严禁采用部分焊透对接焊缝。

6）除横焊位置以外，不宜采用 L 形和 J 形坡口。

7）不同板厚的对接连接承受动载时，应做成平缓过渡。

角焊缝的尺寸应符合下列规定：

1）角焊缝的最小计算长度应为其焊脚尺寸 h_f 的 8 倍，且不应小于 40mm；焊缝计算长度应为扣除引弧、收弧长度后的焊缝长度。

2）断续角焊缝焊段的最小长度不应小于最小计算长度。

3）角焊缝最小焊脚尺寸取值见表 3-6，承受动荷载时，角焊缝焊脚尺寸不宜小于 5mm。

4）被焊构件中较薄板厚度不小于 25mm 时，宜采用开局部坡口的角焊缝。

5）采用角焊缝焊接连接，不宜将厚板焊接到较薄板上。

角焊缝最小焊脚尺寸（mm） 表 3-6

母材厚度 t	角焊缝最小焊脚尺寸 h
$t \leqslant 6$	3
$6 < t \leqslant 12$	5
$12 < t \leqslant 20$	6
$t > 20$	8

搭接连接角焊缝的尺寸及布置应符合下列规定：

1）传递轴向力的部件，其搭接连接最小搭接长度应为较薄件厚度的 5 倍，且不应小于 25mm，并应施焊纵向或横向双角焊缝。

2）只采用纵向角焊缝连接型钢杆件端部时，型钢杆件的宽度不应大于 200mm；当宽度大于 200mm 时，应加横向角焊缝或中间塞焊；型钢杆件每一侧纵向角焊缝的长度不应小于型钢杆件的宽度。

3）型钢杆件搭接连接采用围焊时，在转角处应连续施焊。杆件端部搭接角焊缝作绕焊时，绕焊长度不应小于焊脚尺寸的 2 倍，并应连续施焊。

4）搭接焊缝沿母材棱边的最大焊脚尺寸，当板厚不大于 6mm 时，应为母材厚度；当板厚大于 6mm 时，应为母材厚度减去 1~2mm。

5）用搭接焊缝传递荷载的套管连接可只焊一条角焊缝，其管材搭接长度不应小于 5（$t_1 + t_2$），且不应小于 25mm。搭接焊缝焊脚尺寸应符合设计要求。

在次要构件或次要焊接连接中，可采用断续角焊缝。断续角焊缝焊段的长度不得小于 $10h_f$ 或 50mm，其净距不应大于 15t（对受压构件）或 30t（对受拉构件），t 为较薄焊件厚度。腐蚀环境中不宜采用断续角焊缝。

6. 焊接施工

（1）焊接前准备

1）明确焊接需求：要明确焊接的目标和需求，包括要焊接的材料类型、厚度、尺寸以及焊接的精确度和强度要求等。对焊接需求有清晰的理解，是制定适当焊接策略的基础。

2）材料准备：根据焊接需求，准备所需的材料，包括母材、焊丝（如果适用）、保护气体、填充材料等。确保所有材料都符合质量标准，并且在使用前已经进行了适当的预处理，如清洁、切割、打磨等。

3）设备选择与检查：选择适合焊接需求的焊接设备，如手工电弧焊机、氩弧焊机、激光焊接机等；在开始焊接前，对设备进行全面的检查，确保其处于良好的工作状态，各种参数设置正确；此外，还需要准备焊接夹具，以确保焊接过程中的定位准确。

4）工作环境设置：焊接需要在特定的环境下进行，以减少外部因素对焊接质量的影响。例如，需要确保工作区域干净整洁，没有过多的灰尘和杂物；保持适当的湿度，避免因湿度过高导致焊接质量下降；保持工作区域的温度适中，避免因温度过高或过低影响焊接效果。

5）焊工培训与安全防护：焊工在进行焊接前，需要接受充分的培训，确保他们具备必要的技能和知识；此外，焊工还需要了解并遵守所有的安全规定，使用适当的防护设备，如焊接面罩、手套、围裙等，以防止可能的伤害。

6）制定焊接工艺：根据材料的性质、厚度以及所需的焊接质量等因素，制定适当的焊接工艺，包括选择合适的焊接方法、焊接参数（如电流、电压、焊接速度等）、填充材料等。工艺制定合理与否，直接影响到焊接质量和工作效率。焊接工艺文件应至少包括下列内容：焊接方法或焊接方法的组合；母材的规格、牌号、厚度及适用范围；填充金属的规格、类别和型号；焊接接头形式、坡口形式、尺寸及其允许偏差；焊接位置；焊接电源的种类和电流极性；清根处理；焊接工艺参数，包括焊接电流、焊接电压、焊接速度、焊层和焊道分布等；预热温度及层间温度范围；焊后消除应力处理工艺；其他必要的规定。

7）焊前预处理：对于不同的材料，可能需要进行不同的预处理。例如，某些材料可能需要清洁、打磨或酸洗等处理，以去除表面的杂质或氧化膜，提高焊接质量。

8）装配与定位：在开始焊接之前，所有的焊接部件都需要精确地装配在一起。这需要使用夹具或其他固定装置，以确保部件在焊接过程中保持正确的位置。

9）试焊与调整：在正式的焊接开始前，通常需要进行试焊。试焊的目的是检查之前的准备工作是否有遗漏，并调整焊接参数以达到最佳效果。通过试焊，可以及时发现并解决潜在问题，避免在正式工作中造成不必要的损失。

10）质量检查与记录：所有的准备工作和检查结果都应进行详细的记录，以便后续的参考和追溯。

（2）焊接环境

焊条电弧焊和自保护药芯焊丝电弧焊，其焊接作业区最大风速不宜超过 8m/s，当使用气体保护电弧焊时风速不宜超过 2m/s。如果超出上述范围，焊接熔渣或气体对熔化的焊缝金属保护环境就会遭到破坏，致使焊缝金属中产生大量的密集气孔。所以实际焊接施工过程中，应避免在上述风速条件下进行施焊，必须进行施焊时应设置防风屏障以保障焊接电弧区域不受影响。

当焊接作业处于下列情况之一时，应严禁焊接：

1）焊接作业区的相对湿度大于90％。

2）焊件表面潮湿或暴露于雨、冰、雪中。

3）焊接作业条件不符合《焊接与切割安全》GB 9448—1999 的有关规定。

焊接环境温度低于0℃但不低于−10℃时，应采取加热或防护措施，确保接头焊接处各方向不小于2倍板厚且不小于100mm 范围内的母材温度，不低于20℃或规定的最低预热温度二者的较高值，且在焊接过程中不应低于这一温度。

焊接环境温度低于−10℃时，必须进行相应焊接环境下的工艺评定试验，并应在评定合格后再进行焊接，如果不符合上述规定，严禁焊接。

（3）定位焊

定位焊是指为装配和固定焊件接头的位置而进行的焊接。定位焊的焊接质量对整体焊缝质量有直接影响。应从以下几个方面给予充分重视，避免造成正式焊缝中的焊接缺陷：

1）定位焊必须由持相应资格证书的焊工施焊，所用焊接材料应与正式焊缝的焊接材料相当。

2）定位焊缝附近的母材表面质量应符合正式焊接要求。

3）定位焊缝厚度不应小于3mm，长度不应小于40mm，其间距宜为300～600mm。

4）采用钢衬垫的焊接接头，定位焊宜在接头坡口内进行。定位焊在焊接时预热温度宜高于正式施焊预热温度20～50℃；定位焊缝与正式焊缝应具有相同的焊接工艺和焊接质量要求；定位焊的焊缝存在裂纹、气孔、夹渣等缺陷时，应完全清除。

对于要求疲劳验算的动荷载结构，应根据结构特点和上述要求制定定位焊工艺文件。

（4）预热温度控制

预热温度应根据钢材的化学成分、接头的拘束状态、热输入大小、熔敷金属含氢量水平及所采用的焊接方法等综合因素确定或进行焊接试验。

常用钢材采用中等热输入焊接时，最低预热温度宜符合表3-7的要求。

常用钢材最低预热温度要求（℃）　　　　　　　　　　　　　　　　表 3-7

钢材类别	接头最厚部件板厚 t（mm）				
	$t \leqslant 20$	$20 < t \leqslant 40$	$40 < t \leqslant 60$	$60 < t \leqslant 80$	$t > 80$
Ⅰ	—	—	40	50	80
Ⅱ	—	20	60	80	100
Ⅲ	20	60	80	100	120
Ⅳ	20	80	100	120	150

（5）引弧与熄弧

焊接开始起弧和焊接结束收弧时，由于焊接电弧能量不足，电弧不稳定，容易造成夹渣、未熔合、气孔、弧坑和裂纹等质量缺陷，影响接头的焊接质量。因此，可在焊缝两端分别设置引弧板和引出板，将起弧和收弧的位置转移到引弧板和引出板上。引弧板和引出板的设置应符合以下要求：

1）引弧板和引出板所用钢材应对焊缝金属性能不产生显著影响，不要求与母材材质相同，但强度等级不应高于母材，焊接性不应比所焊母材差。

2）焊条电弧焊和气体保护电弧焊焊缝引弧板、引出板长度应大于 25mm；埋弧焊引弧板、引出板长度应大于 80mm。

3）引弧板和引出板宜采用火焰切割、碳弧气刨或机械等方法去除，去除时不得伤及母材并将割口处修磨至与焊缝端部平整。严禁使用锤击去除引弧板和引出板。引弧板和引出板如图 3-14 所示。

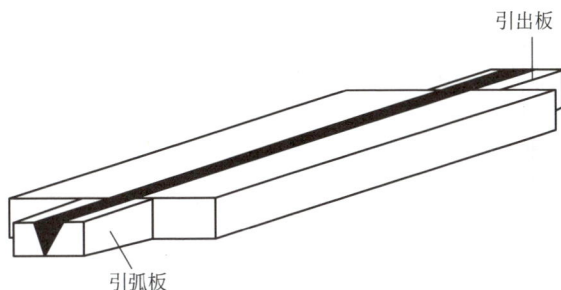

引出板

引弧板

图 3-14　引弧板和引出板

7. 焊接变形

（1）焊接应力

焊接应力是指焊接过程中，由于焊件内部温度变化不均匀而引起的应力。在焊接过程中，焊缝及其附近的温度较高，而周围的温度较低，这会导致焊件内部产生不均匀的热膨胀，从而在焊缝和热影响区产生内应力。当焊缝冷却并固定在焊件中时，这些内应力会保留在焊件内部，形成焊接应力。根据应力的作用方向，焊接应力可以分为纵向焊接应力、横向焊接应力和厚度方向焊接应力。

3-1

焊接变形示意

1）纵向焊接应力

纵向焊接应力是平行于焊缝方向的应力。焊缝及其附近的塑性压缩变形区内为拉应力，其数值一般达到材料的屈服强度值，两侧为压应力。施焊时焊缝及附近的温度场和纵向焊接应力如图 3-15 所示。

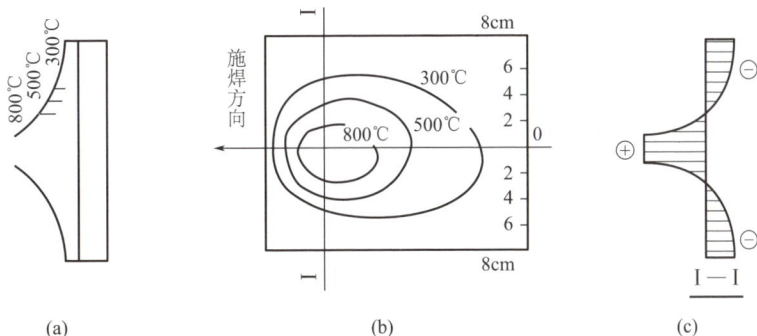

(a)　　　　　　　　(b)　　　　　　　　(c)

图 3-15　施焊时焊缝及附近的温度场和纵向焊接应力

(a)、(b) 施焊时焊缝及附近的温度场；(c) 钢板上纵向焊接应力

2）横向焊接应力

焊缝及其附近塑性变形区的纵向收缩所引起的应力和焊缝及其附近塑性变形区的横向收缩不同时所引起的应力合成而得到的应力就是垂直于焊缝方向的横向焊接应力，其分布情况也很复杂。焊缝的横向焊接应力如图 3-16 所示。

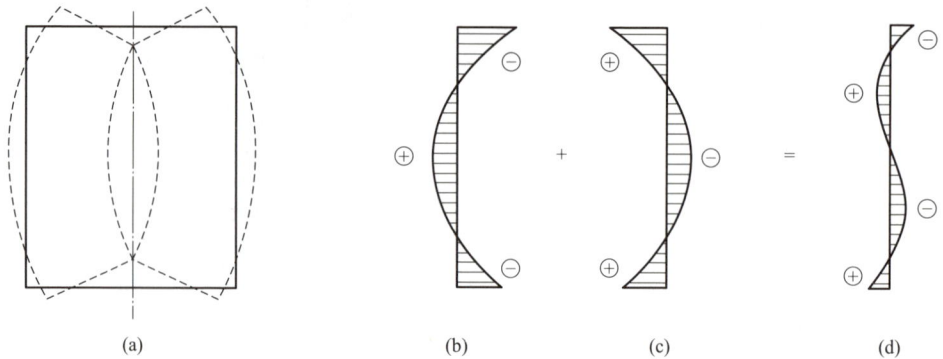

图 3-16　焊缝的横向焊接应力

（a）焊缝纵向收缩；（b）、（c）焊缝受拉应力；（d）两部分应力合成的结果

3）厚度方向焊接应力

当焊接的构件较厚时，除了存在纵向焊接应力和横向焊接应力外，还存在着较大的厚度方向焊接应力。厚度方向焊接应力如图 3-17 所示。

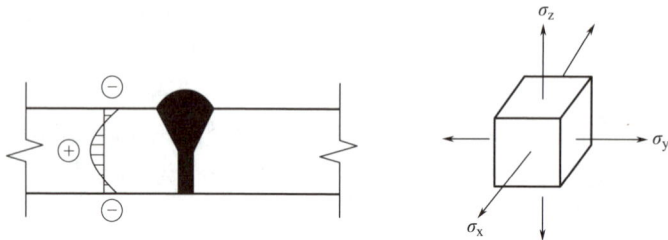

图 3-17　厚度方向焊接应力

（2）焊接变形

焊接变形是在焊接过程中由于焊接应力引起的构件形状和尺寸的改变。焊接变形是焊接工艺中一个普遍存在的问题，会对焊接件的性能和质量产生重要影响。焊接变形有以下七种形式：

1）纵向收缩变形：沿焊缝长度方向的收缩。

2）横向收缩变形：垂直于焊缝方向的横向收缩。

3）角变形：绕焊缝轴线的角位移。

4）挠曲变形：构件中性轴上下不对称的收缩引起的弯曲变形。

5）失稳变形：薄壁结构在焊接残余压应力的作用下，局部失稳而产生波浪形。

6）错边变形：焊接边缘在焊接过程中，因膨胀不一致而产生的厚度方向的错边。

7）扭曲变形：由于装配不良、施焊程序不合理而使焊缝的纵向、横向收缩没有规律所引起的变形。

焊接残余变形如图 3-18 所示。

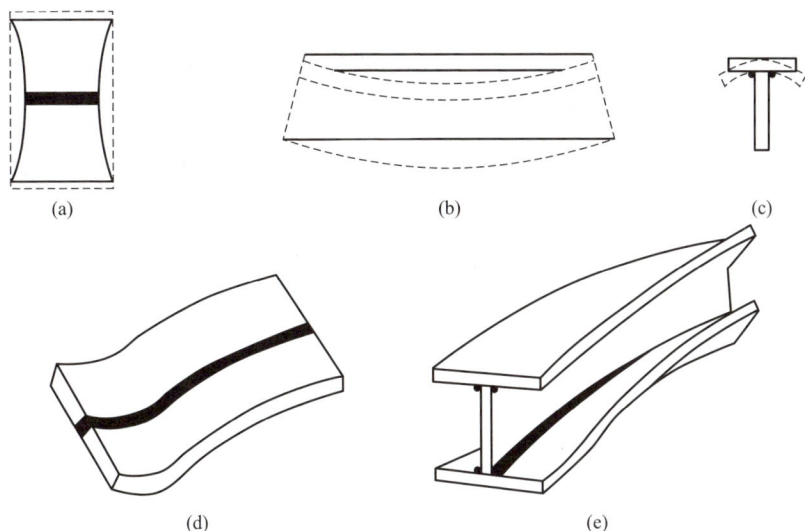

图 3-18　焊接残余变形

（a）纵向收缩变形和横向收缩变形；（b）挠曲变形；（c）角变形；（d）失稳变形；（e）扭曲变形

（3）焊接应力和变形的影响

1）对强度的影响：如果在高拉应力区中存在严重的缺陷，而焊件又在低于脆性转变温度下工作时，则焊接应力将使静载强度降低。在循环应力作用下，如果在应力集中处存在着拉应力，则焊接拉应力将使焊件的疲劳强度降低。

2）对刚度的影响：焊接应力和变形会导致结构的刚度降低，尤其是对于一些大型焊接结构，其影响更加显著。

3）对受压焊件稳定性的影响：焊接应力和变形会导致焊接结构的稳定性降低，特别是对于一些薄壁结构，在受到外力作用时容易发生失稳现象。

4）对耐腐蚀性的影响：焊接应力和变形还会影响焊接结构的耐腐蚀性，因为焊接残余应力和变形的存在会导致结构中的应力腐蚀裂纹更容易形成和扩展。

8. 焊接变形的控制

（1）尽量减少焊缝数量

在设计焊接结构时，应当避免不必要的焊缝，尽量选用型钢、冲压件代替焊件。合理地选择肋板的形状，适当地安排肋板的位置，优化肋板数量，避免不必要的焊缝。同时，焊缝不要过于集中、交叉，以防局部区域的热量输入过大。

（2）合理地选择焊接的尺寸和形式

焊接尺寸直接关系到焊接工作量和焊接变形的大小。焊缝尺寸大，焊接量大，焊接变形就大。因此，要尽量减少焊缝的数量和尺寸，在保证结构的承载能力的条件下，设计时应尽量采用较小的坡口尺寸，减小焊缝截面积。对于板缝较大的对接接头，应选"X"形坡口代替"V"形坡口，减少熔敷金属总量以减小变形。当设计"T"形接头角焊缝时，应采用双面连续焊缝代替等强度的单面连续焊缝，以减少焊角尺寸。

（3）合理设计结构形式及合理安排焊缝位置

焊缝尽量布置在最大工作应力区以外，防止焊接残余应力与外部载荷产生的应力叠

3-2

焊后消除
应力处理

加，影响构件承载能力。焊缝位置应尽量对称于截面中心线（或轴线），或者使焊缝接近中心线（或轴线），这对于减少梁、柱等类型结构的扭曲变形有良好的效果。减少焊接残余应力的设计措施如图 3-19 所示。

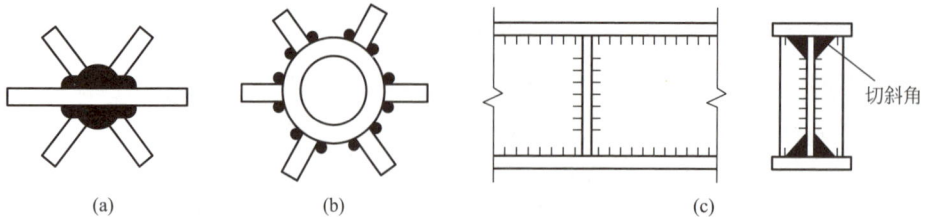

图 3-19　减少焊接残余应力的设计措施
（a）不合理；（b）、（c）合理

（4）焊前预防措施

焊前预防主要包括预变形法、预拉伸法和刚性固定组装法。

预变形法（或称反变形法）是根据预测的焊接变形大小和方向，在待焊工件装配时造成与焊接残余变形大小相当、方向相反的预变形量（反变形量），焊后焊接残余变形抵消了预变形量，使构件恢复到设计要求的几何形状和尺寸。减少残余变形的工艺措施如图 3-20 所示。

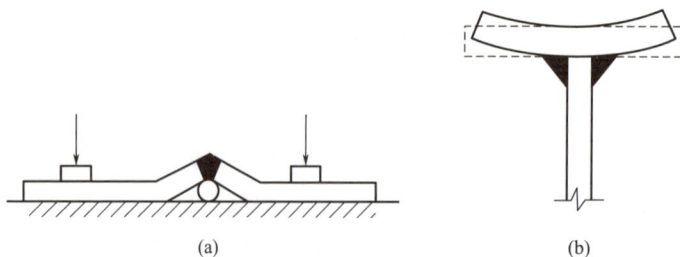

图 3-20　减少残余变形的工艺措施
（a）预折；（b）预弯

预拉伸法多用于薄板平面构件，采用机械预拉伸或加热预拉伸的方法使钢板得到预先的拉伸与伸长，焊接是在钢板有预张力或有预先热膨胀量的情况下进行的。焊接完成后，去除预拉伸或加热，钢板恢复初始状态，可有效地降低焊接残余应力，控制焊接变形。预热的作用在于减小温度梯度，不同的预热温度在降低残余应力的作用方面有一定的差别，预热温度在 300～400℃时，在钢中残余应力水平降低了 30％～50％；当预热温度为 200℃时，残余应力水平降低了 10％～20％。

刚性固定组装法是采用夹具或刚性胎具将被焊构件尽可能地固定，可有效地控制待焊构件的角变形与挠曲变形等。

（5）焊接过程控制措施

焊接过程控制主要方法有采用合理的焊接方法和焊接规范参数，选择合理的焊接顺序，以及采用随焊两侧加热、随焊碾压等措施。

选择单位长度能量较低的焊接方法以及合理地控制焊接参数，可以有效地防止焊接变形。采用随焊两侧加热、随焊碾压等措施可以降低残余应力和减小焊接变形。采用随焊两侧加热，可使横向应变、纵向应变和最大剪切应变的分布更加均匀，变化更加平缓，起到减小焊接残余应力和变形的作用。虽然随焊碾压法由于设备复杂、使用不便等原因，在生产应用中受到一定的限制，但该方法在提高焊接变形等方面具有理想的效果。随焊激冷法能够显著地降低残余应力和减少焊接变形。

焊接顺序对焊接残余应力和变形的产生影响较大。在采用不同的焊接顺序时，可以改变残余应力的分布规律，但对残余应力整体幅值的降低作用不大，同时该方法对于控制焊接变形有较大的作用，尤其在多道焊中，作用更加明显。常见的焊接顺序有五种：分段退焊法、分中段退焊法、跳焊法、交替焊法和分中对称焊法。常见的焊接顺序如图 3-21 所示。

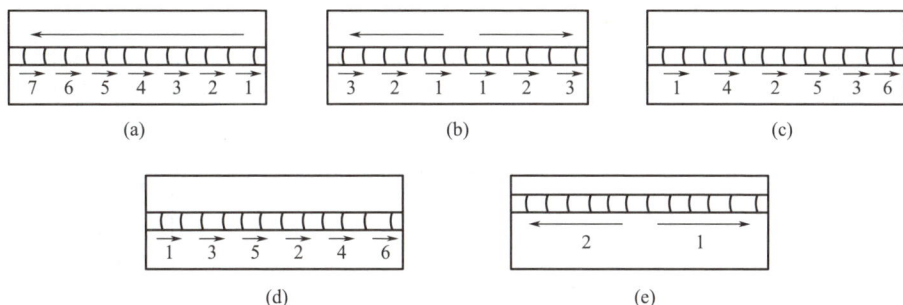

图 3-21　常见的焊接顺序
（a）分段退焊法；（b）分中段退焊法；（c）跳焊法；（d）交替焊法；（e）分中对称焊法

根据构件上焊缝的布置，可按下列要求采用合理的焊接顺序控制变形：

1）对接接头、T 形接头和十字接头，在工件放置条件允许或易于翻转的情况下，宜双面对称焊接；有对称截面的构件，宜对称于构件中性轴焊接；有对称连接杆件的节点，宜对称于节点轴线，同时对称焊接。

2）非对称双面坡口焊接，宜先焊深坡口面，完成部分焊缝焊接，然后焊接浅坡口面焊缝，最后完成深坡口面焊缝焊接。特厚板宜增加轮流焊接的循环次数。

3）对长焊缝宜采用分段退焊法或多人对称焊接法。

4）宜采用跳焊法，避免工件局部热量集中。

（6）焊后矫正措施

当构件焊接后，只能通过矫正措施来减小或消除已发生的残余变形。焊后矫正措施主要分为加热矫正法和机械矫正法，加热矫正法又分为整体热矫正和局部热矫正。

整体热矫正是指将整体构件加热至锻造温度以上再进行矫正的方法，可用以消除较大的形状偏差。但是焊后整体加热容易引起冶金方面的副作用，限制了该方法的进一步推广及应用。

局部热矫正多采用火焰对焊接构件局部加热，在高温处，材料的热膨胀受到构件本身刚性制约，产生局部压缩塑性变形，冷却后收缩，抵消了焊后部位的伸长变形，从而达到矫正目的。局部热矫正采用一般的气焊焊枪，不需要专门的设备，方法简便灵活，因此在生产上广为应用。

此外，还有利用机械力或冲击能等进行焊接变形矫正，包括静力加压矫直法、焊缝滚压法、锤击法等。

9. 焊接质量检验

（1）焊接质量缺陷

焊接质量缺陷是指在焊接过程中，由于各种原因导致焊缝部位产生的不符合质量标准的缺陷。这些缺陷不仅影响焊接接头的性能，还可能影响其安全性和可靠性。常见的焊接缺陷主要有外观缺陷和内部缺陷。

外观缺陷主要有咬边、焊瘤、弧坑、表面气孔、夹渣、表面裂纹等。内部缺陷主要有内部气孔、夹渣、未熔合、未焊透等。焊缝缺陷如图 3-22 所示。

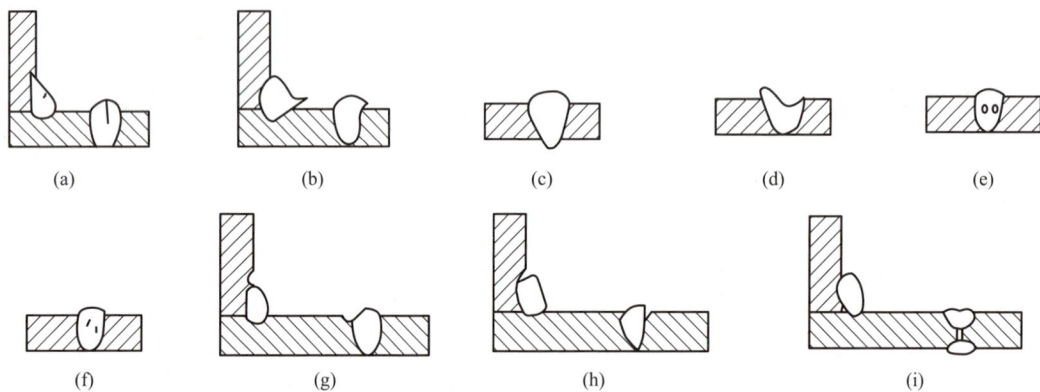

图 3-22　焊缝缺陷

(a) 裂纹；(b) 焊瘤；(c) 烧穿；(d) 弧坑；(e) 气孔；
(f) 夹渣；(g) 咬边；(h) 未熔合；(i) 未焊透

（2）焊缝质量等级

《钢结构工程施工质量验收标准》GB 50205—2020 将焊缝质量等级分为三个等级：一级、二级和三级。焊缝的质量等级应根据结构的重要性、荷载特性、焊缝形式、工作环境以及应力状态情况，按下列原则选用：

1）在承受动力荷载且需要进行疲劳验算的构件中，凡要求与母材等强连接的焊缝应焊透，其质量等级应符合下列规定：

① 作用力垂直于焊缝长度方向的横向对接焊缝或 T 形对接与角接组合焊缝，其质量等级受拉时应为一级，受压时不应低于二级。

② 作用力平行于焊缝长度方向的纵向对接焊缝的质量等级不应低于二级。

③ 重级工作制（A6～A8）和起重量 $Q \geqslant 50t$ 的中级工作制（A4、A5）吊车梁的腹板与上翼缘之间以及吊车桁架上弦杆与节点板之间的 T 形连接部位焊缝应焊透，焊缝形式宜为对接与角接的组合焊缝，其质量等级不应低于二级。

2）在工作温度等于或低于 -20℃ 的地区，构件对接焊缝的质量等级不得低于二级。

3）不需要疲劳验算的构件中，凡要求与母材等强的对接焊缝宜焊透，其质量等级受拉时不应低于二级，受压时不宜低于二级。

4）部分焊透的对接焊缝、采用角焊缝或部分焊透的对接与角接组合焊缝的 T 形连接部位，以及搭接连接角焊缝，其质量等级应符合下列规定：

① 直接承受动荷载且需要疲劳验算的结构和吊车起重量大于或等于 50t 的中级工作制吊车梁以及梁柱、牛腿等重要节点的焊缝质量等级不应低于二级。

② 其他结构可为三级。

5）设计要求的一级、二级焊缝应进行内部缺陷的无损检测，一级、二级焊缝的质量等级和检测要求应符合表 3-8 的规定。

一级、二级焊缝质量等级及无损检测要求　　　　　　　　　　　表 3-8

焊缝质量等级		一级	二级
内部缺陷 超声波探伤	缺陷评定等级	Ⅱ	Ⅲ
	检验等级	B 级	B 级
	检测比例	100%	20%
内部缺陷 射线探伤	缺陷评定等级	Ⅱ	Ⅲ
	检验等级	B 级	B 级
	检测比例	100%	20%

（3）焊缝质量检验方法

焊缝质量检验方法一般分为外观检验和内部无损检验两大类。

外观检验主要是通过肉眼或借助一些工具对焊缝的外观进行检查，以判断焊缝的质量是否符合要求。焊缝外观检验的内容包括焊缝的尺寸、形状、表面质量等。外观检测应符合下列规定：

1）所有焊缝应冷却到环境温度后方可进行外观检测。

2）外观检测采用目测方式。裂纹的检查应辅以 5 倍放大镜并在合适的光照条件下进行，必要时可采用磁粉探伤或渗透探伤检测，尺寸的测量应用量具、卡规。

3）电渣焊是利用电流通过熔渣所产生的电阻热作为热源，将填充金属和母材熔化，凝固后形成金属原子间牢固连接。在开始焊接时，使焊丝与起焊槽短路起弧，不断加入少量固体焊剂，利用电弧的热量使之熔化，形成液态熔渣，待熔渣达到一定深度时，增加焊丝的送进速度，并降低电压，使焊丝插入渣池，电弧熄灭，从而转入电渣焊焊接过程。

3-3
焊缝外观检验

电渣焊主要有熔嘴电渣焊、非熔嘴电渣焊、丝极电渣焊、板极电渣焊等。

气电立焊是由普通熔化极气体保护焊和电渣焊发展而形成的一种熔化极气体保护电弧焊方法。其优点是：生产率高，成本低。与窄间隙焊的主要区别在于焊缝一次成型，而不是多道多层焊。

电渣焊、气电立焊接头的焊缝外观成型应光滑，不得有未熔合、裂纹等缺陷；当板厚小于 30mm 时，压痕、咬边深度不应大于 0.5mm；板厚不小于 30mm 时，压痕、咬边深度不应大于 1.0mm。

T 形接头、十字接头、角接接头等要求焊透的对接和角接组合焊缝，其加强焊脚尺寸 h_k 不应小于 $t/4$ 且不大于 10mm，其允许偏差为 0～4mm。

无疲劳验算要求的钢结构焊缝外观质量要求应符合表 3-9 的规定。

检验项目	焊缝质量等级（表中 t 表示钢板厚度）		
	一级	二级	三级
裂纹	不允许	不允许	不允许
未焊满	不允许	≤0.2mm+0.02t 且≤1mm，每 100mm 长度焊缝内未焊满累积长度≤25mm	≤0.2mm±0.04t 且≤2mm，每 100mm 长度焊缝内未焊满累积长度≤25mm
根部收缩	不允许	≤0.2mm+0.02t 且≤1mm，长度不限	≤0.2mm+0.04t 且≤2mm，长度不限
咬边	不允许	≤0.05t 且≤0.5mm，连续长度≤100mm，且焊缝两侧咬边总长≤10%焊缝全长	≤0.1t 且≤1mm，长度不限
电弧擦伤	不允许	不允许	允许存在个别电弧擦伤
接头不良	不允许	缺口深度≤0.05t 且≤0.5mm，每 1000mm 长度焊缝内不得超过 1 处	缺口深度≤0.1t 且≤1mm，每 1000mm 长度焊缝内不得超过 1 处
表面气孔	不允许	不允许	每 50mm 长度焊缝内允许存在直径≤0.4t 且≤3mm 的气孔 2 个，孔距应≥6 倍孔径
表面夹渣	不允许	不允许	深≤0.2t，长≤0.5t 且≤20mm

对焊缝内部的缺陷，如裂缝、未焊透、未熔合等外观无法判断或设计文件要求的应进行内部缺陷检测、探伤，常用的方法有超声波探伤、射线探伤等。

1）超声波探伤

超声波探伤是通过超声波探伤仪产生高频超声波并接收其反射和散射信号，分析这些信号的特性来判断焊缝内部是否存在缺陷、异常或结构的变化。焊缝超声波探伤可以检测出焊缝中存在的裂纹、气孔、夹渣等缺陷，并且可以确定缺陷的位置和大小，为后续的修复和质量控制提供依据。由于超声波具有高穿透力和方向性好的特点，并且对工件无损伤，因此得到了广泛应用。超声波探伤如图 3-23 所示。

3-4

焊缝无损探伤

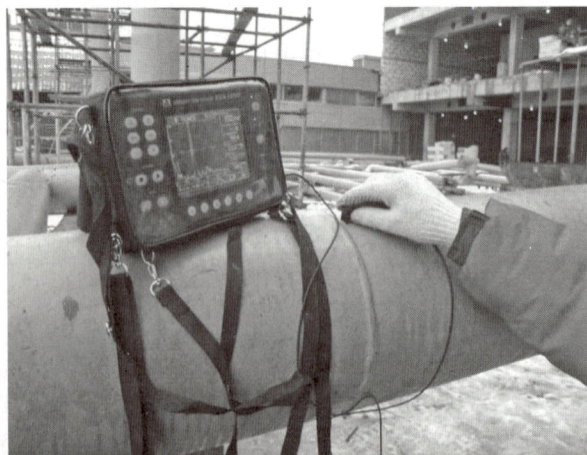

图 3-23 超声波探伤

超声波探伤属于无损检测，无损检测的基本要求应符合下列规定：

① 无损检测应在外观检测合格后进行。

② Ⅲ、Ⅳ类钢材及焊接难度等级为C、D级时，应以焊接完成24h后无损检测结果作为验收依据；钢材标称屈服强度不小于690MPa或供货状态为调质状态时，应以焊接完成48h后无损检测结果作为验收依据。

设计要求全焊透的焊缝，其内部缺欠的检测应符合下列规定：

① 一级焊缝应进行100％的检测。

② 二级焊缝应进行抽检，抽检比例不应小于20％。

③ 三级焊缝应根据设计要求进行相关的检测。

超声波探伤的灵敏度应符合表3-10的规定；超声波检测缺欠等级评定应符合表3-11的规定。

超声波探伤的灵敏度　　　　　　　　　　　　表 3-10

厚度（mm）	判废线（dB）	定量线（dB）	评定线（dB）
3.5～150	φ3×40	φ3×40－6	φ3×40－14

超声波检测缺欠等级评定　　　　　　　　　　表 3-11

评定等级	检验等级（表中 t 表示钢板厚度）		
	A	B	C
	板厚 t（mm）		
	3.5～50	3.5～150	3.5～150
Ⅰ	$2t/3$；最小 8mm	$t/3$；最小 6mm 最大 40mm	$t/3$；最小 6mm 最大 40mm
Ⅱ	$3t/4$；最小 8mm	$2t/3$；最小 8mm 最大 70mm	$2t/3$；最小 8mm 最大 50mm
Ⅲ	$<t$；最小 16mm	$3t/4$；最小 12mm 最大 90mm	$3t/4$；最小 12mm 最大 75mm
Ⅳ	超过Ⅲ级者		

2）射线探伤

射线探伤是利用射线（如X射线或γ射线）穿透焊缝，通过在胶片上记录射线的衰减或散射来检测焊缝内部的缺陷。射线探伤具有直观性、一致性好的优点，但其成本高、操作程序复杂、检测周期长，尤其是钢结构中大多为T形接头和角接头，射线检测的效果差，且射线探伤对裂纹、未熔合等危害性缺陷的检出率低。而超声波探伤则正好相反，其操作程序简单、快速，对各种接头形式的适应性好，对裂纹、未熔合的检测灵敏度高。因此，钢结构焊缝内部缺陷的检测宜采用超声波探伤，当不能采用超声波探伤或对超声波检测结果有疑义时，可采用射线探伤验证。

射线检测技术应符合《焊缝无损检测　射线检测　第1部分：X和伽玛射线的胶片技术》GB/T 3323.1—2019或《焊缝无损检测　射线检测　第2部分：使用数字化探测器的X和伽玛射线技术》GB/T 3323.2—2019的规定；缺陷评定等级应符合《钢结构焊接规范》GB 50661—2011的规定。

10. 焊缝返修

焊缝金属和母材的缺欠超过相应的质量验收标准时，可采用砂轮打磨、碳弧气刨、铲凿或机械加工等方法彻底清除。对焊缝进行返修，应按下列要求进行：

（1）返修前，应清洁修复区域的表面。

（2）焊瘤、凸起或余高过大，应采用砂轮或碳弧气刨清除过量的焊缝金属。

（3）焊缝凹陷或弧坑、焊缝尺寸不足、咬边、未熔合、焊缝气孔或夹渣等应在完全清除缺陷后进行焊补。

（4）焊缝或母材的裂纹应采用磁粉、渗透或其他无损检测方法确定裂纹的范围及深度，用砂轮打磨或碳弧气刨清除裂纹及其两端各 50mm 长的完好焊缝或母材，修整表面或磨除气刨渗碳层后，应采用渗透或磁粉探伤方法确定裂纹是否彻底清除，再重新进行焊补；对于拘束度较大的焊接接头的裂纹用碳弧气刨清除前，宜在裂纹两端钻止裂孔。

（5）焊接返修的预热温度应比相同条件下正常焊接的预热温度提高 30～50℃，并应采用低氢焊接材料和焊接方法进行焊接。

（6）返修部位应连续焊接。如中断焊接时，应采取后热、保温措施，防止产生裂纹；厚板返修焊宜采用消氢处理。

（7）焊接裂纹的返修，应由焊接技术人员对裂纹产生的原因进行调查和分析，制定专门的返修工艺方案后进行。

（8）同一部位两次返修后仍不合格时，应重新制定返修方案，并经业主或监理工程师认可后方可实施。

返修焊的焊缝应按原检测方法和质量标准进行检测验收，填报返修施工记录及返修前后的无损检测报告，作为工程验收及存档资料。

任务 3.3　螺栓连接

螺栓连接在金属结构安装中最早使用。19 世纪 30 年代后期，螺栓连接逐渐被铆钉连接代替，仅在构件组装中作为临时固定措施。20 世纪 50 年代出现了高强度螺栓连接方法。高强度螺栓用中碳钢或中碳合金钢制成，其强度比普通螺栓高 2～3 倍。高强度螺栓连接具有施工方便、安全可靠等优点，20 世纪 60 年代以后在一些冶金工厂的钢结构制造安装中开始应用，目前已经成为钢结构主要连接紧固件。

钢结构中使用的连接螺栓一般分普通螺栓和高强度螺栓两种。选用普通螺栓作为连接的紧固件，或选用高强度螺栓但不施加紧固轴力，该连接即为普通螺栓连接，也即通常意义下的螺栓连接；选用高强度螺栓作为连接的紧固件，并通过对螺栓施加紧固轴力而起到连接作用的钢结构连接称为高强度螺栓连接。高强度螺栓连接的工作机理是，通过对高强度螺栓施加紧固轴力，将被连接的连接钢板夹紧产生摩擦效应，当连接接头受外力作用时，外力靠连接板层接触面间的摩擦来传递，应力流通过接触面平滑传递，无应力集中现象。普通螺栓连接在受外力后，节点连接板即产生滑动，外力通过螺栓杆受剪和连接板孔壁承压来传递。

1. 普通螺栓连接

普通螺栓是钢结构中常用的一种螺栓连接件，它通常由螺杆、螺母和垫圈三部分组成。普通螺栓的材料多为碳素钢，具有一定的强度和可靠性，适用于一些不太重要的连接作业。普通螺栓生产完成后，只需要表面清洗干净或是电镀锌处理即可，并不需要热处理，所以称之为普通螺栓。

（1）普通螺栓的种类

普通螺栓按性能等级分为 3.6、4.6、4.8、5.6、5.8、6.8 等几个等级。螺栓性能等级标号由两部分数字组成，分别表示螺栓的公称抗拉强度和材质的屈强比。例如，性能等级 4.6 级的螺栓其含义为：第一部分数字，4.6 中的"4"表示螺栓材质公称抗拉强度为 $400N/mm^2$；第二部分数字，4.6 中的"6"表示螺栓材质屈强比为 0.6，即螺栓材质公称屈服点为 $240N/mm^2$（$400×0.6$）。

普通螺栓按照形式可分为六角头螺栓、双头螺栓、沉头螺栓等；按制作精度可分为 A、B、C 级三个等级，其中，A、B 级为精制螺栓，C 级为粗制螺栓。

粗制螺栓制造工艺相对简单，其表面较粗糙，尺寸不很精确。粗制螺栓通常采用 4.6 级或 4.8 级钢材制造，其螺孔制作是一次冲成或不用钻模钻成，也称为Ⅱ类孔。由于孔径比螺杆直径大 1～1.5mm，因此在制作和安装上都很简便，这是粗制螺栓的优点。粗制螺栓在剪力作用下剪切变形较大，宜用于沿其杆轴方向受拉的连接，也可用于承受静力荷载或间接承受动力荷载的结构中的次要连接，以及不承受动力荷载的可拆卸结构的连接和临时固定构件的安装连接。在一般钢结构中，厂房钢结构的预拼装、铆接构件铆接前的预紧固、高强度螺栓连接前的组装和安装节点焊接前的临时紧固等多采用粗制螺栓连接，粗制螺栓作为永久固定螺栓使用时，需在找正后将其拧紧并采取防松措施。双螺母防松如图 3-24 所示。

图 3-24　双螺母防松

精制螺栓表面光滑，尺寸精确，栓径与孔径之差为 0.2～0.5mm，一般采用钻模钻孔或冲后扩孔，孔壁平滑，质量较高，属于Ⅰ类孔。精制螺栓工作性能较好，能承受剪力和拉力，但其制作和安装精度要求较高，造价较昂贵，一般用于机械产品，在建筑钢结构中极少使用。

（2）螺母和垫圈

钢结构常用的螺母，其公称高度 h 大于或等于 $0.8D$（D 为与其相匹配的螺栓直径），螺母强度设计应选用与之相匹配螺栓中最高性能等级的螺栓强度，当螺母拧紧到螺栓保证荷载时，必须不发生螺纹脱扣。螺母的螺纹应和螺栓相一致，一般应为粗牙螺纹（除非特殊注明用细牙螺纹），螺母的机械性能主要是螺母的保证应力和硬度，其值应符合《紧固件机械性能　螺母》GB/T 3098.2—2015 的规定。

常用钢结构螺栓连接的垫圈，按形状及其使用功能可以分成以下几类：

1）圆平垫圈：一般放置于紧固螺栓头及螺母的支承面下面，用以增加螺栓头及螺母的支承面，同时防止被连接件表面损伤。

2）方形垫圈：一般置于地脚螺栓头及螺母支承面下，用以增加支承面及遮盖较大螺栓孔眼。

3）斜垫圈：主要用于工字钢、槽钢翼缘倾斜面的垫平，使螺母支承面垂直于螺杆，避免紧固时造成螺母支承面和被连接的倾斜面局部接触。

4）弹簧垫圈：防止螺栓拧紧后在动载作用下的振动和松动，依靠垫圈的弹性功能及斜口摩擦面防止螺栓的松动，一般用于有动荷载（振动）或经常拆卸的结构连接处。

（3）普通螺栓施工

普通螺栓可采用普通扳手紧固，螺栓紧固应使被连接件接触面、螺栓头和螺母与构件表面密贴。普通螺栓紧固应从中间开始，对称向两边进行，大型接头宜采用复拧。

1）接头组装

对接触面进行清理，当板不平直时，应在平直达到要求以后才能组装。接触面不能有油漆、污泥，孔的周围不应有毛刺，应对待装接触面用钢丝刷清理。遇到安装孔有问题时，不得用氧-乙炔扩孔，应用扩孔钻床扩孔，扩孔后应重新清理孔周围毛刺。

螺栓连接面板间应紧密贴实，对因板厚公差、制造偏差或安装偏差等产生的接触面高度差（不平度）不应超过 0.5mm；对接配件在平面上的差值超过 0.5～3.0mm 时，应将较高的配件高出部分制作成 1：10 的斜坡，斜坡不得用火焰切割；当高度差超过 3.0mm 时，必须设置和该结构相同钢号的钢板制作而成的垫板，并用连接配件相同的加工方法对垫板的两侧进行加工。

2）连接安装要求

普通螺栓作为永久性连接螺栓时，紧固连接应符合下列规定：

① 螺栓头和螺母侧应分别放置平垫圈，螺栓头侧放置的垫圈不应多于 2 个，螺母侧放置的垫圈不应多于 1 个。

② 承受动力荷载或重要部位的螺栓连接，设计有防松动要求时，应采取有防松动装置的螺母或弹簧垫圈，弹簧垫圈应放置在螺母侧。

③ 对工字钢、槽钢等有斜面的螺栓连接，宜采用斜垫圈。

④ 同一个连接接头螺栓数量不应少于 2 个。

⑤ 螺栓紧固后外露丝扣不应少于 2 扣，紧固质量检验可采用锤敲检验。

3）螺栓紧固及检验

普通螺栓连接对螺栓紧固轴力没有要求，因此螺栓的紧固施工以操作者的手感及连接接头的外形控制为准，通俗地讲就是一个操作工使用普通扳手靠自己的力量拧紧螺母即可，保证被连接接触面能密贴，无明显的间隙，这种紧固施工方式虽然有很大的差异性，但能满足连接要求。

普通螺栓连接螺栓紧固检验比较简单，一般采用锤击法，即用 3kg 小锤，一手扶螺栓头（或螺母），另一手用锤敲，要求螺栓头（螺母）不偏移、不颤动、不松动，锤声比较干脆，否则说明螺栓紧固质量不好，需要重新紧固施工。

3-5

普通螺栓
紧固与检验

2. 高强度螺栓连接

高强度螺栓连接已经发展成为与焊接并举的钢结构主要连接形式之一，它具有受力性能好、耐疲劳、抗震性能好、连接刚度高、施工简便等优点，被广泛地应用在建筑钢结构和桥梁钢结构的工地连接中，成为钢结构安装的主要手段之一。

高强度螺栓连接按其受力状况，可分为摩擦型连接、承压型连接两种类型，其中摩擦型连接是目前广泛采用的基本连接形式。

摩擦型连接：这种连接接头处用高强度螺栓紧固，使连接板层夹紧，利用由此产生于连接板层之间接触面间的摩擦力来传递外荷载。高强度螺栓在连接接头中不受剪力，只受拉力，并由此给连接件之间施加了接触压力，这种连接应力由静摩擦力均匀抵抗，接头刚性好，通常所指的高强度螺栓连接，即为摩擦型连接，其极限破坏状态即为连接接头滑移。

承压型连接：对于高强度螺栓连接接头，当外力超过摩擦阻力后，接头发生明显的滑移，高强度螺栓杆与连接板孔壁接触并受力，这时外力靠连接接触面间的摩擦力、螺栓杆剪切及连接板孔壁承压三方共同传递，其极限破坏状态为螺栓剪断或连接板承压破坏。该种连接承载力高，可以利用螺栓和连接板的极限破坏强度，经济性能好，但连接变形大，不得用于直接承受动力荷载重复作用且需要进行疲劳计算的构件连接，以及连接变形对结构承载力和刚度等影响敏感的构件连接。

根据螺栓构造及施工方法不同，高强度螺栓可分为高强度大六角头螺栓、扭剪型高强度螺栓两类。高强度大六角头螺栓连接副应由一个螺栓、一个螺母和两个垫圈组成；扭剪型高强度螺栓连接副应由一个螺栓、一个螺母和一个垫圈组成。高强度螺栓连接副的使用组合见表 3-12。

高强度螺栓连接副的使用组合 表 3-12

螺栓	螺母	垫圈
10.9 级	10H	(35~45)HRC
8.8 级	8H	(35~45)HRC

（1）高强度螺栓材料

高强度螺栓按材料性能等级可分为 8.8 级、10.9 级、12.9 级等，目前我国使用的高强度大六角头螺栓有 8.8 级和 10.9 级两种，扭剪型高强度螺栓只有 10.9 级一种。从世界各国高强度螺栓发展过程来看，过高的螺栓强度会带来螺栓的滞后断裂问题，造成工程隐患，经过试验研究和工程实践，发现强度在 1000MPa 左右的高强度螺栓既能满足使用要求，又可最大限度地控制因强度太高而引起的滞后断裂的发生。各国高强度螺栓性能对比见表 3-13。

各国高强度螺栓性能对比　　　　表 3-13

国家	标准	性能等级	螺栓类别	抗拉强度（MPa）	延伸率（%）	硬度 HRC
中国	GB/T 1231—2024	8.8 级、10.9 级	大六角头	830、1040	10	24～31
		10.9 级	扭剪型	1040	12	33～39
美国	A325	8.8 级	大六角头	844	14	23～32
	A490	10.9 级		1055	14	32～38
日本	JIS 1311B6 JSSⅡ09	F8T、F10T	大六角头	800～1000	16	18～31
		F10T	扭剪型	1000～1200	14	27～38
德国	DIN267	10K	大六角头	1000～1200	8	

　　钢结构连接用高强度螺栓连接副的品种、规格、性能应符合国家现行标准的规定并满足设计要求。施工使用的高强度大六角头螺栓连接副的材质、性能等应符合《钢结构用高强度大六角头螺栓连接副》GB/T 1231—2024 的规定；扭剪型高强度螺栓连接副的材质、性能等应符合《钢结构用扭剪型高强度螺栓连接副》GB/T 3632—2008 的规定。高强度大六角头螺栓连接副推荐材料见表 3-14，扭剪型高强度螺栓连接副性能等级匹配及推荐材料表见表 3-15。

高强度大六角头螺栓连接副推荐材料　　　　表 3-14

类别	性能等级	推荐材料	材料标准号	适用规格
螺栓	10.9 级	20MnTiB		＜M24
		40B		＜M24
		35VB		＜M30
	8.8 级	45 号	GB/T 1231—2024	＜M22
		35 号		＜M16
螺母	10H	45 号、35 号		
		15MnVB		
垫圈	8H	35 号		
	HRC35～45	45 号、35 号		

扭剪型高强度螺栓连接副性能等级匹配及推荐材料　　　　表 3-15

类别	性能等级	推荐材料	材料标准
螺栓	10.9 级	20MnTiB	GB/T 3632—2008
螺母	10H	45 号、35 号钢	GB/T 3632—2008
		15MnVB	GB/T 3632—2008
垫圈	HRC 35～45	45 号、35 号钢	GB/T 3632—2008

　　高强度大六角头螺栓连接副应随箱带有扭矩系数检验报告，扭剪型高强度螺栓连接副应随箱带有紧固轴力（预拉力）检验报告。高强度大六角头螺栓连接副和扭剪型高强度螺栓连接副进场时，应按国家现行标准的规定抽取试件且应分别进行扭矩系数和紧固轴力

（预拉力）检验，检验结果应符合国家现行标准的规定。

建筑结构安全等级为一级，跨度为 40m 及以上的螺栓球节点钢网架结构，其连接高强度螺栓应进行表面硬度试验，8.8 级的高强度螺栓其表面硬度应为 HRC21～29，10.9 级的高强度螺栓其表面硬度应为 HRC32～36，且不得有裂纹或损伤。

（2）连接构造

每一杆件在高强度螺栓连接节点及拼接接头的一端，其连接的高强度螺栓数量不应少于 2 个。当型钢构件的拼接采用高强度螺栓时，其拼接件宜采用钢板；当连接处型钢斜面斜度大于 1/20 时，应在斜面上采用斜垫板。

3-6

高强度螺栓构造

高强度螺栓连接的构造应符合下列规定：

1）高强度螺栓孔径应按表 3-16 匹配，承压型连接螺栓孔径不应大于螺栓公称直径 2mm。

高强度螺栓连接的孔径匹配（mm）　　　　　表 3-16

螺栓公称直径				M12	M16	M20	M22	M24	M27	M30
孔型	标准圆孔	直径		13.5	17.5	22	24	26	30	33
	大圆孔	直径		16	20	24	28	30	35	38
	槽孔	长度	短向	13.5	17.5	22	24	26	30	33
			长向	22	30	37	40	45	50	55

2）不得在同一个连接摩擦面的盖板和芯板同时采用扩大孔型（大圆孔、槽孔）。

3）当盖板按大圆孔、槽孔制孔时，应增大垫圈厚度或采用孔径与标准垫圈相同的连续型垫板。垫圈或连续垫板厚度应符合下列规定：

① M24 及以下规格的高强度螺栓连接副，垫圈或连续垫板厚度不宜小于 8mm；

② M24 以上规格的高强度螺栓连接副，垫圈或连续垫板厚度不宜小于 10mm；

③ 冷弯薄壁型钢结构的垫圈或连续垫板厚度不宜小于连接板（芯板）厚度。

4）高强度螺栓孔距和边距的容许间距应按照表 3-17 的规定采用。

高强度螺栓孔距和边距的容许间距（表中 t 为钢板厚度，d_0 为螺栓孔径）　　表 3-17

名称	位置和方向			最大容许间距 （两者较小值）	最小容许间距
中心间距	外排(垂直内力方向或顺内力方向)			$8d_0$ 或 $12t$	$3d_0$
	中间排	垂直内力方向		$16d_0$ 或 $24t$	
		顺内力方向	构件受压力	$12d_0$ 或 $18t$	
			构件受拉力	$16d_0$ 或 $24t$	
	沿对角线方向			—	
中心至构件 边缘距离	顺着力的方向			$4d_0$ 或 $8t$	$2d_0$
	切割边或自动手工气割边				$1.5d_0$
	轧制边、自动气割或锯割边				

5）设计布置螺栓时，应考虑工地专用施工工具的可操作空间要求。常用扳手可操作空间尺寸宜符合表 3-18 的要求。

施工扳手可操作空间尺寸（表中 d_0 为螺栓孔径）　　　表 3-18

扳手种类		参考尺寸(mm)		示意图
		a	b	
手动定扭矩扳手		1.5d_0 且不小于 45	140+c	
扭剪型电动扳手		65	530+c	
大六角电动扳手	M24 及以下	50	450+c	
	M24 以上	60	500+c	

（3）高强度螺栓的规定

高强度螺栓连接在施工前应对连接副实物和摩擦面进行检验和复验，合格后才能进入安装施工。高强度螺栓长度 l 应保证在终拧后，螺栓外露丝扣为 2～3 扣，其长度应按式（3-1）计算。当高强度螺栓公称直径确定之后，高强度螺栓附加长度 Δl 可按表 3-19 取值。但采用大圆孔或槽孔时，高强度垫圈公称厚度应按实际厚度取值。高强度螺栓长度按修约间隔 5mm 进行修约，修约后的长度为螺栓公称长度。

$$l = l' + \Delta l \tag{3-1}$$

式中：l'——连接板层总厚度（mm）；

　　Δl——附加长度（mm），$\Delta l = m + n_w s + 3p$；

　　m——高强度螺母公称厚度（mm）；

　　n_w——垫圈个数；扭剪型高强度螺栓为 1，高强度大六角头螺栓为 2；

　　s——高强度垫圈公称厚度（mm）；

　　p——螺纹的螺距（mm）。

高强度螺栓附加长度 Δl（mm）　　　表 3-19

螺栓公称直径	M12	M16	M20	M22	M24	M27	M30
高强度螺母公称厚度	12.0	16.0	20.0	22.0	24.0	27.0	30.0
高强度垫圈公称厚度	3.00	4.00	4.00	5.00	5.00	5.00	5.00
螺纹的螺距	1.75	2.00	2.50	2.50	3.00	3.00	3.50
高强度大六角头螺栓附加长度	23.0	30.0	35.5	39.5	43.0	46.0	50.5
扭剪型高强度螺栓附加长度	—	26.0	31.5	34.5	38.0	41.0	45.5

对因板厚公差、制造偏差或安装偏差等产生的接触面间隙，应按照表 3-20 的规定进行处理。

接触面间隙处理　　　表 3-20

项目	示意图	处理方法
1		$\Delta < 1.0$mm 时，不予处理
2	磨斜面	$\Delta = (1.0～3.0)$mm 时，将厚板一侧磨成 1：10 缓坡，使间隙小于 1.0mm

续表

项目	示意图	处理方法
3		△＞3.0mm 时，加垫板，垫板厚度不小于 3mm，最多不超过 3 层，垫板材质和摩擦面处理方法应与构件相同

对每一个连接接头，应先用临时螺栓或冲钉定位，为防止损伤螺纹引起扭矩系数的变化，严禁把高强度螺栓作为临时螺栓使用。对一个接头来说，临时螺栓和冲钉的数量原则上应根据该接头可能承担的荷载计算确定，并应符合下列规定：

1）不得少于安装螺栓总数的 1/3。

2）不得少于两个临时螺栓。

3）冲钉穿入数量不宜多于临时螺栓数量的 30％。

高强度螺栓的安装应在结构构件中心位置调整后进行，其穿入方向应以施工方便为准，并力求一致。高强度螺栓连接副组装时，螺母带圆台面的一侧应朝向垫圈有倒角的一侧。对于高强度大六角头螺栓连接副组装时，螺栓头下垫圈有倒角的一侧应朝向螺栓头。

安装高强度螺栓时，严禁强行穿入。当不能自由穿入时，该孔应用铰刀进行修整，修整后孔的最大直径不应大于 1.2 倍螺栓直径，且修孔数量不应超过该节点螺栓数量的 25％。修孔前应将四周螺栓全部拧紧，使板达密贴后再进行铰孔，严禁气割扩孔。

主要构件连接和直接承受动力荷载重复作用且需要进行疲劳计算的构件，其连接高强度螺栓孔应采用钻孔成型；次要构件连接且板厚小于或等于 12mm 时可采用冲孔成型，孔边应无飞边、毛刺。钻孔后的钢板表面应平整、孔边无飞边和毛刺，连接板表面应无焊接飞溅物、油污等。高强度螺栓连接构件制孔允许偏差见表 3-21。

3-7
高强度螺栓连接施工

高强度螺栓连接构件制孔允许偏差（mm）　　　表 3-21

公称直径			M12	M16	M20	M22	M24	M27	M30
孔型	标准圆孔	直径	13.5	17.5	22.0	24.0	26.0	30.0	33.0
		允许偏差	+0.43 0	+0.43 0	+0.52 0	+0.52 0	+0.52 0	+0.84 0	+0.84 0
		圆度	1.00			1.50			
	大圆孔	直径	16.0	20.0	24.0	28.0	30.0	35.0	38.0
		允许偏差	+0.43 0	+0.43 0	+0.52 0	+0.52 0	+0.52 0	+0.84 0	+0.84 0
		圆度	1.00			1.50			
	槽孔	长度 短向	13.5	17.5	22.0	24.0	26.0	30.0	33.0
		长度 长向	22.0	30.0	37.0	40.0	45.0	50.0	55.0
		允许偏差 短向	+0.43 0	+0.43 0	+0.52 0	+0.52 0	+0.52 0	+0.84 0	+0.84 0
		允许偏差 长向	+0.84 0	+0.84 0	+1.00 0	+1.00 0	+1.00 0	+1.00 0	+1.00 0
中心线倾斜度			应为板厚的 3%，且单层板应为 2.0mm，多层板叠一起的组合应为 3.0mm						

（4）高强度大六角头螺栓紧固

高强度大六角头螺栓连接副施拧可采用扭矩法或转角法。高强度大六角头螺栓施工所用的扭矩扳手，使用前必须校正，其扭矩相对误差应为±5％，合格后方准许使用；校正用的扭矩扳手，其扭矩相对误差应为±3％。高强度大六角头螺栓拧紧时，应只在螺母上施加扭矩。

1）扭矩法

为保证高强度大六角头螺栓紧固后有足够的预拉力。施拧应分为初拧和终拧，当单列螺栓个数超过15时，可认为是属于大型接头，大型接头应在初拧和终拧间增加复拧。初拧扭矩可取施工终拧扭矩的50％，复拧扭矩应等于初拧扭矩。终拧扭矩应按式（3-2）计算：

$$T_c = kP_c d \qquad\qquad (3-2)$$

式中：d——高强度螺栓公称直径（mm）；

$\quad k$——高强度螺栓连接副的扭矩系数平均值；

$\quad P_c$——高强度螺栓施工预拉力（kN），按表 3-22 取值；

$\quad T_c$——施工终拧扭矩（N·m）。

高强度大六角头螺栓施工预拉力（kN） 表 3-22

螺栓性能等级	螺栓公称直径						
	M12	M16	M20	M22	M24	M27	M30
8.8 级	50	90	140	165	195	255	310
10.9 级	60	110	170	210	250	320	390

高强度螺栓连接副的扭矩系数 k 是衡量高强度螺栓质量的主要指标，是一个具有一定离散性的综合拆减系数，《钢结构用高强度大六角头螺栓连接副》GB/T 1231—2024 规定高强度大六角头螺栓连接副必须按批保证扭矩系数供货，同批连接副的扭矩系数平均值为 0.110～0.150，其标准偏差应小于或等于 0.010。高强度大六角头螺栓连接副进场时，应抽取试件进行扭矩系数检验。

高强度螺栓在初拧、复拧和终拧时，连接处的螺栓应按一定顺序施拧，确定施拧顺序的原则为由螺栓群中央顺序向外拧紧，或从接头刚度大的部位向约束小的方向拧紧。几种常见接头螺栓施拧顺序应符合下列规定：

① 一般接头应从接头中心顺序向两端进行，如图 3-25（a）所示。

② 箱形接头应按 A、C、B、D 的顺序进行，如图 3-25（b）所示。

③ H 形梁接头螺栓群应按①～⑥顺序进行，如图 3-25（c）所示。

④ 工字形柱对接螺栓紧固顺序为先翼缘后腹板。

⑤ 两个或多个接头螺栓群的拧紧顺序应先主要构件接头，后次要构件接头。

扭矩法施工的紧固质量检验应采用小锤（约 0.3kg）敲击螺母对高强度螺栓进行普查，用手指紧按住螺母的一边，按的位置尽量靠近螺母垫圈处，然后小锤敲击螺母相对应的另一边，如手指感到轻微颤动即为合格，颤动较大即为欠拧或漏拧，完全不颤动即为超拧。终拧扭矩的检查应按节点数抽查10％，且不应少于10个节点，对每个被抽查节点应按螺栓数抽查10％，且不应少于2个螺栓。检查时，先在螺杆端面和螺母

3-8

高强度螺栓
紧固与防松

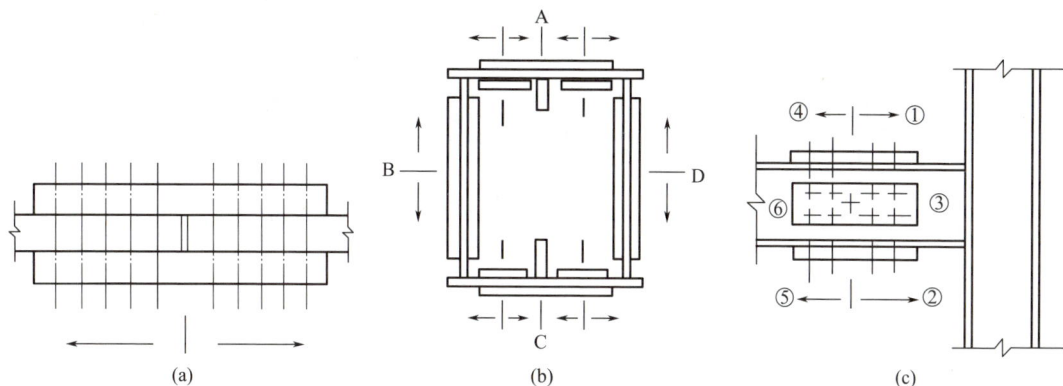

图 3-25　螺栓紧固顺序

（a）一般接头；（b）箱形接头；（c）H 形梁接头

上画一直线，然后将螺母拧松约 60°，再用扭矩扳手重新拧紧，使两线重合，测得此时的扭矩为终拧扭矩的 0.9～1.1 倍即为合格。如发现有不合格的，应再扩大 1 倍检查，如仍有不合格者，则整个节点的高强度螺栓应重新施拧。扭矩检查宜在螺栓终拧 1h 以后、24h 之前完成，检查用的扭矩扳手，其相对误差应为±3%。

2）转角法

因扭矩系数 k 的离散性，特别是螺栓制造质量或施工管理不善，在实际施工中，每个螺栓连接副的 k 值都不相同，采用扭矩法施工，相同的拧紧力矩可能会得到不同的预拉力，并最终导致轴向预拉力的离散性，欠拧或超拧问题突出。为解决这一问题，引入转角法施工，即利用螺母旋转角度以控制螺杆弹性伸长量来控制螺栓轴向力的方法。

试验结果表明，螺栓在初拧以后，锁紧至"密贴"状态，连接板件之间基本没有缝隙。在此基础上，再旋转螺母即对螺栓施加预拉力，螺母的旋转角度与螺栓预拉力呈对应关系。根据这种关系，在确定了螺栓的施工预拉力后，就很容易得到螺母的旋转角度，施工操作人员按照此旋转角度紧固施工，就可以满足设计上对螺栓预拉力的要求，这就是转角法施工的基本原理。

转角法施工是一种高强度螺栓紧固的方法，其核心在于通过控制螺栓与螺母之间的相对转角来确保螺栓的紧固程度，这种方法特别适用于高强度螺栓连接副的紧固，因为它能够确保螺栓在连接中达到所需的预拉力，从而保证连接的安全性和可靠性。转角法施工的操作过程一般分为两个阶段：初拧阶段，使用某一固定扭矩拧紧螺母，使螺栓紧锁至"密贴"状态，初拧阶段的扭矩值，对于常用螺栓（M20、M22、M24），扭矩值定在 200～300N·m 比较合适；终拧阶段，在完成初拧的螺母和螺栓上面通过圆心画一条标志线，用扳手转动螺母使标志线转动一定的角度，使连接副达到紧固要求。初拧（复拧）后高强度大六角头螺栓连接副的终拧转角见表 3-23。

初拧（复拧）后高强度大六角头螺栓连接副的终拧转角　　　　　　表 3-23

螺栓长度 L 范围	螺母转角	连接状态
$L \leqslant 4d$	1/3 圈（120°）	
$4d < L \leqslant 8d$ 或 200mm 及以下	1/2 圈（180°）	连接形式为一层芯板加两层盖板
$8d < L \leqslant 12d$ 或 200mm 以上	2/3 圈（240°）	

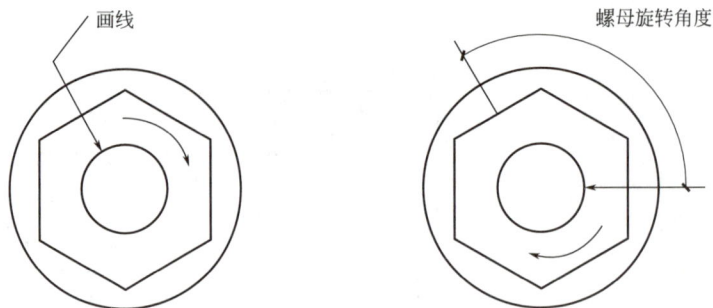

图 3-26　转角法施工示意图

转角法施工的紧固质量检验应普查初拧后在螺母与相对位置所画的终拧起始线和终止线所夹的角度应达到规定值。转角法施工示意图如图 3-26 所示。终拧转角应按节点数抽查 10%，且不应少于 10 个节点；对每个被抽查节点按螺栓数抽查 10%，且不应少于 2 个螺栓。检查时，在螺杆端面和螺母相对位置画线，然后全部卸松螺母，再按规定的初拧扭矩和终拧角度重新拧紧螺栓，测量终止线与原终止线画线间的角度，误差在 ±30° 者为合格。如发现有不符合规定的，应再扩大 1 倍检查，如仍有不合格者，则整个节点的高强度螺栓应重新施拧。转角检查宜在螺栓终拧 1h 以后、24h 之前完成。

（5）扭剪型高强度螺栓紧固

扭剪型高强度螺栓和高强度大六角头螺栓在材料、性能等级及紧固后连接的工作性能等方面都是相同的，所不同的是外形和紧固方法。扭剪型高强度螺栓是一种自标量型（扭矩系数）的螺栓，其紧固方法采用扭矩法原理，施工扭矩是由螺栓尾部梅花头的切口直径来确定的。

1）紧固原理。扭剪型高强度螺栓紧固过程如图 3-27 所示。扭剪型高强度螺栓的紧固采用专用电动扳手，扳手的扳头由内外两个套筒组成，内套筒套在梅花头上，外套筒套在螺母上。在紧固过程中，梅花头承受紧固螺母所产生的反扭矩，此扭矩与外套筒施加在螺母上的扭矩大小相等、方向相反，螺栓尾部梅花头切口处承受该纯扭矩作用。当加于螺母的扭矩值增加到梅花头切口扭断力矩时，切口断裂，紧固过程完毕，因此施加螺母的最大扭矩即为梅花头切口的扭断力矩。

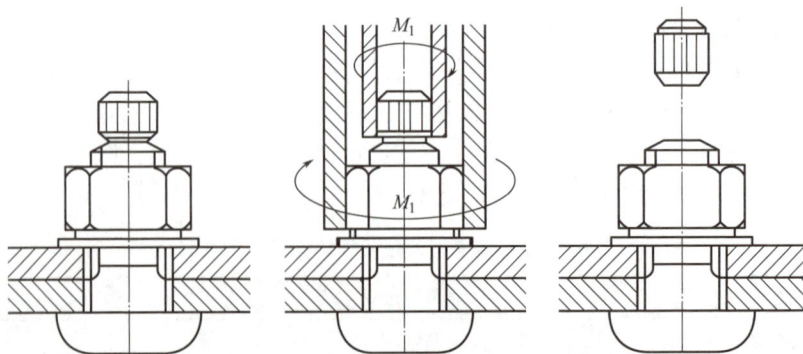

图 3-27　扭剪型高强度螺栓紧固过程

2）紧固轴力。高强度大六角头螺栓连接副在出厂时，制造商应提供扭矩系数值及变异系数，同样，扭剪型高强度螺栓连接副在出厂时，制造商也应提供螺栓的紧固轴力及其变异系数。在进入工地安装前，需要对连接副进行紧固轴力的复验，复验用的螺栓、螺母、垫圈必须从同批连接副中随机取样，按批量大小一般取5～10套，且试验状态应与螺栓使用状态相同。试验应在国家认可的有资质的检测单位进行，试验使用的轴力计应经过计量认证。

3）连接副紧固施工。扭剪型高强度螺栓连接副紧固施工相对于高强度大六角头螺栓连接副紧固施工要简便得多，正常的情况采用专用的电动扳手进行终拧，梅花头拧掉标志着螺栓终拧的结束，对检查人员来说也很直观明了，只要检查梅花头是否拧掉即可。

为了减少接头中螺栓群间相互影响及消除连接板面间的缝隙，紧固要分初拧和终拧两个步骤进行，对于大型接头还要进行复拧。对常用规格的高强度螺栓，扭剪型高强度螺栓连接副的初拧（复拧）扭矩值可按表 3-24 选取。

扭剪型高强度螺栓连接副的初拧（复拧）扭矩值（N·m）　　　　　表 3-24

螺栓公称直径	M16	M20	M22	M24	M27	M30
初拧扭矩	115	220	300	390	560	760

由于扭剪型高强度螺栓是利用螺尾梅花头切口的扭断力矩来控制紧固扭矩的，所以用专用扳手进行终拧时，螺母一定要处于转动状态，即在螺母转动一定角度后扭断切口，才能起到控制终拧扭矩的作用。否则，由于初拧扭矩达到或超过切口扭断扭矩或出现其他一些不正常情况，终拧时螺母不再转动切口即被拧断，失去了控制作用，螺栓紧固状态成为未知，造成工程安全隐患。

扭剪型高强度螺栓终拧过程如下：

① 先将扳手内套筒套入梅花头上，再轻压扳手，再将外套筒套在螺母上。

② 完成上一项操作后最好晃动一下扳手，确认内、外套筒均已套好，且调整套筒与连接板面垂直。

③ 按下扳手开关，外套筒旋转，直至切口拧断。

④ 切口断裂后，扳手开关关闭，将外套筒从螺母上卸下，此时注意拿稳扳手，特别是高空作业。

⑤ 启动顶杆开关，将内套筒中已拧掉的梅花头顶出，梅花头应收集在专用容器内，禁止随便丢弃，特别是高空坠落伤人。

（6）高强度螺栓连接摩擦面

对于高强度螺栓连接，无论是摩擦型还是承压型连接，连接板接触摩擦面的抗滑移系数都是影响连接承载力的重要因素之一。对某一个特定的连接节点，当其连接螺栓规格与数量确定后，摩擦面的处理方法及抗滑移系数会成为确定摩擦型连接承载力的主要参数，因此对高强度螺栓连接施工，连接板摩擦面处理是非常重要的一环。

1）影响摩擦面抗滑移系数的因素。

① 摩擦面处理方法及生锈时间。摩擦面处理通常采用喷砂（丸）、酸洗（化学处理）、人工打磨等三种基本方法，三种处理方法所得到的表面粗糙度略有不同，其摩擦的抗滑移

系数也有所差异；另外，摩擦面处理后经生锈的粗糙度普遍高于未经生锈摩擦面的粗糙度，即生成浮锈后摩擦面抗滑移系数值要大于未生锈的值，根据不同的处理方法一般要大10%～30%。通常最佳生锈时间为60d，除掉浮锈后进行工地安装效果更好。

② 摩擦面状态。连接板摩擦面状态如表面涂防锈漆、面漆、防腐涂层、镀锌等都对摩擦面抗滑移系数有重要影响。一般地讲，对重要的受力节点，会在摩擦面处限制或禁止使用涂层，因为涂层对摩擦面抗滑移系数有降低的影响；同时由于涂层在高压下的蠕变会引起螺栓轴向预拉力的损失，从而降低连接承载力。

③ 连接板的母材钢种。从摩擦力的原理来看，两个粗糙面接触时，接触面相互啮合，摩擦力就是所有这些啮合点的切向阻力的总和。由于连接板钢材的强度和硬度不同，克服摩擦力所做的功也不相同。对于高强度螺栓连接，有效抗滑面积（3倍螺栓直径）范围内，粗糙面的尖端，在紧固螺栓后发生了相互压入和啮合，同时在相互接触的表面分子有吸力，因此钢种强度和硬度越高的，克服粗糙面所需的抗滑力越大，就是说摩擦面的抗滑移系数随着连接板母材强度和硬度的增高而增大。对于我国目前常用的 Q235 和 Q355 钢来说，Q355 钢表面抗滑移系数要比 Q235 钢高约 15%～25%。

④ 连接板厚度。摩擦面抗滑移系数随连接板厚度的增加而趋于减小，例如连接板厚度为 16mm 的值要比 9mm 的值低 10%左右。

⑤ 环境温度。钢结构处在高温情况下的最大弱点是受热而变软，对接头的承载力带来很大的影响，会导致抗滑移系数较为明显地降低。试验结果表明，当温度在 200℃时，其抗滑移系数值比常温状态降低约 9%～16%；当温度上升到 350℃时，则抗滑移系数下降 30%；当温度上升到 450℃时，抗滑移系数会急剧下降，减少 70%，约为常温值的 30%。因此，一般要求摩擦型高强度螺栓连接的环境温度不能超过 350℃。

⑥ 摩擦面重复使用。试验结果表明，滑移以后的摩擦面栓孔周围的粗糙面变得平滑发亮，其抗滑移系数会降低 3%～30%。

2) 摩擦面的常用处理方法。一般摩擦面结合钢构件表面一并进行处理，但不用涂防锈底漆。摩擦面的常用处理方法如下：

① 喷砂（丸）法。利用压缩空气为动力，将砂（丸）直接喷射到钢板表面使钢板表面达到一定的粗糙度，把铁锈除掉。试验结果表明，经过喷砂（丸）处理过的摩擦面，在露天生锈一段时间，安装前除掉浮锈，能够得到比较大的抗滑移系数，理想的生锈时间为 60～90d。

② 化学处理酸洗法。首先，将加工完的构件浸入酸洗槽中，硫酸浓度为 18%（质量比），内加少量硫脲，温度为 70～80℃，停留时间为 30～40min，其停留时间不能过长，否则酸洗过度，钢材厚度会减薄；然后放入石灰槽中中和，中和使用的石灰水，温度为 60℃左右，钢材放入停留 1～2min 提起，然后继续放入水槽中 1～2min，再转入清洗工序；接着用清水清洗，清洗的水温为 60℃左右，清洗 2 或 3 次；最后用 pH 试纸检查中和清洗程度，无酸、无锈和洁净为合格。

③ 砂轮打磨法。对于小型工程或已有建筑物加固改造工程，常常采用手工方法进行摩擦面处理，砂轮打磨是最直接、最简便的方法。试验结果表明，砂轮打磨以后，露天生锈 60～90d，摩擦面的粗糙度能达到 50～55μm。

④ 钢丝刷人工除锈。用钢丝刷将摩擦面处的铁屑、浮锈、灰尘、油污等污物刷掉，

使钢材表面露出金属光泽，此法一般用在不重要的结构或受力不大的连接处，摩擦面抗滑移系数在 0.3 左右。

3）摩擦面抗滑移系数检验。摩擦面抗滑移系数检验主要是检验经处理后的摩擦面，其抗滑移系数能否达到设计要求。当检验试验值高于设计值时，说明摩擦处理满足要求；当试验值低于设计值时，摩擦面需重新处理，直至达到设计要求。

摩擦面的抗滑移系数检验可按下列规定进行：

抗滑移系数检验应以钢结构制造批（验收批）为单位，由制造厂和安装单位分别进行，每一批进行三组试件检验。以单项工程每 2000t 为一制造批，不足 2000t 视作一批。当单项工程的构件摩擦面选用两种及两种以上表面处理工艺时，则每种表面处理工艺均需检验。抗滑移系数检验的最小值必须等于或大于设计规定值。

抗滑移系数检验用的试件应由制造厂加工，试件与所代表的构件应为同一材质、同一摩擦面处理工艺、同批制作、使用同一性能等级及同一直径的高强度螺栓连接副，并在相同条件下同时发运。

抗滑移系数试件的形式和尺寸如图 3-28 所示。

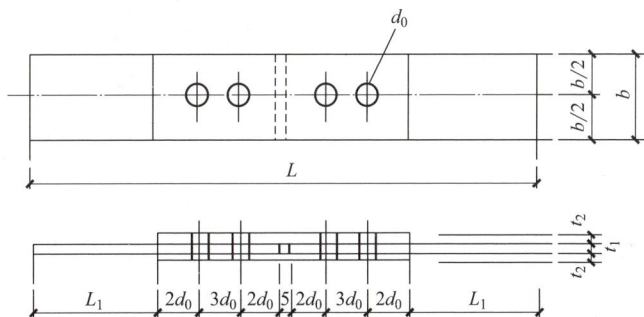

图 3-28　抗滑移系数试件的形式和尺寸

抗滑移系数检验应在拉力试验机上进行，并测出其滑移荷载。试验时，试件的轴线应与试验机夹具中心严格对中。

抗滑移系数试验值按式（3-3）计算：

$$\mu = \frac{N}{n_f \cdot \sum P_t} \tag{3-3}$$

式中：N——滑移荷载；

　　　n_f——传力摩擦面数目，$n_f = 2$；

　　　P_t——高强度螺栓预拉力实测值（误差小于或等于 2%），试验时控制在 $0.95P \sim 1.05P$ 范围内，其中 P 为预拉力设计值；

　$\sum P_t$——与试件滑动荷载一侧对应的高强度螺栓预拉力之和。

抗滑移系数检验的最小值必须大于或等于设计规定值；当不符合上述规定时，构件摩擦面应重新处理；处理后的构件摩擦面应按规定重新检验。

（7）高强度螺栓连接副的储运与保管

高强度螺栓不同于普通螺栓，它是一种具备强大紧固能力的紧固件，其储运与保管的要求比较高，根据其紧固原理，要求在出厂后至安装前的各个环节必须保持高强度螺栓连接副的出厂状态，即保持同批高强度大六角头螺栓连接副的扭矩系数和标准偏差不变；保持扭剪型高强度螺栓连接副的轴力及标准偏差不变。对于高强度大六角头螺栓连接副来讲，假如状态发生变化，可以通过调整施工扭矩来补救，但扭剪型高强度螺栓连接副却没有补救的机会，只有改用扭矩法或转角法施工来解决。

1) 影响高强度螺栓连接副紧固质量的因素

对于高强度螺栓来讲，当螺栓强度一定时，大六角头螺栓的扭矩系数和扭剪型螺栓的紧固轴力就成为影响施工质量的主要参数，而影响连接副扭矩系数及紧固轴力的主要因素有：

① 连接副表面处理状态。每一个连接副包括一个螺栓，一个螺母，两个垫圈。

② 垫圈和螺母支承之间的摩擦状态。

③ 螺栓螺纹和螺母螺纹之间的咬合及摩擦状态。

④ 扭剪型高强度螺栓的切口直径。

从高强度螺栓紧固原理来讲，不难理解上述四项主要因素。在紧固螺栓时，外加扭矩所做的功除了使螺栓本身伸长，从而产生轴向拉力外，同时还要克服垫圈与螺母支承面间的摩擦及螺栓螺纹与螺母螺纹之间的摩擦功。通俗讲就是外加扭矩所做的功分为有用功和无用功两部分。例如，螺栓、螺母、垫圈表面处理不好，有生锈、污物或表面润滑状态发生变化，或螺栓螺纹及螺母螺纹损伤等在储运和保管过程中容易发生的问题，就会加大无用功的份额，导致在同样的施工扭矩值下，螺栓的紧固轴力就达不到要求。

2) 高强度螺栓连接副的储运与保管要求

高强度螺栓连接副应由制造厂按批配套供应，每个包装箱内都必须配套装有螺栓、螺母及垫圈；包装箱应能满足储运的要求，并具备防水、密封的功能；包装箱内应带有产品合格证和质量保证书；包装箱外表面应注明批号、规格及数量。

在运输、保管及使用过程中应轻装轻卸，防止损伤螺纹；螺纹损伤严重或雨淋过的螺栓不应使用。

螺栓连接副应成箱在室内仓库保管，地面应有防潮措施，并按批号、规格分类堆放，保管使用中不得混批。高强度螺栓连接副包装箱码放底层应架空，距地面高度大于300mm，码高一般不大于5～6层。

使用前尽可能不要开箱，以免破坏包装的密封性；开箱取出部分螺栓后也应原封包装好，以免沾染灰尘和锈蚀。

高强度螺栓连接副在安装使用时，工地应按当天计划使用的规格和数量领取，当天安装剩余的也应妥善保管，有条件的应送回仓库保管。

在安装过程中，应注意保护螺栓，不得沾染泥沙等脏物和碰伤螺纹。使用过程中如发现异常情况，应立即停止施工，经检查确认无误后再行施工。

高强度螺栓连接副的保管时间不应超过6个月。当由于停工、缓建等原因，保管周期超过6个月时，若再次使用须按要求进行扭矩系数试验或紧固轴力试验，检验合格后方可使用。

小结

本项目主要介绍了钢结构常用的连接方法中的焊接连接和螺栓连接。焊接连接主要介绍了常用的焊接材料、焊接方式、焊缝形式、焊缝构造要求、焊接施工要求、焊接质量检验等内容。螺栓连接主要介绍了螺栓连接的类型、螺栓的材料、普通螺栓和高强度螺栓的施工要求、高强度螺栓的紧固方法、高强度螺栓连接质量检验等内容。帮助学生对钢结构的连接方式有清晰的认识。

习题

1. 选择题

(1) 焊接连接有很多种工艺，其中最常用的是（　　）。

A. 电阻焊　　　　　B. 电弧焊　　　　　C. 激光焊　　　　　D. 气焊

(2) E43 型焊条熔敷金属的最小抗拉强度为（　　）。

A. 43MPa　　　　　B. 4.3MPa　　　　　C. 430MPa　　　　　D. 430Pa

(3) 焊条电弧焊和气体保护电弧焊焊缝引弧板、引出板长度应大于（　　）。

A. 25mm　　　　　B. 30mm　　　　　C. 35mm　　　　　D. 40mm

(4) 螺栓性能等级标号由两部分数字组成，分别表示螺栓的公称抗拉强度和材质的（　　）。

A. 断后伸长率　　　B. 屈服强度　　　　C. 屈强比　　　　　D. 冲击韧性

2. 简答题

(1) 钢结构常用的连接方法有哪几种？各自的特点是什么？

(2) 常用的焊接方法有哪些？各自的适用范围是什么？

(3) 焊接缺陷有哪些？

(4) 怎么减少和消除焊接变形？

(5) 焊缝的质量检验要求是什么？如何进行焊缝的质量检验？

(6) 普通螺栓有哪些类型？各自的适用范围是什么？

(7) 高强度螺栓如何分类？

(8) 如何进行高强度螺栓的紧固？

项目4

钢结构构件制作、涂装与运输

教学目标

1. 知识目标

（1）了解钢结构构件制作前准备工作的内容；

（2）掌握钢结构构件制作中关键步骤的专业知识，理解其技术要点；

（3）掌握钢结构涂装过程中钢材涂装的基本原理、工艺流程和相关专业知识。

2. 能力目标

（1）培养学生独立分析和理解钢结构构件制作前准备工作的能力，能够解读相关图纸和设计文件等，具备整合这些准备工作的能力；

（2）培养学生掌握钢材的下料、切割、矫正以及除锈等关键技能，提高工作效率；

（3）培养学生独立分析涂装工艺问题的能力，包括正确选择涂料、合理控制涂层厚度、熟练运用涂装工具等，以确保涂装过程的质量和安全。

3. 素质目标

（1）形成操作工厂设备的安全防范意识；

（2）增强构件加工制作的安全风险辨识能力，筑牢防腐防火质量管控防线。

任务 4.1　钢结构构件制作前的准备工作

钢结构构件是指按照设计规格在工厂或现场预先制成的构件。钢结构构件是现代建筑工程中非常重要的部分，而掌握其制作前的准备工作对于提高制作效率和质量至关重要。那么，制作钢结构构件需要做哪些准备呢？

1. 详图设计

钢结构构件制作的准备工作第一步是进行详图设计。一般设计院提供的钢结构施工图如图 4-1～图 4-3 所示，不能直接用来加工制作钢结构，而是要考虑加工工艺，如公差配合、加工余量、焊接控制等因素后，在原施工图的基础上绘制加工制作图（又称施工详图），如图 4-4 所示。详图设计一般由加工单位负责进行，在钢结构施工图设计之后进行，设计人员根据施工图提供的构件布置、构件截面与内力、主要节点构造及各种有关数据、技术要求及相关图纸和规范的规定，对构件的构造予以完善。根据制造厂的生产条件和现场施工条件的原则，并考虑运输要求、吊装能力和安装条件，确定构件的分段。最后将构件的整体形式、梁柱的布置、构件中各零件的尺寸和要求、焊接工艺要求以及零件间的连接方法等，详细地表现并体现到图纸上，以便制造和安装人员通过图纸，能够清楚领会设计意图和要求，便于制造和安装人员准确制作和安装。

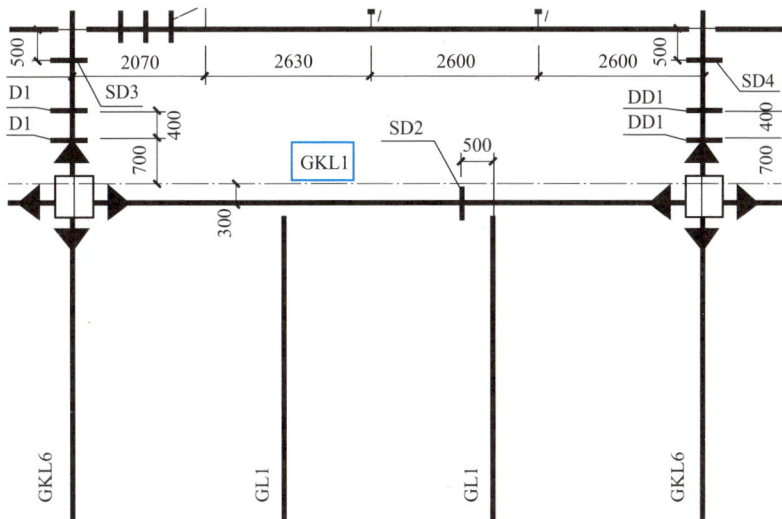

图 4-1　钢结构平面施工图

钢结构详图设计可通过计算机辅助实现，目前可用于钢结构详图设计的软件有 CAD、PKPM 以及 Tekla 等，如图 4-5～图 4-7 所示。其中，Tekla 因具备交互式建模、自动出图和自动生成各种报表等功能，逐步成为主流。通过计算机辅助实现详图设计与加工制作的一体化，其发展方向是达到设计、生产的无纸化。随着设计软件的不断进步，以及生产线中数控设备的增多，将设计产生的电子格式的图纸转换成数控加工设备所需的文件，从而实现钢结构设计与加工自动化。在这个阶段，我们需要具备扎实的专业知识和丰富的实践经验，才能够设计出高质量的钢结构构件。

型钢梁尺寸

构件编号	截面尺寸(mm) (高×宽×腹板厚×翼缘厚)	梁面栓钉
GKL1	H 600×200×10×12	2Φ16@150
GKL1b	H 600×250×10×20	2Φ16@150
GKL2	H 600×340×10×20	2Φ16@150

图 4-2 钢结构构件尺寸表

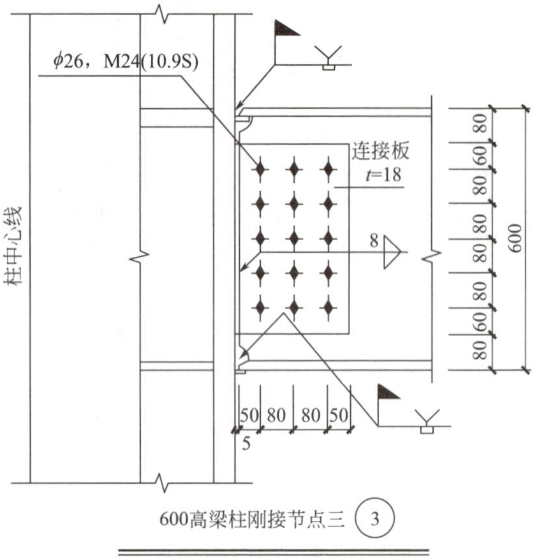

图 4-3 钢结构构件节点施工图

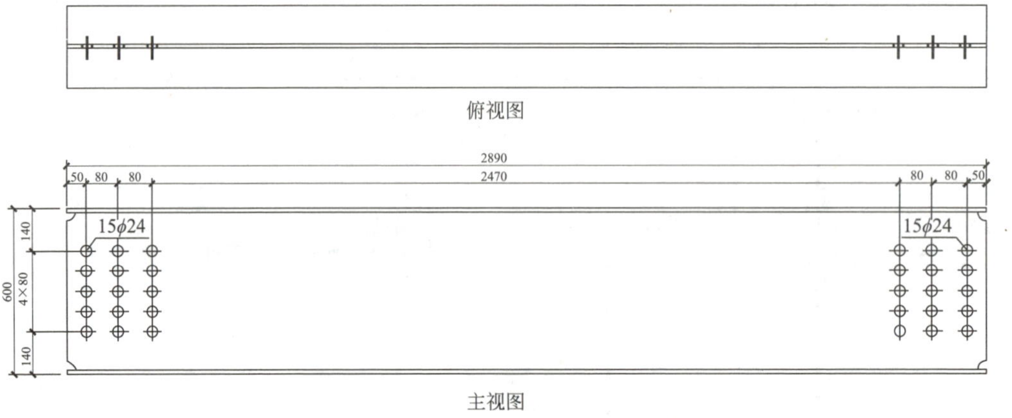

图 4-4 钢结构构件加工制作图

2. 图纸审核

甲方委托或本单位设计的施工图下达生产车间以后，必须经专业人员认真审核。尽管生产厂技术管理部门有工艺等相应技术文件下达，但与直接生产要求仍有些差距或不尽如人意之处，这些都需要在放样前期通过审图加以解决，以避免实际投产后再发现问题，造成不必要的损失。

审图期间发现施工图标注不清等问题，应及时向设计部门反映，以免模糊不清的标注对构件制作造成困难。钢结构构件施工图（缩小示意版）如图 4-8 所示。图纸审核的主要内容包括以下项目：

（1）设计文件是否齐全。设计文件包括设计图、施工图、图纸说明和设计变更通知单等。

（2）构件的几何尺寸是否标注齐全。

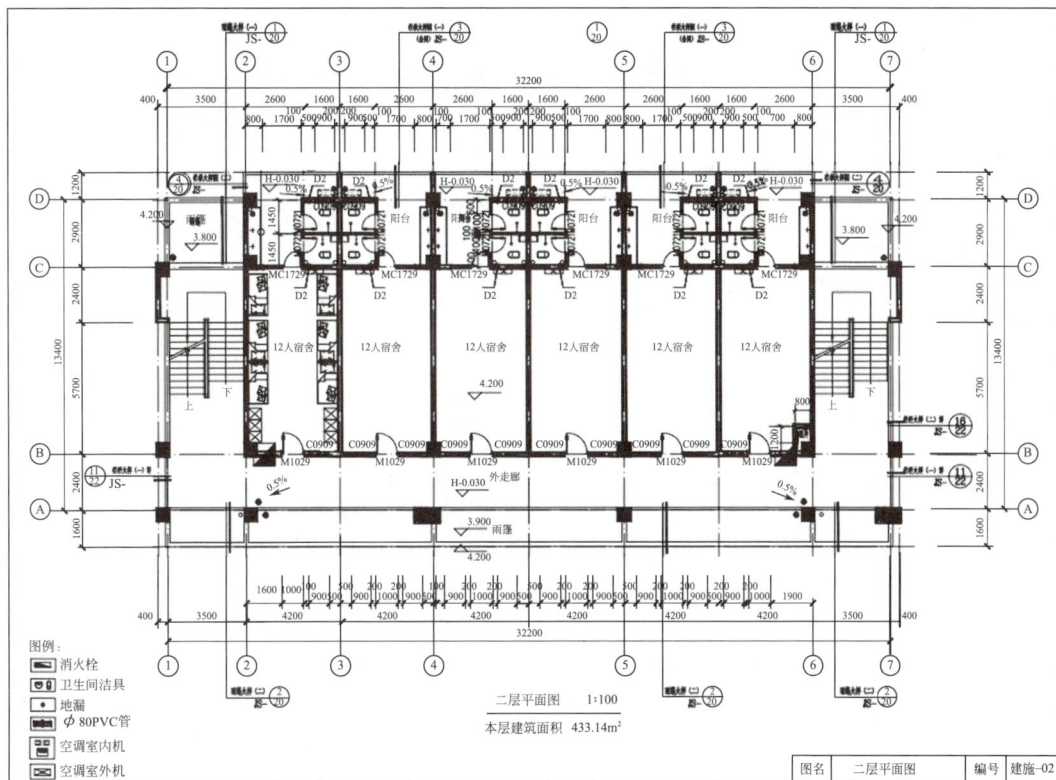

图 4-5 CAD 二维节点详图

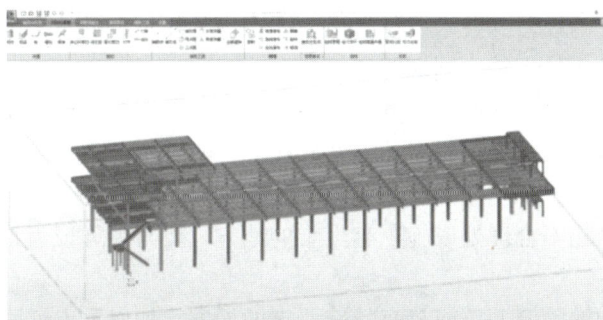

图 4-6 PKPM 钢结构模型

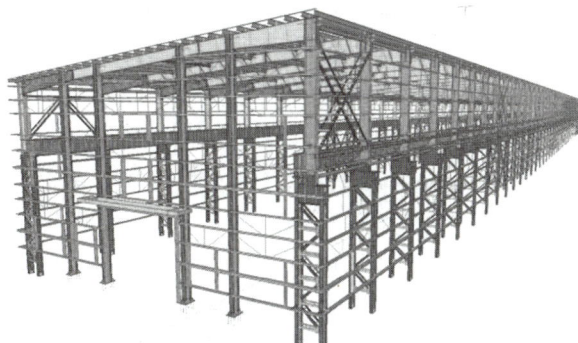

图 4-7 Tekla 钢结构模型

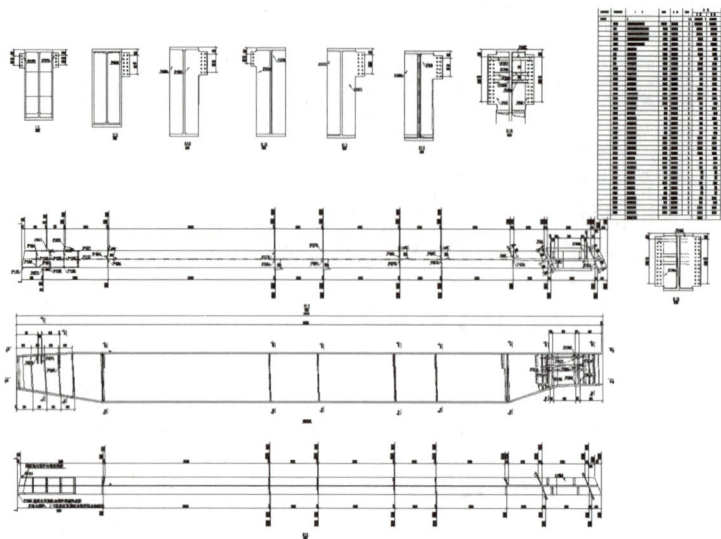

图 4-8　钢结构构件施工图（缩小示意版）

（3）相关构件的尺寸是否正确。

（4）节点是否清晰且符合国家标准。

（5）标题栏内构件的数量是否符合工程的总数量。

（6）构件之间的连接形式是否合理。

（7）加工符号、焊接符号是否齐全。

（8）结合本单位的设备和技术条件考虑，能否满足图纸上的技术要求。

（9）图纸的标准化是否符合国家规定等。

图纸审查后要做技术交底准备，其内容主要有：

（1）根据构件尺寸考虑原材料对接方案和接头在构件中的位置。

（2）考虑总体的加工工艺方案及重要的工装方案。

（3）对构件的结构不合理处或施工有困难的地方，要与甲方或者设计单位做好变更签证的手续。

（4）列出图纸中的关键部位或者有特殊要求的地方，加以重点说明。

3. 备料和核对

备料和核对是生产过程中不可或缺的一环。我们需要根据设计要求，选择符合规格、质量的钢材、焊接材料、涂料等；根据图纸材料表计算出各种材质、规格、材料净用量，再加一定数量的损耗提出材料预算计划。工程预算一般可按实际用量所需的数值再增加10％进行提料和备料。核对材料的规格、尺寸和重量，仔细核对材质；如进行材料代用，必须经过设计部门同意，并进行相应修改。对于钢材的选择，还要特别关注其可回收性和环保性能。钢材备料和核对现场如图 4-9 所示。

4. 编制工艺流程

编制工艺流程也是准备阶段的重要工作。我们需要根据制作需求，编制工艺流程，其原则是操作能以最快的速度、最少的劳动量和最低的费用，可靠地加工出符合图纸设计要求的产品。

图 4-9　钢材备料和核对现场

工艺流程的内容包括：

（1）成品技术要求。

（2）具体措施：关键零件的加工方法、精度要求、检查方法和检查工具；主要构件的工艺流程、工序质量标准、工艺措施（如组装次序、焊接方法等）；采用的加工设备和工艺设备。编制工艺流程表（或工艺过程卡）的基本内容包括零件名称、件号、材料牌号、规格、件数、工序名称和内容、所用设备和工艺装备名称及编号、工时定额等；关键零件还要标注加工尺寸和公差；重要工序要画出工序图。

5. 组织技术交底

组织技术交底也是必不可少的环节。上岗操作人员应进行培训和考核，特殊工种应进行资格确认，充分做好各项工序的技术交底工作。技术交底按工程的实施阶段可分为下列两个层次。

（1）第一个层次是开工前的技术交底会。参加的人员主要有：工程图纸的设计单位、工程建设单位、工程监理单位及制作单位的有关部门和有关人员。

技术交底主要内容有：

1）工程概况。

2）工程结构件的类型和数量。

3）图纸中关键部位的说明和要求。

4）设计图纸的节点情况介绍。

5）对钢材、辅料的要求和原材料对接的质量要求。

6）工程验收的技术标准说明。

7）交货期限、交货方式的说明。

8）构件包装和运输要求。

9）涂层质量要求。

10）其他需要说明的技术要求。

（2）第二个层次是在投料加工前进行的本工厂施工人员交底会。参加的人员主要有：制作单位的技术、质量负责人，技术部门和质检部门的技术人员、质检人员，生产部门的负责人、施工员及相关工序的代表人员等。我们需要让相关技术人员充分了解设计要求、工艺流程和安全操作规程，才能够保证构件制作过程中的安全和质量。同时，我们还要注重培养操作人员的团队协作精神和创新意识，激发操作人员的积极性和创造力。

6. 钢结构制作的安全工作

钢结构生产效率很高，工件在空间大量、频繁地移动，各个工序中大量采用的机械设备都须做必要的防护和保护。因此，生产过程中的安全措施极为重要，特别是在制作大型、超大型钢结构时，更必须十分重视安全事故的防范。进入施工现场的操作者和生产管理人员均应穿戴好劳动防护用品，按规程要求操作。对操作人员进行安全学习和安全教育，特殊工种必须持证上岗。同时，我们还要对生产现场进行安全检查工作，确保所有安全设施都处于良好状态。装配组装胎架、焊接胎架、各种搁置架等，均应与地面离开0.4～1.2m。构件的堆放、搁置应十分稳固，必要时应设置支撑或定位，且构件堆垛不得超过两层。索具、吊具要定时检查，不得超过额定荷载。正常磨损的钢丝绳应按规定更换。所有钢结构制作中各种胎具的制造和安装，均应进行强度计算，不能仅凭经验估算。生产过程中所使用的氧气、乙炔、丙烷、电源等必须有安全防护措施，并定期检测泄漏和接地情况。施工现场的安全设施包括消防器材、安全出口、警示标识等，都是为了保障员工的人身安全和企业的正常运转。

任务4.2　钢材下料和切割

在建筑行业中，钢材是一种非常重要的材料，它具有高强度、耐腐蚀等特性。正确的下料和切割是确保工程和产品质量的关键。那么，钢结构加工制作中钢材的下料和切割需要做哪些工作呢？本节课我们就来学习钢结构加工制作第二步——钢材的下料和切割。

1. 钢材下料

钢材的下料过程包括两个重要的环节：放样和号料，如图4-10、图4-11所示。放样，就是按照施工图上的几何尺寸，在样台上按1∶1的比例制作出实样，这样就能直观地看到钢结构真实的形状和尺寸了。根据这个实样的形状和尺寸，就可以制作出样板、样杆，作为后续下料、弯制、铣、刨、制孔等加工的依据。放样是整个钢结构制作工艺中的第一道工序，也是相当关键的一道工序，对于一些较复杂的钢结构，这道工序是钢结构工程成败的关键。进行一般钢结构的放样操作时，作业人员应对项目的施工图很熟悉，如果发现

图4-10　放样

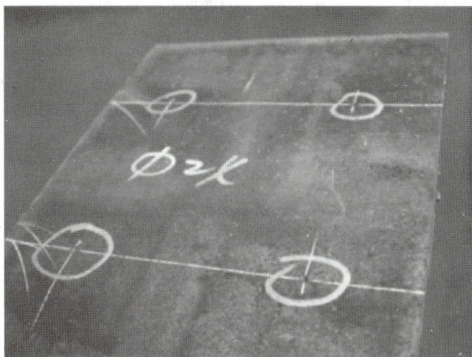

图 4-11　号料

有不妥之处要及时通知设计部研究解决。确认施工图纸无误后，可以采用小扁钢或者铁皮做样板和样杆，并应在样板和样杆上用油漆写明加工号、构件编号、规格，同时标注好孔直径、工作线、弯曲线等各种加工标识。此外需要注意的是，放样要计算出现场焊接收缩量和切割铣端等需要的加工余量。自动切割的预留余量是 3mm，手动切割为 4mm。铣端余量，剪切后加工的一般每边加 3～4mm，气割则为 4～5mm。焊接的收缩量则要根据构件的结构特点由加工工艺来决定。放样时以 1∶1 的比例在样板台上弹出大样。当大样尺寸过大时，可分段弹出。对一些三角形的构件，如果只对其节点有要求，则可以缩小比例弹出样子，但应注意其精度。放样弹出的十字基准线，二线必须垂直。根据十字线逐一划出其他各个点及线，并在节点旁注上尺寸，以备复查及检查。

号料，就是根据样板在钢材上画出构件的实样，在材料上标出切割、铣、刨、弯曲、钻孔等加工的位置，打好冲孔，这样就能为钢材的下料切割做好准备。号料前必须了解原材料的材质及规格，检查原材料的质量。不同规格、不同材质的零件应分别号料，并根据先大后小的原则依次号料。钢材如有较大的弯曲、凹凸不平时，应先进行矫正。尽量使相等宽度和长度的零件一起号料，需要拼接的同一种构件必须一起号料。钢板长度不够需要焊接拼接时，在接缝处必须注意焊缝的大小及形状，在焊接和矫正后再划线。当次号料的剩余材料应进行余料标识，包括余料编号、规格、材质等，以便于再次使用。

号料的步骤包括：

（1）根据料单检查清点样板和样杆，点清号料数量。号料应使用经过检查合格的样板与样杆，不得直接使用钢尺。

（2）准备号料的工具，包括石笔、样冲、圆规、划针、凿子等。

（3）检查号料的钢材规格和质量。

（4）不同规格、不同钢号的零件应分别号料，并依据先大后小的原则依次号料。对于需要拼接的同一构件，必须同时号料，以便拼接。

（5）号料时，同时划出检查线、中心线、弯曲线，并注明接头处的字母、焊缝代号。

（6）号孔应使用与孔径相等的圆规规孔，并打上样冲作出标记，便于钻孔后检查孔位是否正确。

（7）弯曲构件号料时，应标出检查线，用于检查构件在加工、装焊后的曲率是否正确。

（8）在号料过程中，应随时在样板、样杆上记录下已号料的数量；号料完毕后，则应在样板、样杆上注明并记下实际数量。

为了充分利用钢材，减少余料，在号料过程中已广泛地应用套料技术。将材料等级和厚度一样的零件置于同一张钢板的边框内进行合理排列的过程叫做套料。传统的手工套料，就是将零件的图形按一定比例缩小，剪成纸样，然后在同样比例的钢板边框内进行合理排列，最后据此在实际钢板上进行号料。随着计算机技术的成熟，逐渐开发出以自动套料软件为载体的数控套料方法。此类软件集图纸转化、材料预算、自动排板、材料预算和余料管理等功能于一体，能从材料利用率、切割效率、产品成本等多个方面提高生产效益，符合可持续发展需求，日趋成为行业主流。

这两个环节在钢材下料中是非常重要的，它们能够确保材料的形状和尺寸的准确性，从而提高生产效率和产品质量。同时，放样和号料还能避免材料的浪费，提高材料的利用率。在这个过程中，我们需要关注细节和精度，确保每一个环节的准确性。这不仅是一种技术要求，更是一种职业精神和道德要求。作为技术人员，我们需要关注细节，追求精确和完美，为提高产品质量和生产效率贡献自己的力量。

2. 钢材切割

钢材切割的方法有很多种，包括剪切、冲裁锯切、气割等方式。现在，常用的切割方法有机械切割、气割和等离子切割这三种，其使用设备、特点及适用范围见表 4-1。

常用切割方法的特点及其适用范围　　　　　　　　　　表 4-1

类别	使用设备	特点及适用范围
机械切割	剪板机型钢冲剪机	切割速度快、切口整齐、效率高，适用于薄钢板、压型钢板、冷弯檩条的切割
	无齿锯	切割速度快，可切割不同形状、不同对的各类型钢、钢管和钢板。切口不光洁，噪声大。适于锯切精度要求较低的构件或下料留有余量，最后尚需静加工的构件
	砂轮锯	切口光滑、毛刺较薄易清除。噪声大，粉尘多。适于切割薄壁型钢及小型钢管，切割材料的厚度不宜超过 4mm
	锯床	切割精度高，适于切割各类型钢及梁、柱等型钢构件
气割	自动切割	切割精度高，速度快，在其数控气割时可省去放样、划线等工序而直接切割，适于钢板切割
	手工切割	设备简单、操作方便、费用低、切口精度较差，能够切割各种厚度的钢材
等离子切割	等离子切割机	气割（气割是指利用气体火焰将被切割的金属预热到熔点，使其在纯氧气流中剧烈燃烧，形成熔渣并放出大量的热，在高压氧的吹力作用下，将氧化熔渣吹掉）温度高，冲刷力大，切割边质量好，变形小，可以切割任何高熔点金属，特别是不锈钢、铝、铜及其合金等

机械切割就是用机械方式进行切割，比如使用剪板机、锯床等设备进行切割，如图 4-12、图 4-13 所示；气割则是用氧气和燃气火焰进行切割，这种方式速度比较快，精度也比较高，如图 4-14～图 4-16 所示；等离子切割是利用高温等离子弧进行切割，也具

有较高的切割速度和精度，如图 4-17、图 4-18 所示。不同的切割方法有各自的优缺点，我们需要根据具体的要求和实际情况来选择合适的切割方法。同时，还需要注意设备的维护和保养，确保设备保持良好的状态。选择合适的切割方法和设备是钢材下料和切割的关键环节之一，这不仅关系到生产效率和产品质量，还关系到生产成本和环境污染等问题。因此，我们需要具备专业的知识和技能，了解各种切割方法和设备的优缺点，根据实际情况做出正确的选择。例如，要切一块薄钢板，可以选用剪板机，而对于厚钢板，则可以使用气割或等离子切割。操作时，要确保过程既安全又环保。同时，我们也需要关注设备的维护和保养，确保设备的良好状态。实际操作时，要注重细节和精度，比如使用剪板机时，要注意上下刀片的间隙大小及磨损情况等。此外，安全问题也不能忽视，比如要戴好防护眼镜等；环保问题也要关注，比如减小噪声和粉尘的污染等。

图 4-12　机械切割剪板机

图 4-13　锯床

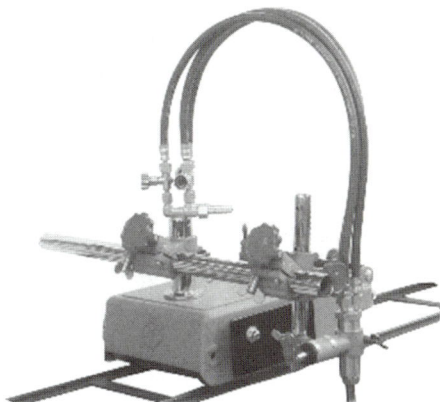

图 4-14　小车式气割机

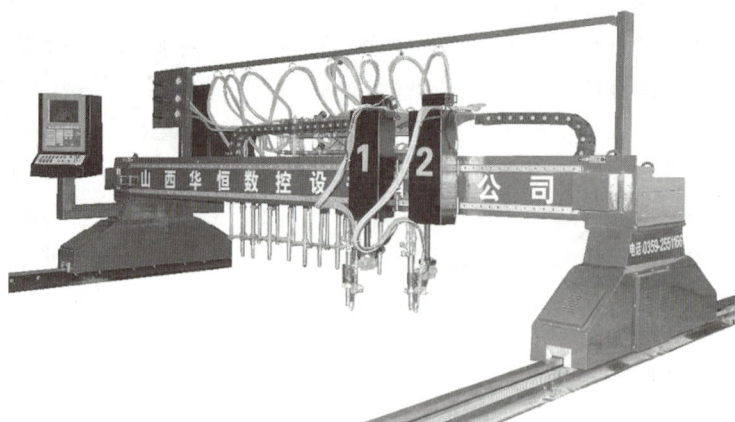

图 4-15　数控多头火焰直条气割机

图 4-16　CNC 计算机数控火焰切割生产线

图 4-17　等离子切割机

图 4-18 数控等离子切割机

在以传统方式进行切割下料时，工人长久以来已经习惯于简单地按照矩形零件的尺寸和数目顺序切割，对于切割剩下的边角余料，经常暂时堆放在一旁，日积月累就会导致剩余钢材堆积如山，锈蚀流失不计其数。由于下料的数目多，矩形件的优化排料可能性太多，优化套排计算非常复杂。再加上目前切割效率高，切割工人来不及考虑和计算优化套排，为了赶生产进度，只好放弃钢材利用率，从而导致钢材浪费更加严重。此外，对无穷长卷材的切割下料，工人也是按照传统的顺序下料方法，进行简单的横切纵剪，很难考虑或是根本就没有考虑优化套排的问题，造成更多的钢材浪费。

在信息化时代，数控切割以其自动化、高效率、高质量和高利用率的先进性，赢得了中大型钢结构生产企业的青睐。所谓数控切割，就是指用于控制机床或设备的工件指令（或程序），是以数字形式给定的一种新的控制方式。将这种指令提供给数控自动切割机的控制装置时，切割机就能按照给定的程序，自动地进行切割。数控切割由数控系统和机械构架两大部分组成。与传统手动和半自动切割相比，数控切割通过数控系统（即控制器）提供的切割技术、切割工艺和自动控制技术，有效控制和提高切割质量及切割效率。数控套料软件通过计算机绘图、零件优化套料和数控编程，有效提高了钢材利用率，提高了切割生产准备的工作效率。但数控切割由于切割效率更高，套料编程更加复杂，如果没有利用好优化套料编程软件，钢材浪费就会更加严重，导致切得越快、切得越多，浪费越多。数控系统（即控制器）是数控切割机的心脏，如果没有使用好数控系统，或是数控系统不具备应有的切割工艺和切割经验，会导致切割质量问题，从而降低切割效率，造成钢材的浪费。新时代的钢结构生产从业人员，应有针对性地进行套料编程体系的培训，以顺应时代发展的需求。

4-1

钢部件（梁或柱）加工工艺

任务 4.3 钢材矫正

在钢结构构件制作过程中，钢材的矫正是一个非常重要的环节。由于轧制时压延不均、轧制后冷却收缩不均匀，以及运输、贮存过程中各种因素的影响，钢材常常会产生波浪形、局部凹凸和各种扭曲变形。为了确保钢材的质量和精度，我们需要进行矫正操作。那么，钢结构加工制作中钢材的矫正需要做哪些工作呢？本节课我们就来学习钢结构加工制作的钢材矫正。

1. 钢板的矫正

矫平是常用的钢板矫正方法，主要使用多轴辊矫平机，如图 4-19、图 4-20 所示。这种机器通过多个辊轴的旋转，对钢板进行反复碾压，使其表面平整。这种操作方式需要关注每一个细节，不遗漏任何微小的瑕疵。在矫平钢板的过程中，需要我们以严谨的态度和精湛的技艺，确保每一块钢板都达到最高的质量标准。

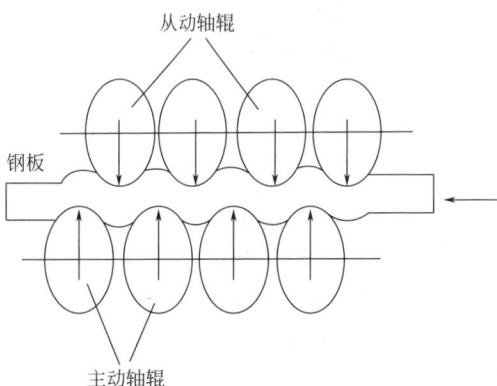

图 4-19 钢材的矫平原理

图 4-20 矫平机

在矫平时需要注意下列几点内容：

（1）钢板越厚，矫正越易；薄板易产生变形，矫正比较困难。

（2）钢板越薄，要求矫平机的轴辊数越多。矫平机的轴辊数一般为奇数。厚度在 3mm 以上的钢板通常在五辊或七辊矫平机上矫正；厚度在 3mm 以下的钢板，必须在九辊、十一辊或更多轴辊的矫平机上矫正。

（3）钢板在矫平机上往往不是一次就能矫平，而需要重复数次，直到符合要求。

（4）钢板切割成构件后，由于构件边缘在气割时受高温或机械剪切时受挤压而产生变形，需要进行二次矫平。

2. 型钢的矫正

矫直是常用的型钢矫正方法，主要使用型钢矫直机，也称为撑床，如图 4-21、图 4-22 所示。通过专用工具对型钢进行夹持和弯曲，使其达到所需直线度。型钢矫正的过程中，需要时刻保持警惕，严格按照操作规程进行，避免因疏忽而导致安全事故。这不仅关乎我们自身的安全，也影响到整个生产过程的顺利进行。因此，我们需要培养强烈的安全意识，做到防患于未然。

3. 火焰矫正

火焰矫正是一种使用火焰对构件进行局部加热，使其产生压缩塑性变形，通过塑性变形部分的冷却收缩来消除变形的矫正方法，如图 4-23 所示。

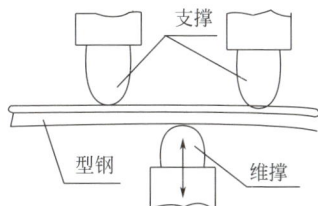

图 4-21　型钢的矫直原理

图 4-22　型钢矫直机

图 4-23　火焰矫正

　　火焰矫正的常见方式有点状、线状和三角形加热法等。但是需要共同注意的一点是温度的控制，所以针对不同的变形也有不同的火焰矫正方式，见表 4-2。

不同变形类别的矫正方式　　　　　　　　　　　　　表 4-2

变形类别	矫正方式
波浪变形	点状加热
角变形	线状加热
弯曲变形	线状加热 三角形加热

（1）点状加热

适用于矫正板料的局部弯曲或凹凸不平。通过点状加热使金属局部产生压缩塑性变形，冷却后收缩以消除变形。这种方法需要精确控制加热的温度和时间，以确保矫正效果达到最佳。在这个过程中，我们需要展现出严谨的治学态度和追求卓越的工匠精神，以确保每一个细节都得到精心打磨。点状加热如图 4-24 所示。

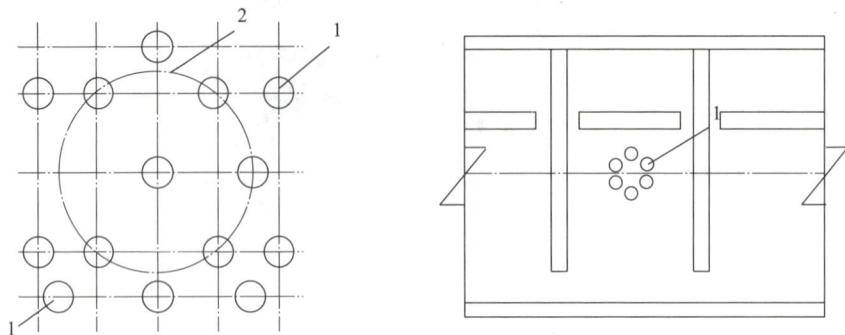

1—第一批外圈点；2—第二批内圈点

图 4-24 点状加热

（2）线状加热

常用于 H 型钢构件翼缘板角变形的矫正。通过线状加热使金属局部产生压缩塑性变形，冷却后收缩以消除变形。实施线状加热法需要我们运用创新思维，根据不同的情况灵活调整加热的路线和温度，以达到最佳的矫正效果，这正是创新意识在实践中的体现。线状加热如图 4-25 所示。

（3）三角形加热

常用于 H 型钢构件的拱变形和旁弯变形的矫正。通过三角形加热使金属局部产生压缩塑性变形，冷却后收缩以消除变形。在面对拱变形和旁弯变形等问题时，我们需要运用所学的知识和技能，制定有效的解决方案。这需要我们具备强烈的问题解决意识和能力，以便在实践中迅速准确地解决问题。三角形加热如图 4-26 所示。

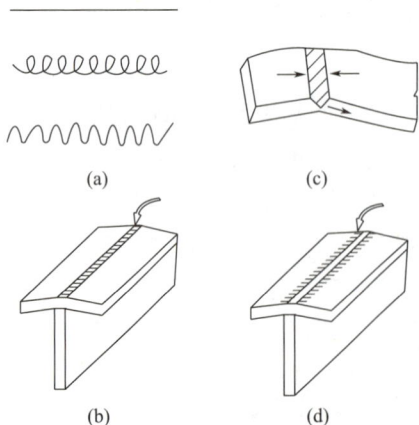

图 4-25 线状加热

（a）加热路径方式；（b）钢板线状加热；
（c）T 形交叉处单线加热；（d）T 形交叉处双线加热

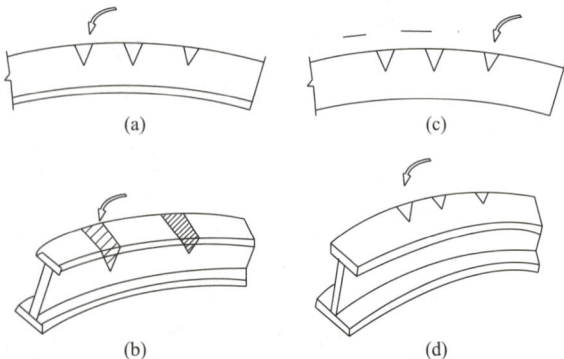

图 4-26 三角形加热

（a）T 形腹板边加热；（b）钢板边缘加热；
（c）工字形腹板与翼缘交叉处加热；（d）工字形翼缘边加热

4. 边缘加工

在钢结构制造中，为消除切割造成的边缘硬化而刨边，为保证焊缝质量而刨或铣坡口，为保证装配的准确及局部承压的完善而将钢板刨直或铣平，均称为边缘加工。边缘加工分铲边、刨边、铣边、碳弧气刨和坡口加工等多种方法。

（1）铲边

对加工质量要求不高、工作量不大的边缘加工，可以采用铲边。铲边有手工铲边和机械铲边两种。手工铲边的工具有手锤和手铲等，机械铲边的工具有风动铲锤和铲头等。一般手工铲边和机械铲边的构件，其铲线尺寸与施工图样尺寸要求不得相差1mm。铲边后的棱角垂直误差不得超过弦长的1/3000，且不得大于2mm。

（2）刨边

刨边是通过安装于带钢两侧的两组刨刀，对通过其间的带钢边缘进行刨削加工。其优点是设备结构简单，运行可靠，可加工直口和坡口；缺点是对于不同板厚、加工余量和坡口形状需配置多把刨刀，形成刨刀组，刨刀调整繁琐，使用寿命较短。

用刨刀对工件的平面、沟槽或成型表面进行刨削的直线运动机床称为刨床。使用刨床加工，刀具较简单，但生产率较低（加工长而窄的平面除外），因而主要用于单件、小批量生产及机修车间，在大批量生产中往往被铣床所代替。根据结构和性能，刨床主要分为牛头刨床、龙门刨床、单臂刨床及专门化刨床（如刨削大钢板边缘部分的刨边机、刨削冲头和复杂形状工件的刨模机）等。

牛头刨床因滑枕和刀架形似牛头而得名，刨刀装在滑枕的刀架上作纵向往复运动，多用于切削各种平面和沟槽。

龙门刨床因有一个由顶梁和立柱组成的龙门式框架结构而得名，如图4-27所示。工作台带着工件通过龙门框架作直线往复运动，多用于加工大平面（尤其是长而窄的平面），也用来加工沟槽或同时加工数个中小零件的平面。大型龙门刨床往往附有铣头和磨头等部件，这样就可以使工件在一次安装后完成刨、铣及磨平面等工作。

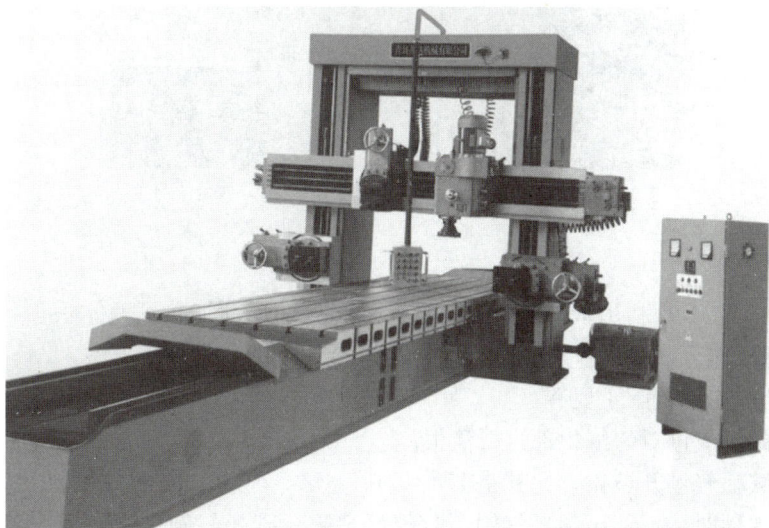

图4-27 龙门刨床

单臂刨床具有单立柱和悬臂，工作台沿床身导轨作纵向往复运动，多用于加工宽度较大而又不需要在整个宽度上加工的工件。

（3）铣边

铣边的最主要作用是能够使拼板时的对接缝密闭，因埋弧焊的焊接电流较大，为避免烧穿，一般要求拼出的板缝要小于或等于 0.5mm。经气割出来的板边或钢厂轧出的板边直接拼出来的对接缝往往无法满足埋弧焊对板缝间隙的要求，这时就需要再通过铣边来达到。另外，也可通过铣边来加工某些厚板需开坡口的角度。

铣边使用的设备是铣边机，如图 4-28 所示。作为刨边机的替代产品，铣边机具有功效高、精度高、能耗低等优点。对于钢板各种形状的坡口加工尤其合适，可加工的钢板厚度一般为 5～40mm，坡口角度可在 15°～50°内任意调节。

图 4-28　铣边机

（4）碳弧气刨

碳弧气刨工艺，是利用碳极电弧的高温，把金属的局部加热到液体状态，同时用压缩空气的气流把液体金属吹掉，从而达到对金属进行切割的一种加工方法。

碳弧气刨的应用范围主要有：

1）采用碳弧气刨对焊缝根部进行清根。

2）利用碳弧气刨开坡口，尤其是 U 形坡口。

3）返修焊件时，可使用碳弧气刨消除焊接缺陷。碳弧气刨是指使用石墨棒或碳棒与工件间产生的电弧将金属熔化，并用压缩空气将其吹掉，实现在金属表面上加工沟槽的方法。

4）清除铸件表面的毛边、飞刺、冒口和铸件中的缺陷。

5）切割不锈钢中、薄板。

6）刨削焊缝表面的余高。

（5）坡口加工

一般可用气割加工或机械加工，在特殊情况下采用手动气割的方法，但必须进行事后处理，如打磨等。目前，坡口加工专用机已经普及，有 H 型钢坡口及弧形坡口的专用机械，其效率高、精度高。焊接质量与坡口加工的精度有直接关系，如果坡口表面粗糙，有尖锐且深的缺口，就容易在焊接时产生不熔部位，将在事后产生焊接缝隙。又如，在坡口表面粘附油污，焊接时就会产生气孔和裂缝，因此要重视坡口质量。钢结构坡口如图 4-29 所示。

图 4-29　钢结构坡口

5. 制孔

钢结构构件制孔优先采用钻孔，应当证明某些材料质量、厚度和孔径，冲孔后不会引起脆性时允许采用冲孔。钻孔是在钻床等机械上进行，可以钻任何厚度的钢结构构件。钻孔的优点是螺栓孔孔壁损伤较小，质量较好。当钢结构构件需制高强度螺栓孔时，应采用钻孔的方法。

钻孔时一般使用平钻头，钻不透孔用尖钻头。当板叠较厚，材料强度较高或直径较大时，则应使用可以降低切削力的群钻钻头，便于排屑和减少钻头的磨损。长孔可用两端钻孔中间氧割的办法加工，但孔的长度必须大于孔直径的 2 倍。

钢结构加工制造中，冲孔一般只用于冲制非圆孔及薄板孔，冲孔的孔径必须大于板厚，厚度在 5mm 以下的所有普通钢结构构件允许冲孔，次要结构厚度小于 12mm 允许采用冲孔。在冲切孔上，不得随后施焊（槽形），除非证明材料在冲切后，仍保留有相当韧性，则可焊接施工。一般情况下在需要所冲的孔上再扩孔时，则冲孔必须比指定的直径小 3mm。

钢结构加工要求精度较高、板叠层数较多、同类孔较多时，可采用钻模制孔或预钻较小孔径、在组装时扩孔的方法。当板叠小于 5 层时，预钻小孔的直径小于公称直径一级（3mm）；当板叠大于 5 层时，小于公称直径二级（6mm）。

制孔质量检验：

A、B 级螺栓孔（Ⅰ类孔）应具有 H12 的精度，孔壁表面粗糙度 Ra 不应大于 $12.5\mu m$。其孔径的允许偏差应符合表 4-3 的规定。

A、B 级螺栓孔径的允许偏差（mm）　　表 4-3

序号	螺栓公称直径、螺栓孔直径	螺栓公称直径允许偏差	螺栓孔直径允许偏差	检查数量	检验方法
1	10～18	0.00 −0.18	+0.18 0.00	按钢构件数量抽查10%，且不应少于3件	用游标卡尺或孔径量规检查
2	18～30	0.00 −0.21	+0.21 0.00		
3	30～50	0.00 −0.25	+0.25 0.00		

C 级螺栓孔（Ⅱ类孔），孔壁表面粗糙度 Ra 不应大于 $25\mu m$，其允许偏差应符合表 4-4 的规定。

C 级螺栓孔的允许偏差（mm）　　表 4-4

项目	允许偏差（t 为钢板厚度）	检查数量	检验方法
直径	+1.0 0.0	按钢构件数量抽查10%，且不应少于3件	用游标卡尺或孔径量规检查
圆度	2.0		
垂直度	0.03t，且不应大于2.0		

任务 4.4　钢材除锈

我们将学习一个在钢结构中非常关键的问题——钢材的除锈。大家都知道，钢结构的一大缺点是容易生锈腐蚀。这种腐蚀不仅会使构件的截面减少，而且还会引起应力集中，导致构件或结构发生脆性断裂破坏。因此，防止钢结构锈蚀破坏与防止其他形式的破坏同样重要。那么，对于我们在将来的工作中，如何有效地进行钢材除锈呢？

1. 钢材锈蚀基本原理

如图 4-30、图 4-31 所示的是广州海印斜拉桥钢索因锈蚀突然断裂情况，这个例子给我们敲响了警钟。然而，埃菲尔铁塔，经历了百年风雨，为什么还屹立在巴黎市中心呢？因为每七年它就会进行一次全面的防锈涂装维护，如图 4-32、图 4-33 所示。这种定期、规范的维修养护工作，使得这座塔至今依然壮丽挺拔。

图 4-30　广州海印斜拉桥

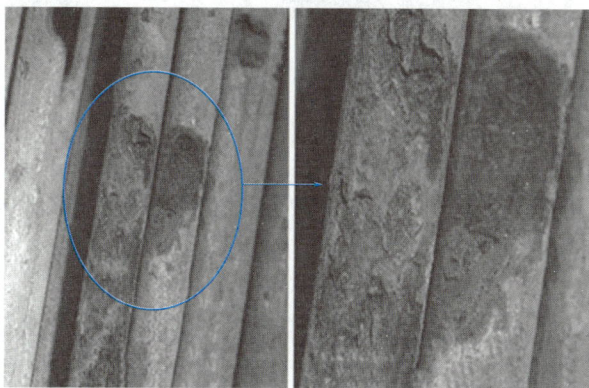

图 4-31　钢索锈蚀

图 4-32　埃菲尔铁塔

图 4-33　防锈涂装维护

钢材锈蚀有两种常见的类型：化学锈蚀和电化学锈蚀。化学锈蚀就是钢材表面与周围介质直接起化学反应产生的。当钢材长时间暴露在空气中，表面就会与氧气、水蒸气等发生化学反应，形成氧化铁等物质，这就是化学锈蚀。而电化学锈蚀则发生在钢材存放和使用中，与周围介质之间发生的氧化还原反应。通常是因为钢材表面存在缺陷或污染，如油污、灰尘等，导致局部区域形成微电池，从而引发电化学腐蚀。

清除钢材表面的油污通常采用碱液清除法、有机溶剂清除法和乳化碱液清除法。

（1）碱液清除法借助碱的化学作用来清除油脂。

（2）有机溶剂清除法则是借助有机溶剂对油脂的溶解作用来去除钢材表面的油污。

（3）乳化碱液清除法是在碱液中加入乳化剂，使清除液除具有碱的皂化作用外，还有分散、乳化等作用，除油效率比碱液高。

在清除钢材表面的油污时，我们要尽量采用环保的方法。例如，使用碱液清除法时，要注意避免碱液对环境造成污染；处理废弃物时要按照国家有关法规和标准进行分类处理和处置，严禁随意倾倒或乱扔废弃物。

2. 钢材除锈方法

《钢结构工程施工质量验收标准》GB 50205—2020 中规定，钢结构构件的表面应平直、无损伤，表面不得有裂纹、油污、颗粒状或片状老锈。为严格施工及确保建筑寿命与质量，钢结构除锈工作至关重要。钢材除锈的方法有多种，常用的有机械除锈、抛丸或喷砂除锈、酸洗除锈和火焰除锈等。

4-2

钢材表面
锈蚀清除

（1）机械除锈

钢材表面锈蚀的清除，如果钢材表面的氧化皮较厚且硬，用铲刀、手锤或钢丝刷等手工工具进行除锈是一种简单易行的方法，如图 4-34 所示；但如果是大面积的构件表面，则可以使用气动或电动打磨机来进行打磨，如图 4-35 所示。这样可以提高工作效率，并确保除锈效果的一致性。

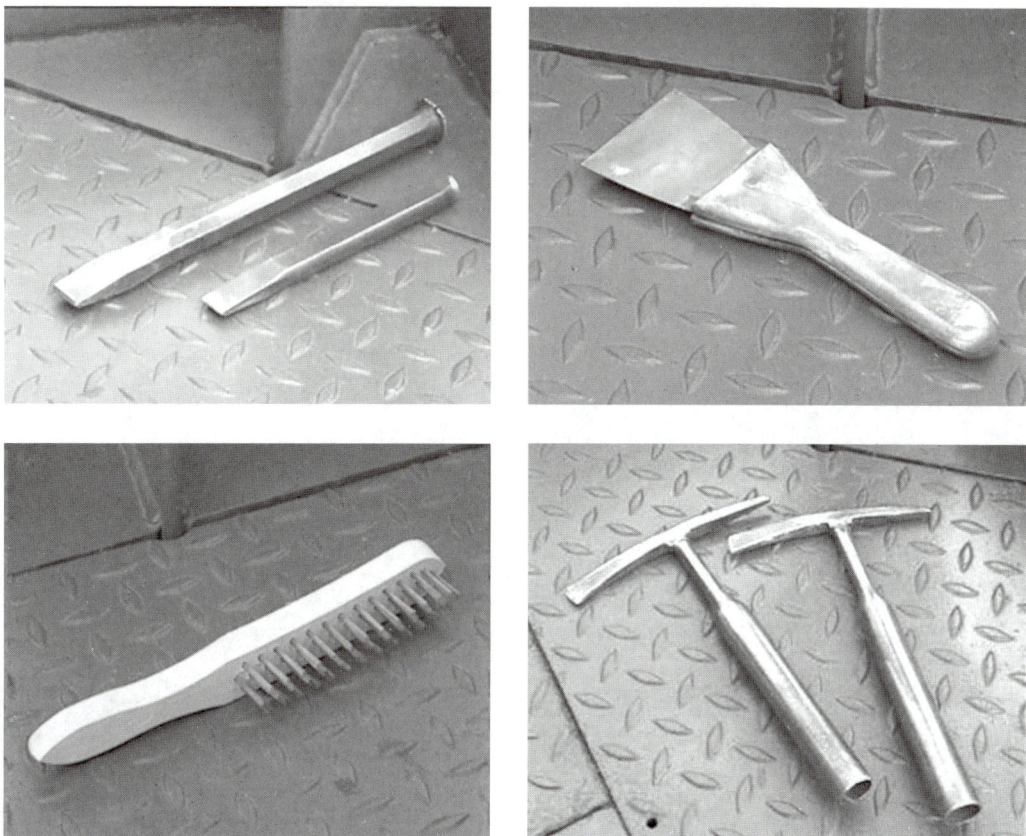

图 4-34　铲刀、手锤或钢丝刷

图 4-35　气动或电动打磨机

（2）抛丸或喷砂除锈

抛丸除锈是利用抛射机叶轮吸入磨料和叶尖抛射磨料的作用进行工作的，如图 4-36、图 4-37 所示。喷砂除锈则是利用压缩空气将磨料带入并通过喷嘴高速喷向钢材表面，利用磨料的冲击和摩擦力将氧化皮、锈及污物等除掉。钢砂磨料具有切割作用，产生很好的

图 4-36　抛丸除锈机

图 4-37　人工喷砂除锈

表面粗糙度，如图 4-38 所示；钢丸磨料切割作用较小，可以硬化金属表面，如图 4-39 所示。这两种方法都能使钢材表面获得一定的粗糙度，有利于漆膜的附着。

图 4-38　钢砂

图 4-39　钢丸

（3）酸洗除锈

对于那些特别难清除的氧化皮，可以采用酸洗除锈的方法。酸洗除锈亦称化学除锈，其原理就是利用酸洗液中的酸与金属氧化物进行化学反应，使金属氧化物溶解，生成金属盐并溶于酸洗液中，从而除去钢材表面上的氧化物，如图 4-40 所示。需要注意的是，钢材经过酸洗后，很容易被空气所氧化，因此还必须对其进行钝化处理，以提高其防锈能力。

（4）火焰除锈

火焰除锈是指在火焰加热作业后，以动力钢丝刷清除加热后附着在钢材表面的产物，如图 4-41 所示。这种方法的原理是利用火焰产生的高温将基体表面的污物燃烧去除。同时在高温下，铁锈及氧化皮与基体热膨胀系数不同，产生凸起、开裂，从而与基体剥离，达到最终除锈的目的。

图 4-40 酸洗除锈

图 4-41 火焰除锈

在除锈过程中，安全是最重要的，要始终保持警惕，遵守安全操作规程，确保自己和他人的安全。特别是在使用酸洗除锈和火焰除锈等方法时，由于涉及高温和化学物质，如果操作不当可能导致严重的安全事故。因此，我们一定要接受正规培训，掌握正确的操作方法，并严格按照规定进行除锈作业。在除锈过程中，要仔细观察钢材表面，确保清除干净，同时也要注意不损伤钢材本身。在抛丸和喷砂除锈时，要调整好机器的参数，掌握好磨料的粒度和喷砂压力等关键因素，以达到最佳的除锈效果。

任务4.5 钢结构防腐施工

涂装是钢结构防腐处理的关键环节，正确的涂装方式能有效地提高钢结构的耐腐蚀性。通过学习钢材的防腐涂装，我们可以培养自己的职业素养，提高解决问题的能力。那么，钢材的防腐涂装需要做哪些工作呢？

4-3

钢结构涂装
防护施工工艺

1. 防腐涂装要求与选用

为了克服钢结构本身存在的明显弱点——容易腐蚀及防火性能差，需在钢结构构件表面进行涂装保护，以延长钢结构的使用寿命和增加安全性能，钢结构的涂装分为防腐涂装和防火涂装。钢结构的涂装应在钢结构制作安装验收合格后进行。涂刷前，应采取适当的方法将需要涂装部位的铁锈、焊缝药皮、焊接飞溅物、油污、尘土等杂物清除干净。

4-4

钢结构涂装
质量通病与防治

钢结构防腐涂料宜选用醇酸树脂、氯化橡胶、环氧树脂、有机硅等品种。一般钢结构施工图中有明确规定，应严格按照施工图中要求选购涂料。防腐涂料应配套使用，涂膜应由底漆、中间漆和面漆构成。底漆应具有较好的防锈性能和较强的附着力；中间漆除具有一定的底漆性能外，还兼有一定的面漆性能；面漆直接与腐蚀环境接触，应具有较强的防腐蚀能力和耐候、抗老化能力。常用防腐漆见表4-5。

常用防腐漆　　　　　　　　　　　　　　　表 4-5

名称	型号	性能	适用范围	配套要求
红丹油性防锈漆	Y53-1	防锈能力强,漆膜坚韧施工性能好,但干燥较慢	适用于室内外钢结构表面防锈打底用,但不能用于有色金属铝、锌等表面,因红丹与铝、锌起电化学作用	与油性磁漆、酚醛磁漆和醇酸磁漆配套使用;不能与过氯乙烯漆配套
铁红油性防锈漆	Y53-2	附着力强,防锈性能次于红丹油性防锈漆,耐磨性差	适用于防锈要求不高的钢结构表面	与酯胶磁漆、酚醛磁漆配套使用
红丹酚醛防锈漆	F53-1	防锈性能好,漆膜坚固,附着力强,干燥较快	适用于室内外钢结构表面防锈打底用,但不能用于有色金属铝、锌表面,因红丹与铝、锌起电化学作用	与酚醛磁漆、醇酸磁漆配套使用
铁红酚醛防锈漆	F53-3	附着力强,漆膜较软耐磨性差,防锈性能低于红丹酚醛防锈漆	适用于防锈要求不甚高的钢结构表面防锈打底	与酚醛磁漆配套使用
红丹醇酸防锈漆	C53-1	防锈性能好,漆膜坚固,附着力强,干燥较快	适用于室内外钢结构表面防锈打底用,但不能用于有色金属铝、锌等表面,因红丹与铝、锌起电化学作用	与醇酸磁漆、酚醛磁漆、酯胶磁漆配套使用
铁红醇酸底漆	C06-1	具有良好的附着力和防锈能力,在一般气候条件下,耐久性好;但在湿热性气候和潮湿条件下,耐久性差些	适用于一般钢结构表面防锈打底	与醇酸磁漆、硝基磁漆和过氯乙烯漆等配套使用
各色硼钡酚醛防锈漆	F53-9	具有良好的抗大气腐蚀性能,干燥快,施工方便,正逐步代替一部分红丹防锈漆	适用于室内外钢结构表面防锈打底	与酚醛磁漆、醇酸磁漆配套使用
乙烯磷化底漆	X06-1	对钢材表面的附着力极强,漆料中的磷酸盐可使钢材表面形成钝化膜,延长有机涂层的寿命	适用于钢结构表面防锈打底,可省去磷化或钝化处理,不能代替底漆使用;只能与一些底漆品种(如过氯乙烯底漆等)配套使用,增加这些涂层的附着力	不能与碱性涂料配套使用

续表

名称	型号	性能	适用范围	配套要求
铁红过氧乙烯底漆	G06-4	有一定的防锈性及耐化学性,但对钢材的附着力不太好;若与乙烯磷化底漆配套使用,能耐海洋性和湿热气候	适用于沿海地区和湿热条件下的钢结构表面防锈打底	与乙烯磷化底漆和过氯乙烯防腐漆配套使用
铁红环氧酯底漆	H06-2	漆膜坚韧耐久,附着力强,耐化学腐蚀,绝缘性好;如与磷化底漆配套使用,可提高漆膜的防潮、防盐雾及防锈性能	适用于沿海地区和湿热条件下的钢结构表面防锈打底	与磷化底漆和环氧磁漆、环氧防腐漆配套使用

2. 钢结构防腐施工步骤

（1）涂料选择

选择合适的涂料不仅可以提高钢结构的耐久性，还可以减少对环境的影响。在选择防腐涂料时，我们需要考虑环保性、耐腐蚀性、附着力等因素。同时，还要根据钢结构的使用环境和设计要求选择合适的品种，如醇酸树脂、氯化橡胶、环氧树脂、有机硅等。防腐涂料如图 4-42 所示。

（2）涂层厚度

涂层厚度是防腐涂料的重要指标之一。过厚的涂层会导致附着力和力学性能下降，而过薄的涂层则易产生缺陷。因此，在涂装过程中，要严格控制涂层厚度，确保其符合设计要求。涂层的干膜厚度采用涂层测厚仪测量，采用"85-15"规则判定，即 85％ 的测量点膜厚都达到规定值要求，允许有 15％ 的测量点膜厚低于规定值，但每一单独测量点膜厚不得低于规定值的 85％。涂层测厚仪如图 4-43 所示。

图 4-42　防腐涂料

图 4-43　涂层测厚仪

（3）涂料预处理

涂装施工前，要对涂料型号、名称和颜色进行核对，并检查制造日期。如果超过贮存期，应重新取样检验，质量合格后才能使用。此外，涂料选定后，通常要进行一系列预处理操作程序，如搅拌、过滤等，随后才能施涂。涂料预处理现场如图 4-44 所示。

（4）涂刷防腐底漆

防腐底漆是防腐涂装的基础，它具有防锈、附着力好和耐候性好等特点。在涂刷防腐底漆过程中，要保证涂刷均匀、无漏刷，并按照设计要求进行层数控制和干燥时间掌握。涂刷防腐底漆如图 4-45 所示。

（5）局部刮腻子

在金属表面有凹坑、砂眼等缺陷时，需要进行刮腻子处理。腻子刮完后，要进行干燥和打磨，然后再涂刷一层底漆。局部刮腻子如图 4-46 所示。

图 4-44　涂料预处理现场　　　　图 4-45　涂刷防腐底漆　　　　图 4-46　局部刮腻子

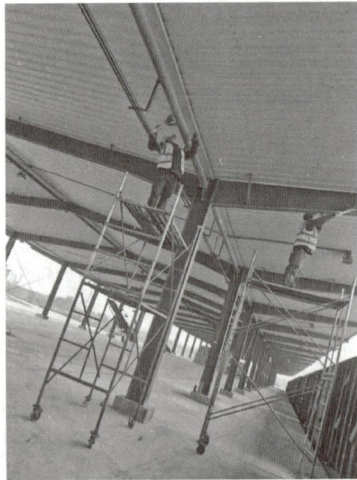

（6）涂刷操作

涂刷操作是防腐涂装的关键环节之一。在涂刷过程中，要按照设计要求的层数和厚度进行涂刷，并注意控制干燥时间和涂刷质量。同时，还要注意保护周围环境，避免污染和异味产生。涂刷操作现场如图 4-47 所示。

（7）喷漆操作

喷漆是防腐涂装的另一种方法。在喷漆过程中，要控制喷枪的压力和速度，并注意保护周围环境和人员安全。同时，还要对喷涂后的表面进行处理和打磨，确保涂层的质量和外观光滑度。喷漆操作现场如图 4-48 所示。

（8）二次涂装

二次涂装是指在第一次涂装的基础上进行再次涂装。在二次涂装前，需要对表面进行处理和修补，并注意控制涂装的厚度和质量。同时，还要注意保护已经涂装的表面，避免造成污染和损坏。这需要我们具备扎实的专业知识和较强的实际操作能力。

图 4-47　涂刷操作现场

图 4-48　喷漆操作现场

3. 钢结构防腐施工安全措施

（1）防火措施

1）防腐涂料施工现场或车间不允许堆放易燃物品，并应远离易燃物品仓库。

2）防腐涂料施工现场或车间，严禁烟火，并应有明显的禁止烟火的宣传标志。

3）防腐涂料施工现场或车间，必须备有消防水源或消防器材。

4）防腐涂料施工中使用的擦过溶剂和涂料的棉纱、棉布等物品，应存放在带盖的铁桶内，并定期处理掉。

5）严禁向下水道倾倒涂料和溶剂。

（2）防爆措施

1）防腐涂料使用前需要加热时，采用热载体、电感加热等方法，并远离涂装施工现场。

2）防腐涂料涂装施工时，严禁使用铁棒等金属物品敲击金属物体和漆桶，如需敲击应使用木制工具，防止因此产生摩擦或撞击火花。

3）在涂料仓库和涂装施工现场使用的照明灯应有防爆装置，临时电气设备应使用防爆型的，并定期检查电路及设备的绝缘情况。在使用溶剂的场所，应禁止使用闸刀开关，要使用三相插头，防止产生电气火花。

4）所有使用的设备和电气导线应良好接地，防止静电聚集。

5）所有进入防腐涂料涂装施工现场的施工人员，应穿安全鞋、安全服装。

（3）防毒措施

1）施工人员应戴防毒口罩或防毒面具。

2）对于接触性侵害，施工人员应穿工作服、戴手套和防护眼镜等，尽量不与溶剂接触。

3）施工现场应做好通风排气，减少有毒气体的浓度。

（4）其他措施

1）高空作业时，应系好安全带，并应对使用的脚手架或吊架等临时设施进行检查，确认安全后，方可施工。

2）施工用工具，不使用时应放入工具袋内，不得随意乱扔乱放。

任务4.6　钢结构防火施工

涂装是钢结构防火处理的关键环节，正确的涂装方式能有效地提高钢结构的耐火性。通过学习钢材的防火涂装，我们可以培养自己的职业素养，提高解决问题的能力。那么，钢材的防火涂装需要做哪些工作呢？

4-5

厚涂防火涂料施工

1. 防火涂料的类型和阻燃机理

（1）防火涂料的类型

防火涂料是以无机粘合剂与膨胀珍珠岩、耐高温硅酸盐材料等吸热、隔热及增强材料合成的一种防火材料，喷涂于钢结构构件表面，形成可靠的耐火隔热保护层，以提高钢结构构件的耐火性能。防火涂料根据其阻燃隔热的原理，可分为膨胀型和非膨胀型两种；根据涂层厚度及性能可分为薄涂型防火涂料（涂层厚度2~7mm）和厚涂型防火涂料（涂层厚度8~50mm），如图4-49、图4-50所示。

图 4-49　薄涂型防火涂料

图 4-50　厚涂型防火涂料

（2）防火涂料的阻燃机理

防火涂料的阻燃机理包括难燃性、低导热系数、分解惰性气体和发泡膨胀四个方面：

1）防火涂料本身具有难燃烧或不燃性，使被保护的基材不直接与空气接触，从而延迟基材着火燃烧。

2）防火涂料具有较低导热系数，可以延迟火焰温度向基材的传递。

3）防火涂料遇火受热分解出不燃的惰性气体，可冲淡被保护基材受热分解出的可燃性气体，抑制其燃烧。

4）膨胀型防火涂料遇火膨胀发泡，形成泡沫隔热层，可封闭被保护的基材，阻止基材燃烧。

2. 防火涂料的选用

膨胀型防火涂料属薄涂型防火涂料，当温度升至150～350℃时，涂层可迅速膨胀5～10倍，从而形成一层较厚实的防火隔热层，使钢结构构件受到隔热保护。涂料喷涂厚度一般为4mm，可使钢构件的耐火时限由15min提高到1.5h。正常情况下，涂层表面光滑，有一定的装饰效果。

非膨胀型防火涂料属厚涂型防火涂料，是一种预发泡高效能的防火涂料。涂层呈颗粒状，密度小，导热率低。通过改变涂层厚度以满足不同的耐火时限要求，最大耐火时限可达3h。主要用于耐火要求较高的钢构件防火，其表面需做装饰面层。防火涂料的类别及适用范围见表4-6。

防火涂料的类别及适用范围 表 4-6

类别	特性	常用厚度(mm)	耐火时限(h)	适用范围
薄涂型防火涂料	附着力强，可配色，一般无需外保护层	2～7	1.5	工业与民用建筑楼盖与屋盖钢结构
超薄型防火涂料	附着力强，干燥快，可配色，有装饰效果，无需外保护层	3～5	2.0～2.5	工业与民用建筑梁、柱等钢结构构件
厚涂型防火涂料	喷涂施工，密度小，物理力学强度低，附着力较低，需要装饰面层隔护	8～50	1.5～3.0	有装饰面层的民用建筑钢结构柱、梁等构件
露天结构用防火涂料	喷涂施工，有良好的耐候性	薄涂型3～10 厚涂型25～40	—	露天环境的钢框架、构架等钢结构构件

在选择防火涂料时，要根据钢结构的使用环境和耐火极限要求进行选择。例如，室内裸露钢结构、轻型屋盖钢结构及有装饰要求的钢结构，当规定其耐火极限在1.5h以下时，宜选用薄涂型钢结构防火涂料；而室内隐蔽钢结构、高层全钢结构及多层厂房钢结构，当规定其耐火极限在2.0h以上时，应选用厚涂型钢结构防火涂料。同时，还要注意选用符合规范要求的涂料品牌和型号，并严格按照说明书进行施工操作。这需要我们具备严谨的工作态度和专业的防火安全知识。

3. 防火涂料的操作工艺

（1）钢结构防火涂料涂装工艺及要求

1）施工方法及机具

① 一般采用喷涂方法涂装，面层装饰涂料可以采用刷涂、喷涂或滚涂等方法；局部修补或小面积构件涂装，不具备喷涂条件时，可采用抹灰刀等工具进行手工抹涂。

② 机具为重力式喷枪，配备能够自动调压的空压机。喷涂底层及主涂层时，喷枪口径为 4～6mm，空气压力为 0.4～0.6MPa；喷涂面层时，喷枪口径为 1～2mm，空气压力为 0.4MPa 左右。

2）涂料配备

① 单组分涂料，现场采用便携式搅拌器搅拌均匀；双组分涂料，按照产品说明书规定的配比混合搅拌。

② 防火涂料配制搅拌，应边配边用。当天配制的涂料必须在说明书规定的时间内使用完。

③ 搅拌和调配涂料，使之均匀一致，且稠度适宜，既能在输送管道中流动畅通，喷涂后又不会产生流淌和下坠现象。

3）底层涂装施工工艺及要求

① 底涂层一般应喷涂 2～3 遍，待前一遍涂层基本干燥后再喷涂后一遍。第一遍喷涂以盖住钢材基面 70％即可，二、三遍喷涂每层厚度不超过 2.5mm。

② 喷涂保护方式、喷涂层数和涂层厚度应根据防火设计要求确定。

③ 喷涂时，操作工手握喷枪要稳，运行速度保持稳定。喷枪要垂直于被喷涂钢构件表面，喷距为 6～10mm。

④ 施工过程中，操作者应随时采用测厚针检测涂层厚度，确保各部位涂层达到设计规定的厚度要求。

⑤ 喷涂后，形成的涂层是粒状表面，当设计要求涂层表面平整光滑时，待喷涂完最后一遍应采用抹灰刀等工具进行抹平处理，以确保涂层表面均匀平整。

4）面层涂装工艺及要求

① 当底涂层厚度符合设计要求，并基本干燥后，方可进行面层涂料涂装。

② 面层涂料一般涂刷 1～2 遍。如第一遍是从左至右涂刷，第二遍则应从右至左涂刷，以确保全部覆盖住底涂层。

③ 面层涂装施工应保证各部分颜色均匀一致，接槎平整。

（2）安全措施

1）安全生产和劳动保护是全面质量控制的重要保证，施工中应严格执行国家和企业有关安全和劳动保护的法规。

2）高空作业必须佩戴安全带，防止高空坠落事故发生。

3）溶剂型防火涂料施工时，必须在施工现场配备消防器材，严禁现场明火，并有明显的禁止烟火的警示标志。

4）施工人员进入施工现场应戴好安全帽、口罩、手套和防尘眼镜等个人防护用品。

5）防火涂料应储存在阴凉的仓库内，仓库内温度不宜高于 35℃，不应低于 5℃，严禁露天存放或日晒雨淋。

6）涂装施工前，做好对周围环境和其他半成品的遮蔽保护工作，防止污染环境。

通过学习钢材的涂装工艺，可以培养学生的职业道德和职业素养。例如，在涂料选择、涂层厚度控制、涂料预处理等环节，需要学生具备严谨的工作态度和精益求精的职业精神；在涂刷和喷漆操作中，需要学生具备熟练的安全操作技能和严谨的安全意识；在二次涂装过程中，需要学生具备扎实的专业知识和较强的实际操作能力。同时，防火涂装的学习也提醒我们在工程实践中要始终关注安全和环保。在选择和使用防火涂料时，需要我们了解其基本原理和应用场景，并严格按照规范进行操作。这不仅可以提高工程的安全性和可靠性，也体现了我们对社会责任的担当。

任务4.7　钢构件运输

以采用汽车进行钢结构构件的运输为例，主钢结构（如钢柱和梁）在工厂制作验收合格后，运至安装现场进行安装。运输内容主要为钢柱和梁的组件，长度在规定范围，满足公路运输要求。钢构件在运输的过程中稳定性差，因此，合理设定钢构件组件的制作长度，采取必要的绑扎、捆绑、设置支架支撑是做好运输工作的主要措施。为防止漆膜损坏，必须采用软质吊具，以免损坏构件表面涂装层。构件的加工表面、落空应涂防锈剂，采取保护措施。

1. 运输前的准备工作

场外公路运输要先进行路线勘测，合理选择运输路线，并根据沿途具体运输障碍等情况制定措施。对承运单位的技术力量和车辆、机具进行审验，并报请交通主管部门批准，必要时要组织模拟运输。在吊装作业前，应由技术员进行吊装和卸货的技术交底。其中，指挥人员、司索人员（起重工）和起重机械操作人员，必须经过专业学习并接受安全技术培训，取得《特种作业人员安全操作证》。作业所使用的起重机械和起重机具必须是完好的。

2. 构件超限运输证办理

构件运输时，被运输的设备、构件或货物，其外形尺寸、高度、重量、长度超过了交通运输部门所规定的范围，而采用了特殊措施来进行运输作业，需要办理超限运输证。超限运输证是允许超限车辆在公路上行驶和运输的证明文件。

《超限运输车辆行驶公路管理规定》是为了加强超限运输车辆行驶公路管理，保障公路设施和人民生命财产安全，维护道路交通秩序，促进经济社会发展，根据《中华人民共和国公路法》《中华人民共和国道路交通安全法》《中华人民共和国道路运输条例》等法律、行政法规而制定的规定。

办理超限运输证需要提交单位申请、驾驶员安全承诺书、经车管分所车辆审验合格表及车辆前后各一张照片并加盖车管分所的章。同时，还需要准备以下材料：申请书，包含车牌号码、重车尺寸、车货重量、轴数、行驶线路、时间、申请单位（盖公章）；载货后车货外廓尺寸信息图（盖公章）；行驶证（原件和复印件）；承运人的道路运输经营许可证（大件运输资质）；经办人身份证（原件和复印件）。

二类超限证是允许车货总长小于28m，总宽小于3.75m，总高小于4.5m，总质量小于100t的车辆办理的证件。二类超限证是行政许可的一种，申请人需提交申请材料齐全、符合法定形式，确保材料真实有效，无虚假信息等，否则需要按受理人员要求对材料进行修改及补充；补正材料后符合条件则会予以受理。

一类超限证是允许车货总长小于20m，总宽小于2.55m，总高小于4.2m，总质量未超过《超限运输车辆行驶公路管理规定》第三条、第十七条标准的车辆办理的证件。与二类超限证一样，一类超限证也是行政许可的一种，需提交申请材料齐全、符合法定形式，确保材料真实有效，无虚假信息等；补正材料后符合条件则会予以受理。

3. 钢构件的装车和卸货

在吊装作业时必须明确指挥人员，统一指挥信号。钢构件必须有防滑垫块，上部构件必须绑扎牢固，钢结构构件必须有防滑支垫。构件运进场地后，应按规定或编号顺序有序地摆放在规定的位置，场内堆放地必须坚实，防止下沉和使构件变形。堆码构件时要码靠稳妥，垫块摆放位置要上下对齐，受力点要在一条线上，防止变形。装卸构件时要妥善保护涂装层，必要时要采取软质吊具。随运构件（节点板、零部件）应设标牌，标明构件的名称、编号。H 型钢结构构件装车时下面应垫好编结草绳，重叠码时应在各受力点铺垫草垫。

4. 运输安全管理

为确保行车安全，在超限运输过程中对超限运输车辆、构件设置警示标志，进行运输前的安全技术交底。在遇有高空架线等运输障碍时须派专人排除，进行运输前的安全技术交底。在运输中，每行驶一段路程要停车检查钢构件的稳定和紧固情况，如发现移位、捆扎和防滑垫块松动时，要及时处理。

在运输构件时，根据构件规格、重量选用汽车和吊车，大型货运汽车载物高度从地面起不准超过 4m，宽度不得超出车厢，长度前端不准超出车身，后端不准超出车身 2m。钢构件长度超出车厢后栏板时，构件和栏板不得遮挡号牌、转向灯、制动灯和尾灯。封车加固的铁丝，钢丝绳必须保证完好，严禁用已损坏的铁丝、钢丝绳进行捆扎。构件装车加固时，用铁丝或钢丝绳拉牢紧固，形式应为八字形、倒八字形、交叉捆绑或下压式捆绑。

■ 小结

本项目介绍了钢结构制作和涂装的关键步骤。强调了在制作钢结构构件之前的准备工作，包括详细的图纸设计、材料准备和验证，以及对计算机辅助设计工具的重要性；接着，对钢结构的下料和切割进行了详细讲解，涵盖了下料、切割和矫正等方法；随后，对钢材的边缘加工、制孔和除锈等处理步骤进行了重点阐述；最后，强调了防腐和防火的重要性，详细介绍了防腐涂层和防火涂层的选择、施工步骤和安全措施。通过这些工艺，可培养学生职业道德、职业素养和对安全环保的关注，为钢结构领域的专业发展提供全面指导。

习　题

1. 选择题

（1）目前可用于钢结构详图设计的软件是（　　　）。

A. ANSYS　　　　B. Tekla　　　　C. Photoshop　　　　D. GPS

（2）以下哪种切割方法不是常用的？（　　）

A. 机械切割　　　B. 气割　　　　C. 等离子切割　　　D. 激光切割

（3）以下哪种方法不属于机械除锈？（　　）

A. 用铲刀除锈　　B. 用手锤除锈　　C. 用酸洗除锈　　D. 用钢丝刷除锈

（4）能在高温时膨胀发泡，形成耐火隔热保护层的钢结构防火涂料是以下哪种？
（　）

A. 非膨胀型防火涂料　　　　　　B. 膨胀型防火涂料

C. 水基性涂料　　　　　　　　　D. 以上均可

2. 简答题

（1）钢结构制作前的准备工作包括哪些步骤？简要说明其重要性。

（2）钢材的下料过程，包括哪些重要的环节？请简述一下各个环节。

（3）钢材矫正有哪些方法？请详细描述其中的一种方法。

（4）钢材处理中的边缘加工有何重要性？

（5）钢材锈蚀的常见类型有哪些？请简述一下各个类型。

（6）防腐涂层在钢结构中的作用是什么？简述钢结构防腐施工的步骤。

（7）针对防火涂料，根据涂层厚度及性能可分为哪些涂料类型？分别对应的常见厚度范围是多少？

（8）根据项目4中提到的钢结构加工制作与涂装施工相关知识，谈谈这些知识对学生在装配式钢结构领域培养哪些方面的能力和意识？

项目 5

钢结构安装

▶▶

教学目标

1. 知识目标

（1）熟悉钢结构安装准备工作总体要求、安装工作面准备、门式刚架的结构形式与布置、压型钢板概念、压型钢板连接形式；

（2）熟悉起重安装设备简介与选择、钢柱吊装线路、钢吊车梁安装、钢框架梁安装的通用要求、压型钢板构成与型式选用、压型钢板的运输堆放与防腐、钢网架结构的形式；

（3）掌握柱脚与首节柱安装、首节柱以上多层与高层柱安装、钢柱安装的注意事项、钢屋架安装、多层与高层钢结构楼面梁安装、压型钢板工程施工、钢网架安装。

2. 能力目标

（1）能够认知和判断常规钢结构体系，能够读懂钢结构施工图纸和术语；

（2）能够熟练操作常规的钢结构施工仪器与工具，校核施工误差，纠正误差，填写验收表格，对不合理的施工方法提出解决问题的建议。

3. 素质目标

（1）形成施工现场操作机械与工具的安全防范意识；

（2）筑牢钢结构现场安装风险预判能力根基，增强安全施工执行力。

任务 5.1 钢结构安装准备工作

钢结构以自己独特的优势在建筑行业占有一席之地。钢结构工程安装前的准备对合理组织人力、物力，加快工程进度，提高施工质量，节约投资成本和材料使用，完成钢结构建设任务有着重要的作用。由于钢结构工程是比较大的工程，如果前期的准备工作没有做好，施工过程中会出现比较多的问题。

1. 准备工作总体要求

（1）详细的安装整体规划。制定详细的钢结构安装整体规划，做好施工前的准备，划分施工流水段，增加工作面，加快施工进度。在制定方案前要做好现场勘测，充分考虑好几个层面的方案内容，与施工方开展沟通交流，依据双方的建议开展钢结构工程施工整体规划与方案设计。

（2）技术准备。有针对性地制定专项施工方案，包括生产工作准备、建筑材料计划、劳动计划、人员培训、安全措施和技术措施等；在钢结构施工前，将项目质量保证计划和施工进度计划提交建设项目监理部门批准；审批后，及时组织管理人员、施工人员学习，增强员工对钢结构建筑施工管理的认识；每个过程都应严格遵守三检质量管理系统，过程检查以及对隐藏项目的接收均符合规范和合同要求。

各专业工种施工工艺确定，包括编制具体的吊装方案、测量监控方案、焊接及无损检测方案、高强度螺栓施工方案、塔式起重机装拆方案、临时用电用水方案及质量安全环保方案等。

组织必要的工艺试验，如焊接工艺试验、压型钢板施工及栓钉焊接检测工艺试验等。尤其要做好新工艺、新材料的工艺试验，作为指导生产的依据。例如，对于栓钉焊接工艺试验，根据栓钉的直径、长度及焊接类型，需要做相应的电流大小、通电时间长短的调试；对于高强度螺栓，需要做好高强度螺栓连接副扭矩系数、预拉力和摩擦面抗滑移系数的检测。

特别是高层钢结构，技术准备有其特殊的要求。施工单位参加图纸会审，与建设、设计、监理单位充分沟通，确定高层钢结构各节点、构件分节制作图，分节加工的构件应满足运输和吊装要求；依高层钢结构的具体情况，确定钢构件进场检验内容及适用标准，以及高层钢结构安装检验批划分、检验内容、检验标准、检测方法、检验工具，在遵循国家标准的基础上，参照部标或其他权威认可的标准，确定后才可以在高层钢结构中使用；根据结构深化图纸，验算钢结构框架安装时构件受力情况，科学地预计其可能的变形情况，并采取相应合理的技术措施来保证高层钢结构安装的顺利进行；高层钢结构的计量管理包括按标准进行的计量检测，按施工组织设计要求的精度配置器具及检测中按标准进行的方法；测量管理包括控制网的建立和复核，检测方法、检测工具、检测精度符合国家标准要求；和高层钢结构所在地的相关部门（如治安、交通、绿化、环保、文保、电力等）进行协调，并到当地的气象部门了解以往年份的气象资料，做好防台风、防雨、防冻、防寒、防高温等工作。

钢结构安装要以图纸为依据，以规范为准则，严格执行国家有关安全生产法规的规定。

（3）人员配备。设置现场工期管理机构，成立工期障碍排除小组，采用新技术、新工艺，并实行"例会"制度，以便集中研究、解决问题；做好后勤保障措施，施工中需要的交通、运输、电力、原材、资金在不间断的情况下，供应施工人员、材料、机械设备等；现场还需配备专职质检员、技术负责人、安全员、施工员、资料员，并持证上岗；人员根据计划进度的需要统一调配，一切服从工期的需要。

（4）场地准备。在场地布置方面，根据钢结构建筑现场安装的总体思路，结合现场场地情况及钢构件的重量、数量、机械、设备的起重能力，充分利用可施工场地布置运输道路、构件和材料堆放场地，合理规划吊车行走路线，在减少重型构件的搬运、提高工效、确保安全的同时，尽量减少对土建施工的影响；现场的三通一平；工程现场周围的道路、材料运输、大型施工机具进出场条件；有无特殊交通限制：如单向行驶、夜间行驶、转弯方向限制、货载重量、高度、长度限制等规定；临时设施、大型施工机具、材料堆放场地安排的可能性，是否需要二次搬运；供电方式、方位、距离、电压等；现场给水及排水情况。

施工方还需准确测量施工现场，并且保证测量的内容、数据等与施工设计图纸相一致。如果相关人员在测量过程中发现实际测量数据与图纸相差较大，需进行多次测量，求取平均值；如果发现施工图纸内容出现错误，需及时将数据反馈给设计人员，确保各方人员都在场的情况下，及时对图纸内容进行准确修改；施工前也要对建筑底层重要部件支座进行检测，看混凝土强度是否达到施工要求，混凝土强度符合设计要求和国家现行有关标准的规定后才能进行钢结构后续的施工步骤。

当地政府有关部门对施工现场管理的一般要求、特殊要求及规定，是否允许节假日和夜间施工。

（5）材料准备。在正式安装前要做好场地设备的搭建工程，例如脚手架的安装，各零部件的检验，验收拼装合格后才能进场；加工厂根据生产线的切断位置对钢结构材料进行切割加工并完成底漆涂装，确保材料尺寸与现场相符，运输途中避免生锈；加工完成后，需将其运送到钢结构施工现场，以减少尺寸偏差以及避免现场加工引起的质量问题。

建筑钢结构工程防腐材料的选用应符合设计要求。防腐蚀材料有底漆、面漆和稀料等。建筑钢结构工程防腐底漆有红丹油性防锈漆、钼铬红环氧酯防锈漆等；建筑钢结构防腐面漆有各色醇酸磁漆和各色醇酸调合漆等。各种防腐材料应符合国家有关技术指标的规定，还应有产品出厂合格证。

2. 起重安装设备简介与选择

（1）大型起重机械介绍。钢结构的吊装，根据起重的质量可分三个级别：大型起重机械，起重质量为80t以上；中型起重机械，起重质量为40～80t；一般起重机械，起重质量为40t以下。钢结构安装宜采用塔式起重机、履带式起重机、汽车式起重机等定型产品。

1）塔式起重机。如图5-1所示，塔式起重机是把起重臂和起重机构装在金属塔架上，整个起重机沿钢轨道行走，工作时被限制在轨道和起重臂的长度范围内进行固定吊装或行走吊装。塔式起重机按其回转形式可分为上回转和下回转两种。

2）履带式起重机。如图5-2所示，履带式起重机是在行走的履带底盘上装有起重装置的起重机械，是一种自行式、全回转的起重机。

3）汽车式起重机。如图5-3所示，汽车式起重机是将起重机构安装在通用或专用汽车底盘上的起重机械。

图 5-1　塔式起重机

图 5-2　履带式起重机

图 5-3　汽车式起重机

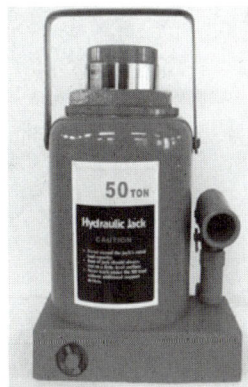

图 5-4　油压式千斤顶

（2）大型起重机械的选择。吊装参数的确定依据包括：起重量、起重高度、起重半径、最小起重臂长度。对于高度不大的中、小型厂房，应先考虑使用 $100\sim150$kN 履带式起重机和轮胎式起重机吊装主体结构；大型工业厂房宜选用 $500\sim700$kN 履带式起重机和 $350\sim1000$kN 汽车式起重机；重型工业厂房宜选用塔式起重机。

（3）简易起重设备。

1）千斤顶。如图 5-4～图 5-6 所示，安装作业时，千斤顶常常用来顶升工件或设备、矫正工件的局部变形。

2）卷扬机。如图 5-7、图 5-8 所示，卷扬机是建筑工地上最常见、最普通的一种施工机械，也称为绞车。

3）链式捯链。如图 5-9、图 5-10 所示，链式捯链是建筑工地上常见的小型、简便、灵活起吊工具。

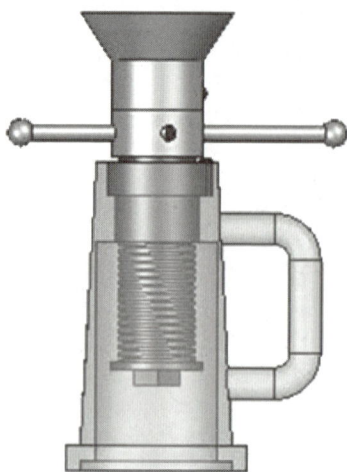

图 5-5　螺旋式千斤顶

图 5-6　齿条式千斤顶

图 5-7　单筒卷扬机

图 5-8　双筒卷扬机

图 5-9　链式手拉捯链

图 5-10　链式电动捯链

（4）吊装卡具。

1）吊钩。吊钩用整块 20 号优质碳素钢锻制后进行退火处理而成。吊钩分单吊钩和双吊钩两种，如图 5-11 所示。

2）卡环。卡环由一个弯环和一根横销组成，如图 5-12 所示。

图 5-11　吊钩

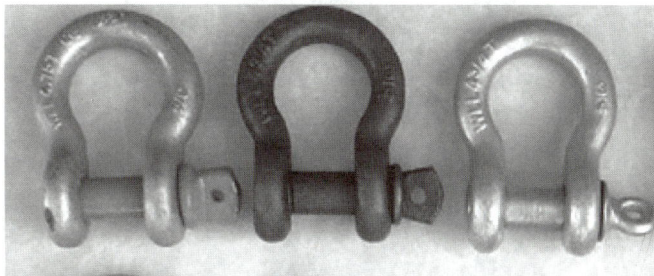

图 5-12　卡环

3）绳卡。绳卡也叫线盘、夹线盘、钢丝卡子、钢丝绳轧头等，如图 5-13 所示。

4）钢丝绳用套环。钢丝绳用套环又称索具套环、三角圈、鸡心环，为钢丝绳的固定连接附件，如图 5-14 所示。

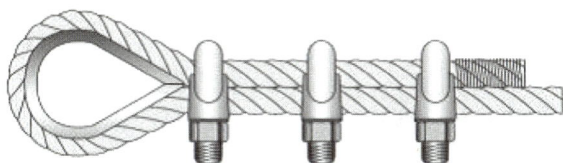

图 5-13　绳卡

图 5-14　钢丝绳用套环

3. 安装工作面准备

钢结构安装前应对建筑物的定位轴线、基础轴线和标高、地脚螺栓位置等进行检查，并应办理交接验收。当基础工程分批进行交接时，每次交接验收不应少于一个安装单元的柱基基础，并应符合规定。基础混凝土强度应达到设计要求。基础周围回填夯实应完毕。基础的轴线标志和标高基准点应准确、齐全，允许偏差符合设计规定。柱的支承面、地脚螺栓的允许偏差符合相关规定。柱脚采用钢垫板支承时符合相关规定。锚栓及预埋件安装符合相关规定。锚栓采用后张法施加预应力时应符合设计要求。地脚螺栓尺寸偏差符合规定，螺纹应予以保护。

（1）基础基坑开挖。基础基坑开挖是上部钢结构的柱脚预埋的首要工作，如图 5-15 所示。

（2）基础垫层支模。基础基坑开挖后，开始基础垫层支模，如图 5-16 所示。

（3）垫层混凝土浇筑。基础垫层支模后，开始浇筑垫层混凝土，如图 5-17 所示。

（4）基础完成。浇筑垫层混凝土后，绑扎基础底板钢筋，并且预埋钢柱地脚螺栓，地脚螺栓的详细内容见后文"（6）地脚螺栓"补充，再浇筑基础混凝土，如图 5-18 所示。

图 5-15　基础基坑开挖

图 5-16　基础垫层支模

图 5-17　垫层混凝土浇筑

图 5-18　基础完成

（5）基础回填。基础完成后，将基础四周回填土逐层压紧压实，如图 5-19 所示。

（6）地脚螺栓。

1）地脚螺栓（锚栓）的埋设方法有直埋法和后埋法。直埋法是在浇筑混凝土前，将螺栓定位，混凝土成型后螺栓埋设好。其优点是混凝土一次浇筑成型，强度均匀，整体性强，抗剪强度高；缺点是螺栓无固定支撑点，如果螺栓定位出现误差，则处理相当繁琐。后埋法是在浇筑混凝土时，预留埋设螺栓孔洞。其优点是有可靠的支撑点，定位准确，不易出现误差；缺点是预留孔洞部分混凝土浇筑后硬化收缩，易与原混凝土之间产生裂缝，降低整体抗剪强度。地脚螺栓（锚栓）埋设如图 5-20 所示。

图 5-19　基础回填

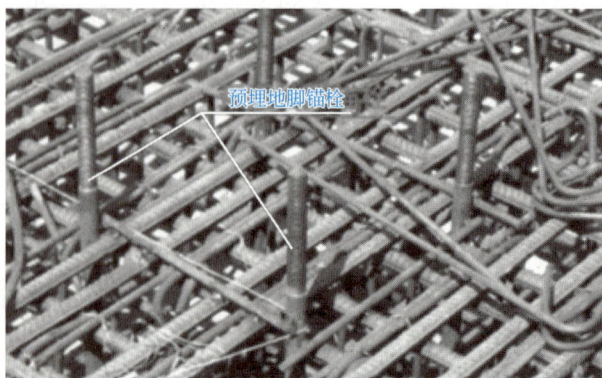

预埋地脚锚栓

图 5-20　地脚螺栓（锚栓）埋设

2）地脚螺栓（锚栓）的纠偏。经检查测量，如埋设的地脚螺栓有个别的垂直度偏差较小时，应在混凝土养护强度达到75％及以上时进行调整。调整时，可用氧乙炔焰将不直的螺栓在螺杆处加热后，采用木质材料垫护，用锤敲移、扶直到正确的垂直位置，如图5-21所示。对位移或垂直度偏差过大的地脚螺栓，可在其周围用钢凿将混凝土凿到适宜深度后，用气割割断，然后按规定的长度、直径尺寸及相同材质材料加工后，采用搭接焊上一段，并采取补强的措施，来调整达到规定的位置和垂直度。对位移偏差过大的个别地脚螺栓除采用搭接焊法处理外，在允许的条件下，还可采用扩大底座板孔径侧壁来调整位移的偏差量，调整后用自制的厚板垫圈覆盖，进行焊接补强固定，如图5-22所示。

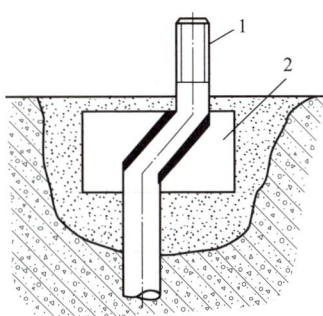

图5-21 地脚螺栓的纠偏
1—螺栓；2—斜向补焊钢板加强

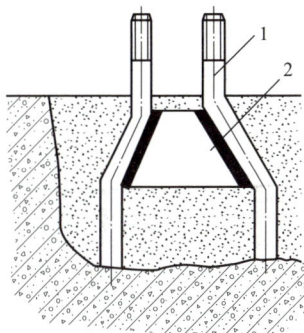

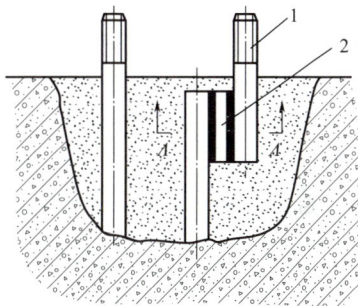

图5-22 地脚螺栓焊接补强
1—螺栓；2—竖向补焊钢板加强

3）地脚螺栓螺纹保护与修补。与钢结构配套出厂的地脚螺栓在运输、装箱、拆箱时，均应加强对螺纹保护。正确保护法是涂油后，用油纸及线麻包装绑扎，以防螺纹锈蚀和损坏；地脚螺栓应单独存放，不宜与其他零部件混装、混放，以免相互撞击损坏螺纹；基础施工埋设固定的地脚螺栓，应在埋设过程中或埋设固定后，用罩式的护箱、盒加以保护。

4）地脚螺栓修复。当螺纹被损坏的长度不超过其有效长度时，可用钢锯将损坏部位锯掉，用什锦钢锉修整螺纹，达到顺利带入螺母为止；当地脚螺栓的螺纹被损坏的长度，超过规定的有效长度时，可用气割割掉大于原螺纹段的长度，再用与原螺栓相同材质、规格的材料，一端加工成螺纹，并在对接的端头截面制成30°～45°的坡口与下端进行对接焊接后，再用相应直径规格、长度的钢管套入接点处，进行焊接加固补强。经套管补强加固后，会使螺栓直径大于底座板孔径，可用气割扩大底座板孔的孔径来解决。

任务5.2 门式刚架的结构形式与布置

门式刚架结构是指单跨或多跨实腹式刚架，具有轻质屋盖和外墙，无桥式吊车或起重量在20t左右及以下工作级别的桥式吊车或3t悬挂式起重机的单层房屋钢结构。刚架钢结构已广泛地应用于各类工业厂房、仓库、体育场馆、会议中心、超市、机库等大型公共建筑，尤其适用于地震区或地基承载力较低、缺少水泥和砂石等材料的地区。

门式刚架钢结构房屋体系的优点主要有：外观简洁美观，内部构造简单；跨度大、柱网布置灵活；构件和配件的生产标准化、工业化程度较高；大多在钢构厂内制作，在工地现场进行拼接安装，施工速度快；便于维护和拆迁，综合经济效益较高。

门式刚架钢结构房屋体系的缺点主要有：结构整体刚度小；杆件壁薄，锈蚀及局部变形影响大；制作、运输及安装要求高。

1. 结构形式

在门式刚架轻型房屋钢结构体系中，屋盖宜采用压型钢板屋面板和冷弯薄壁型钢檩条，主刚架可采用变截面实腹刚架，外墙宜采用压型钢板墙面板和冷弯薄壁型钢墙梁。主刚架斜梁下翼缘和刚架柱内翼缘平面外的稳定性，应由隅撑保证。主刚架间的交叉支撑可采用张紧的圆钢、钢索或型钢等。门式刚架形式如图 5-23 所示。

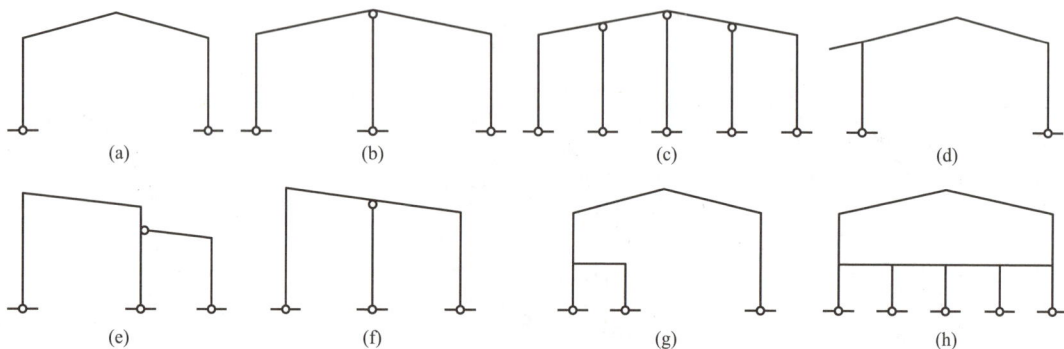

图 5-23　门式刚架形式

（a）单跨刚架；（b）双跨刚架；（c）多跨刚架；（d）带挑檐刚架；（e）带毗屋刚架；

（f）单坡刚架；（g）纵向带夹层刚架；（h）端跨带夹层刚架

门式刚架分为单跨、双跨、多跨刚架以及带挑檐和带毗屋刚架等形式，如图 5-23（a～e）所示。多跨刚架中间柱与斜梁的连接可采用铰接。多跨刚架宜采用双坡或单坡屋盖（如图 5-23（f）所示），也可采用由多个双坡屋盖组成的多跨刚架形式。当设置夹层时，夹层可沿纵向设置或在横向端跨设置，如图 5-23（g、h）所示。夹层与柱的连接可采用刚性连接或铰接。

根据跨度、高度和荷载不同，门式刚架的梁、柱可采用变截面或等截面实腹焊接工字形截面或轧制 H 形截面。设有桥式吊车时，柱宜采用等截面构件。变截面构件宜做成改变腹板高度的楔形，必要时，也可改变腹板厚度；结构构件在制作单元内不宜改变翼缘截面，当必要时，仅可改变翼缘厚度；邻接的制作单元可采用不同的翼缘截面，两单元相邻截面高度宜相等。

门式刚架的柱脚宜按铰接支承设计。当用于工业厂房且有 5t 以上桥式吊车时，可将柱脚设计成刚接。

门式刚架可由多个梁、柱单元构件组成。柱宜为单独的单元构件，斜梁可根据运输条件划分为若干个单元。单元构件本身应采用焊接，单元构件之间宜通过端板采用高强度螺栓连接。

2. 结构布置

门式刚架结构以柱、梁组成的横向刚架为主受力结构，刚架为平面受力体系。为保证纵向稳定，设置柱间支撑和屋面支撑。刚架柱和梁均采用截面 H 型钢制作，各种荷载通过柱和梁传给基础；刚性支撑采用热轧型钢制作，一般为角钢；柔性支撑为圆钢；系杆为受压圆钢管，与支撑组成受力封闭体系。门式刚架结构的主要构件分布如图5-24所示。

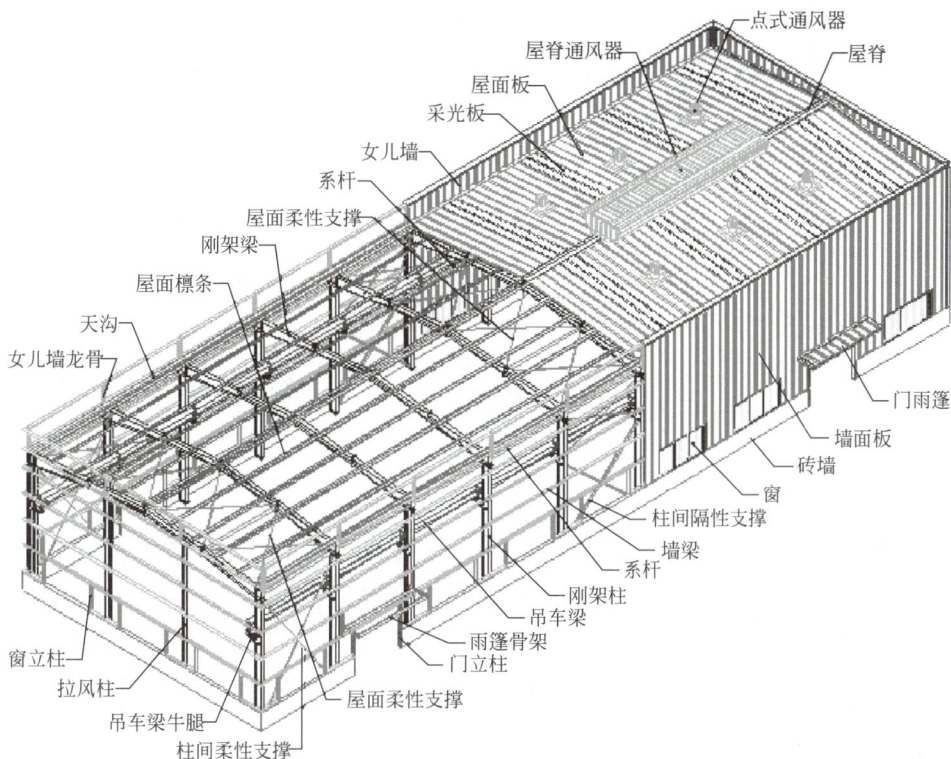

图5-24 门式刚架结构的主要构件分布

门式刚架的横向刚架为主受力结构，横向刚架的基本结构有：典型门式刚架，其构件组成如图5-25所示；带吊车的门式刚架，其构件组成如图5-26所示；带局部二层的门式刚架，其构件组成如图5-27所示。

（1）门式刚架轻型房屋钢结构的尺寸应符合下列规定：

1）门式刚架的跨度，应取横向刚架柱轴线间的距离。

2）门式刚架的高度，应取室外地面至柱轴线与斜梁轴线交点的高度。高度应根据使用要求的室内净高确定，有吊车的厂房应根据轨顶标高和吊车净空要求确定；柱的轴线可取通过柱下端（较小端）中心的竖向轴线；斜梁的轴线可取通过变截面梁段最小端中心与斜梁上表面平行的轴线。

3）门式刚架轻型房屋的檐口高度，应取室外地面至房屋外侧檩条上缘的高度。

4）门式刚架轻型房屋的最大高度，应取室外地面至屋盖顶部檩条上缘的高度。

5）门式刚架轻型房屋的宽度，应取房屋侧墙墙梁外皮之间的距离。

6）门式刚架轻型房屋的长度，应取两端山墙墙梁外皮之间的距离。

（2）门式刚架的单跨跨度宜为12～48m。当有根据时，可采用更大跨度。当边柱宽度不等时，其外侧应对齐。门式刚架的间距，即柱网轴线在纵向的距离宜为6～9m，挑檐长度可根据使用要求确定，宜为0.5～1.2m，其上翼缘坡度宜与斜梁坡度相同。

（3）门式刚架轻型房屋的屋面坡度宜取 $\frac{1}{20}$～$\frac{1}{8}$，在雨水较多的地区宜取其中的较大值。

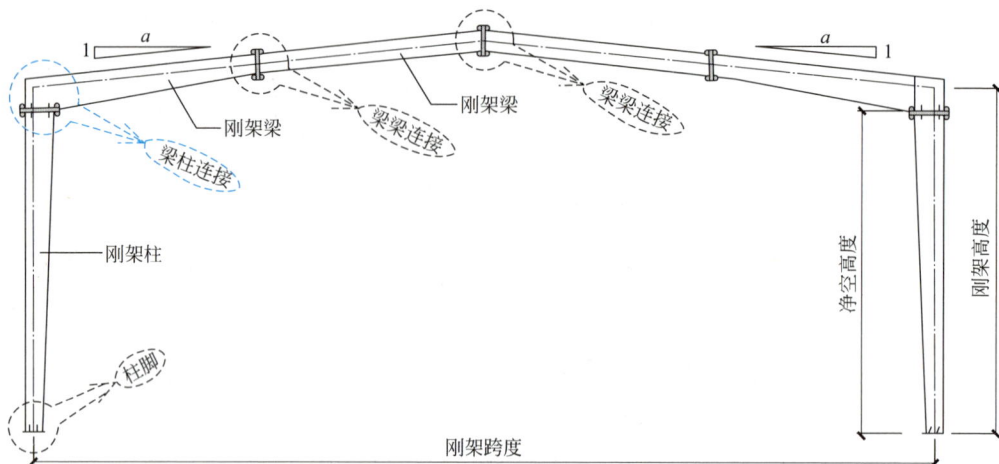

图 5-25　典型门式刚架构件组成

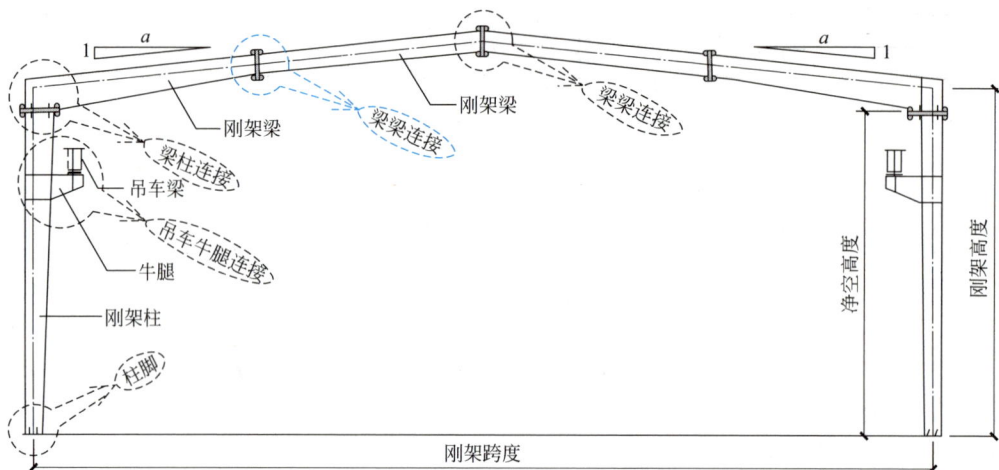

图 5-26　带吊车的门式刚架构件组成

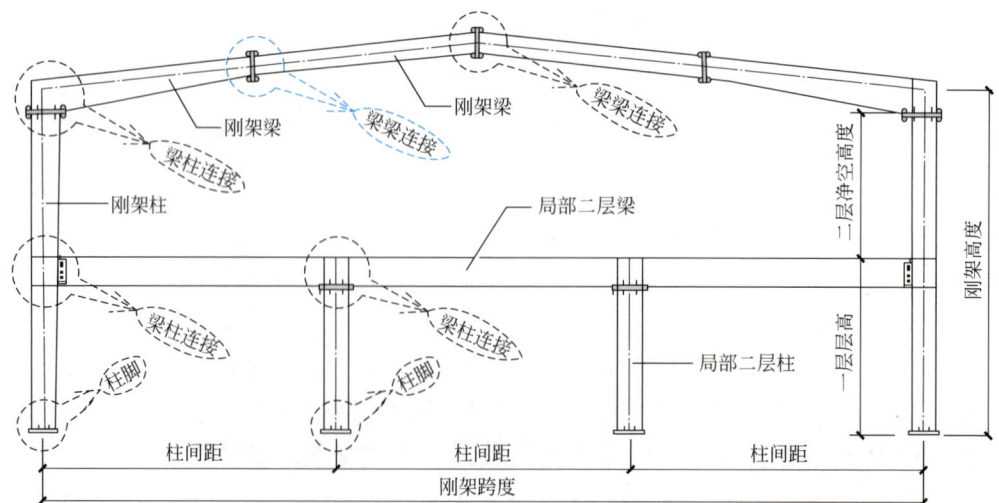

图 5-27　带局部二层的门式刚架构件组成

（4）门式刚架轻型房屋钢结构的温度区段长度，应符合下列规定：纵向温度区段不宜大于300m；横向温度区段不宜大于150m，当横向温度区段大于150m时，应考虑温度的影响；当有可靠依据时，温度区段长度可适当加大。

（5）需要设置伸缩缝时，应符合下列规定：在搭接檩条的螺栓连接处宜采用长圆孔，该处屋面板在构造上应允许胀缩或设置双柱；吊车梁与柱的连接处宜采用长圆孔。

（6）在多跨刚架局部抽掉中间柱或边柱处，宜布置托梁或托架。

（7）屋面檩条的布置，应考虑天窗、通风屋脊、采光带、屋面材料、檩条供货规格等因素的影响。屋面压型钢板厚度和檩条间距应按计算确定。

（8）山墙可设置由斜梁、抗风柱、墙梁及其支撑组成的山墙墙架，或采用门式刚架。

（9）房屋的纵向应有明确、可靠的传力体系。当某一柱列纵向刚度和强度较弱时，应通过房屋横向水平支撑，将水平力传递至相邻柱列。

（10）门式刚架轻型房屋钢结构侧墙墙梁的布置，应考虑设置门窗、挑檐、遮阳和雨篷等构件和围护材料的要求。

（11）门式刚架轻型房屋钢结构的侧墙，当采用压型钢板作围护面时，墙梁宜布置在刚架柱的外侧，其间距应随墙板板型和规格确定，且不应大于计算要求的间距。

（12）门式刚架轻型房屋的外墙，当抗震设防烈度在8度及以下时，宜采用轻型金属墙板或非嵌砌砌体；当抗震设防烈度为9度时，应采用轻型金属墙板或与柱柔性连接的轻质墙板。

（13）柱间支撑体系布置。支撑布置的目的是使整个温度区段或分期建设的区段建筑能构成稳定的空间结构骨架。柱间支撑布置的主要原则如下：

1）柱间支撑的间距应根据房屋纵向柱距、受力情况和安装条件确定。当无吊车时，宜取30～45m。当建筑物宽度大于60m时，在内柱列宜适当增加柱间支撑。当房屋高度相对于柱间距较大时，柱间支撑宜分层设置。

2）柱间支撑可采用带张紧装置的十字交叉圆钢支撑，圆钢与构件的夹角在30°～60°范围内，宜接近45°。

3）刚架柱间支撑的内力，应根据该杆列所受纵向风荷载（如有吊车，还应计入吊车纵向制动力）按支撑于柱脚基础上的竖向悬臂桁架计算；对于交叉支撑可不计压杆的受力。

4）当同一柱列设有多道柱间支撑时，由于两道支撑间距较大，其间用柔性系杆连接，因此两道支撑间的纵向变形较大，多道支撑很难协同受力，山墙风力应由最靠近山墙的一道支撑承受。

5）在每一伸缩缝区段，沿每一纵向柱列均应设置柱间垂直支撑。

6）当设有起重量不小于5t的桥式吊车时，柱间宜采用型钢支撑。

7）温度区段端部吊车梁以下不宜设置柱间刚性支撑。

（14）屋面水平支撑布置。屋面水平支撑布置的主要原则如下：

1）屋盖横向支撑宜设在温度区间端部的第一个或第二个开间，当端部支撑设在第二个开间时，在第一个开间的相应位置应设置刚性系杆。

2）在刚架转折处（单跨房屋边柱柱顶和屋脊以及多跨房屋某些中间柱柱顶和屋脊）应沿房屋全长设置刚性系杆。

3）在设置柱间支撑的开间，宜同时设置屋盖横向支撑，以组合几何不变体系，柱间支撑和屋面支撑必须布置在同一开间内，形成抵抗纵向荷载的支撑桁架。

4）屋面交叉支撑一般按柔性拉杆设计，考虑一根受拉一根退出工作，并对拉杆施加预拉力；单向支撑中的杆件受压起控制作用，应按压杆设计。

5）檩条可兼作刚性系杆，此时应满足对压弯构件的刚度和承载力要求，当不满足时，可用双檩条或在刚架斜梁间设置钢管、H 型钢或其他截面的杆件。

6）屋盖横向水平支撑可仅设在靠近上翼缘处。

7）在设有带驾驶室且起重量大于 15t 的桥式吊车的跨间，应在屋盖边缘设置纵向支撑桁架；当桥式吊车起重量较大时，应采取措施增加吊车梁的侧向刚度。

8）刚架斜梁上横向水平支撑的内力，应根据纵向风荷载按支撑于柱顶的水平桁架计算。

（15）隔撑布置。隔撑是钢结构的重要构件，对保证梁柱平面外稳定起着至关重要的作用。不同荷载工况下，刚架梁弯矩分布复杂多样，刚架柱附近一般有负弯矩使得梁下翼缘受压，为保证刚架梁下翼缘和柱内翼缘的平面外稳定性，可在梁与檩条或柱墙梁之间增设隔撑。

（16）檩条布置。檩条一般设计成单跨简支构件，有实腹式和格构式两大类，其中，实腹式檩条也可以设计成连续构件。钢结构一般采用实腹式檩条，其优点是构造简单、制造及安装方便，常用于跨度为 3～6m 的情况。其截面形式有槽钢、普通工字钢、焊接 H 型钢、卷边 C 形、直卷边 Z 形或斜卷边 Z 形冷弯薄壁型钢。当屋面荷载较大或檩条跨度超过 9m 时，宜选用格构式檩条。目前常用的格构式檩条的截面形式包括平面桁架式、空间桁架式。平面桁架式檩条的优点是平面内刚度大、用钢量省（3～5kg/m^2），缺点是侧向刚度较差，需要在跨中设置拉条，制作费工；空间桁架式檩条横截面呈三角形，是由三个平面桁架组成的完整空间桁架体系，其结构合理，受力明确，整体刚度大，不需要设置拉条，安装方便。下撑式檩条的下弦杆和撑杆均为冷弯薄壁型钢，下弦常采用圆钢。檩条杆件数量少、构造简单、制作方便、用钢量小（3～4kg/m^2），缺点是刚度较差。

对 C 形和 Z 形檩条，宜将上翼缘肢尖（或卷边）朝向屋脊方向，以减小屋面荷载偏心而引起的扭矩。屋脊檩条应采用双檩条方案，并应在高度的 1/3 处用圆钢或钢管相互拉结。檩条的跨度由主刚架柱的间距决定。檩条间距应综合考虑天窗、通风屋脊、采光带、天沟、屋面材料、檩条规格等因素，刚架中部一般应等间距布置，但在屋脊和檐口处，为便于屋脊盖板和天沟收边，檩条布置应做局部调整。简支檩条和连续檩条一般通过搭接方式的不同来实现，连续 C 形檩条可通过采用套接后用螺栓锁紧实现，直卷边或带斜卷边的 Z 形连续檩条可采用叠接搭接来实现。檩条一般通过檩托与刚架斜梁连接，檩托可用钢板或角钢，檩条与檩托采用普通螺栓连接，并沿檩条高度方向布置。为便于安装，除兼作刚性系杆的双檩条外，其他檩条可开长圆孔。为给檩条提供侧向支承，减小檩条沿屋面坡度方向的跨度，减少檩条在施工和使用阶段的侧向变形和扭转，在实腹式檩条之间需设置拉条。拉条和撑杆是提高檩条侧向稳定性的重要构造措施，拉条仅传递拉力，撑杆主要承受压力。

拉条和撑杆的布置原则为：当檩条跨度小于 4m 时，可按计算要求确定是否需要设置拉条；当屋面坡度或檩条跨度大于 4m 小于 6m 时，应在檩条跨中受压翼缘设置一道拉条；当跨度大于 6m 时，宜在檩条三分点处各设一道拉条；当屋盖有天窗时，应在天窗两侧檩条之间设置斜拉条和支撑杆。拉条一般设置在离檩条上翼缘 1/3 高度处。撑杆主要作用是限制屋脊、檐口和天窗两侧边檩向上和向下两个方向的侧向弯曲，撑杆处应同时设置斜拉条，将檩条沿屋面坡度方向的分力传到钢梁或钢柱上。

（17）墙梁的布置。支承轻型墙体的构件即为墙梁。墙梁通常支承于建筑物的承重柱或墙架柱上，墙体荷载通过墙梁传给柱，墙梁多采用冷弯薄壁槽钢、卷边槽钢、卷边 Z 型钢等。墙梁的布置应考虑门窗、遮雨篷等构件和维护材料的要求，综合考虑墙板板型和规格、墙板的材料强度和尺寸，以及所受荷载的大小确定墙梁的间距。当墙梁有一定竖向承载力，墙板落地，且墙梁与墙板间有可靠连接时，可不设中间柱，并可不考虑自重引起的弯矩和剪力。墙梁可设计成简支或连续构件，两端支承在刚架柱上。若有条形窗或房屋较高且墙梁跨度较大时，墙架柱的数量应由计算确定；当墙梁需承受墙板重及自重时，应考虑双向弯曲。

5-1

单层厂房
钢结构安装工艺

任务 5.3　钢柱安装

钢柱是钢结构的竖向承重构件，钢柱类型很多，其主要的断面形式有："口"形、"○"形、"H"形、"十"形、组合式和格构式等，它的安装质量是钢结构安全性的重要保障之一。

1. 准备工作

（1）检测柱脚的标高与标志线。

（2）预埋锚栓交接验收，检查基础的标高、水平度、螺栓的位置和露出长度等是否符合要求，测量柱脚标高、调平标高定位螺栓如图 5-28、图 5-29 所示。

（3）检查柱基是否找平、标高控制是否到位，复核轴线并弹好安装对位线，检查地脚螺栓轴线位置、尺寸及质量。

（4）钢柱安装前应设置标高观测点和中心线标志，同一工程的观测点和标志设置位置应一致。

（5）标高观测点以牛腿支承面为基准，设在柱的便于观测处，无牛腿柱，设在柱顶与屋面梁连接的最上一个安装孔中心。

（6）做好中心线标志，主要包括柱底板和柱身中心线。

图 5-28　测量柱脚标高

图 5-29　调平标高定位螺栓

2. 钢柱吊装

吊点位置及吊点数，应根据钢柱形状、端面、长度、起重机性能等具体情况确定。一般钢柱弹性和刚性都很好，吊点采用一点正吊，吊耳放在柱顶处，柱身垂直、易于对线校正，如图 5-30、图 5-31 所示。

5-2

钢柱吊装

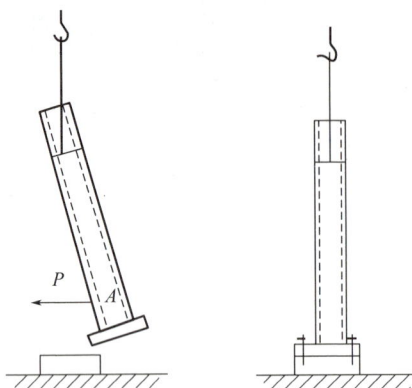

图 5-30　一点正吊示意图

图 5-31　一点正吊实物图

通过柱重心位置，受起重机臂杆长度限制，吊点也可放在柱长 1/3 处，吊点斜吊，但由于钢柱倾斜，对线校正较难。对细长钢柱，为防止钢柱变形，可采用二点或三点。为了保证吊装时索具安全及便于安装校正，吊装钢柱时在吊点部位预先安有吊耳，吊装完毕再割去。如果不采用焊接吊耳，直接在钢柱本身用钢丝绳绑扎时要注意两点：其一，在钢柱棱角处加装弧面护角，防止钢丝绳被棱角割损；其二，在绑扎点处，为防止工字型钢柱，局部受挤压破坏，可加一加强肋板，吊装格构柱，绑扎点处加支撑杆。对重型工业厂房大型钢柱又重又长，根据起重机配备和现场条件确定吊点，可单机、双机、三机等。

旋转法：钢柱运到现场，起重机边起钩边回转，使柱子绕柱脚旋转面将钢柱吊起，如图 5-32 所示。

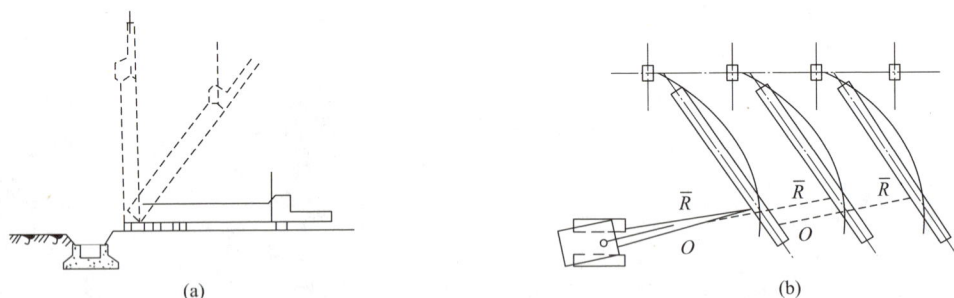

图 5-32　旋转法
（a）旋转过程；（b）平面布置

滑行法：单机或双机抬吊钢柱起重机只起钩，使钢柱脚滑行面将钢柱吊起的方法叫滑行法。为减少钢柱脚与地面的摩阻力，需在柱脚下铺设滑行道。滑行法如图 5-33 所示。

抬吊递送法：双机或三机抬吊，为减少钢柱脚与地面的摩阻力，其中一台为副机，吊点在柱下端，起吊柱时配合主机起钩，随着主机的起吊，副机要行走或回转，在递送过程中，副机承担了一部分荷载，将钢柱脚递送到柱基础上，副机摘钩，卸去荷载，此刻主机满载，将柱就位，如图 5-34 所示。双机或多机抬吊注意事项包括：尽量选用同类型起重机；根据起重机能力，对起吊点进行荷载分配；各起重机的荷载不宜超过其相应起重能力

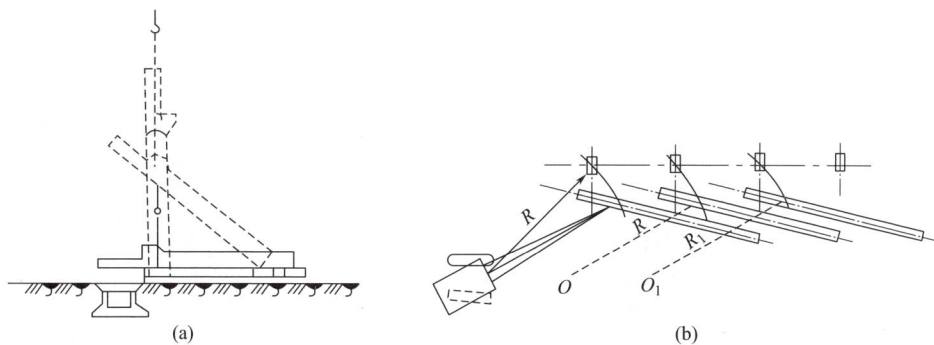

图 5-33　滑行法
（a）滑行过程；（b）平面布置

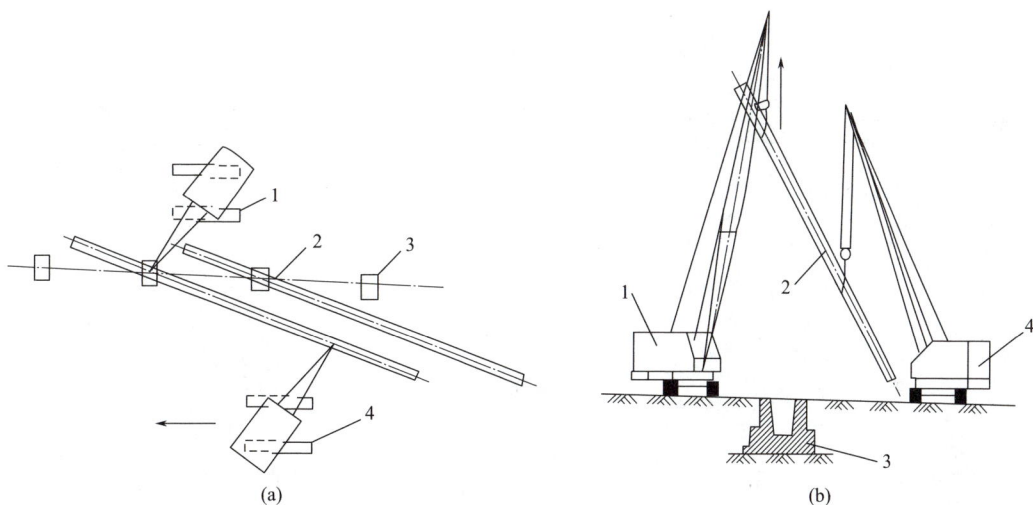

1—主机；2—钢柱；3—基础；4—副机

图 5-34　抬吊递送法
（a）平面布置；（b）吊装过程

的 80%；多机抬吊，在操作过程中要互相配合，动作协调，如采用铁扁担起吊，尽量使铁扁担保持平衡，倾斜角度小，以防一台起重机失重而使另一台起重机超载，造成安全事故；信号指挥，分指挥必须听从总指挥。

3. 柱脚与首节柱安装

用起重机将钢柱吊装到基础上，对准地脚螺栓缓慢下落，拧上螺母将柱临时固定，即首节柱吊装就位，如图 5-35 所示。临时固定垫片和螺母如图 5-36 所示。

钢柱垂直度校正采用起重机初校，经纬仪进行垂直度和轴线复校正，如图 5-37 所示。借助上下螺母校正垂直度，用双螺母进行柱底调平，如图 5-38 所示。

锚栓紧固，将紧固螺母拧紧，并做临时加固。检查钢柱的标高、垂直度、轴线等是否符合规范要求。如果有柱间撑，就要及时安装柱间撑，将柱间撑系杆安装固定。待其他钢构件全部安装检查无误后，在柱底板与基础面间预留的空隙中浇灌细石混凝土，如图 5-39 所示。这里要注意的问题是，基础支承部位的混凝土面层上的杂物需认真清理干净，并在灌浆前用清水湿润后再进行灌浆，灌浆前对基础上表面的四周应支设临时模板，基础灌浆时应连续进行，防止砂浆凝固而不能紧密结合。

图 5-35　首节柱吊装就位

图 5-36　临时固定垫片和螺母

图 5-37　用经纬仪进行垂直度和轴线的校正

图 5-38　用双螺母进行柱底调平

为保证基础二次灌浆达到强度要求，应避免发生一系列的质量通病。对于灌浆空隙太小，底座板面积较大的基础灌浆时，为克服无法施工或灌浆中的空气、浆液过多，影响砂浆的灌入或分布不均等缺陷，宜参考如下方法进行：灌浆空隙较小的基础，可在柱底脚板上面各开 1 个适宜的大孔和小孔，大孔作灌浆用，小孔作为排除空气和浆液用，在灌浆的同时可用加压法将砂浆填满空隙，并认真捣固，以达到强度；对于长度或宽度在 1m 以上的大型柱底座板灌浆时，应在底座板上开一孔，用漏斗放于孔内，并采用压力将砂浆灌入，再用 1～2 个细钢管，其管壁钻若干小孔，按纵横方向平行放入基础砂浆内解决浆液和空气的排出。待浆液、空气排出后，抽除钢管并再加灌一些砂浆来填满钢管遗留的空隙。在养护强度达到后，将座板开孔处用钢板覆盖并焊接封堵。基础灌浆工作完成后，应将支承面四周边缘用工具抹成 45°散水坡，并认真湿润养护，如果在北方冬期或较低温环境下施工时，应采取防冻或加温等保护措施。

以上方法是借助上下螺母校正垂直度，用双螺母进行柱底调平，还有另外一种方法也常采用，即采用调整螺母、垫放垫铁来调整柱基标高，如图 5-40 所示。为了使垫铁组平稳地传力给基础，应使垫铁面与基础面紧密贴合。因此，在垫放垫铁前，对不平的基础上表面，需用工具凿平。垫放垫铁的位置及分布应正确，具体垫法应根据钢柱底座板受力面积大小，垫在钢柱中心及两侧受力集中部位或靠近地脚螺栓的两侧。垫铁垫放的主要要求是在不影响灌浆的前提下，相邻两垫铁组之间的距离应越近越好，这样能使底座板、垫铁和基础，起到全面承受压力荷载的作用，共同均匀地受力，避免局部偏压、集中受力或底板在地脚螺栓紧固受力时发生变形。一般钢柱安装用垫铁均为非标准，故钢柱安装用垫铁在设计施工图上一般不作规定和说明，施工时可自行选用确定。选用确定垫铁的几何尺寸及受力面积，可根据安装构件的底座面积大小、标高、水平度和承受载荷等实际情况确定。垫铁厚度应根据基础上表面标高来确定。一般基础上表面的标高多数低于安装基准标高 40～60mm。安装时，应依据这个标高尺寸用垫铁来调整确定极限标高和水平度。因此，安装时应根据实际标高尺寸确定垫铁组的高度，再选择每组垫铁厚、薄的配合；相关的规范规定，每组垫铁的块数不应超过 3 块。垫铁垫的高度应合理，过高会影响受力的稳定；过低则影响灌浆的填充饱满，甚至使灌浆无法进行。灌浆前，应认真检查垫铁组与底座板接触的牢固性，常用 0.25kg 重的小锤轻击，用听声的办法来判断，接触牢固的声音是实声；接触不牢固的声音是碎哑声。

图 5-39　在柱底板与基础面间预留的
空隙中浇灌细石混凝土

图 5-40　用垫放垫铁来调整柱基标高

4. 首节柱以上多层与高层柱安装

为使多层及高层钢结构安装质量达到最优，主要控制钢柱的水平标高、轴线位置和垂直度。测量是安装的关键工序，在整个施工过程中，以测量为主。它与单层钢结构钢柱校正有相同点和不同点。

（1）柱基标高调整，首层柱垂偏校正，与上述首节柱校正方法相同。不同点是多层及高层钢结构，地下室部分钢柱都是劲性钢柱，钢柱的周围都布满了钢筋，调整标高及对线找垂直，都要适当地将钢筋梳理开，才能进行工作，工作起来比较困难。

（2）柱顶标高调整和其他节框架钢柱标高控制可以用两种方法，一种按相对标高安装，另一种按设计标高安装，通常按相对标高安装。钢柱吊装就位后，用高强度大六角头螺栓固定连接（经摩擦面处理），即上下耳板不加紧，通过起重机起吊，撬棍微调柱间间隙，符合要求后打入钢楔、点焊限制钢柱下落，考虑到焊缝收缩及压缩变形，标高偏差调整至 5mm 以内。柱子安装后在柱顶安置水平仪，测相对标高，取最合理值为零点，以零点为标准进行换算各柱顶线，安装中以线控制，将标高测量结果与下节柱顶预检长度对比进行综合处理。超过 5mm 对柱顶标高作调整，调整方法是采用填塞一定厚度的低碳钢钢板，但须注意不宜一次调整过大，因为过大的调整会带来其他构件节点连结的复杂化和安装难度。

（3）第二节柱纵横十字线校正。为使上下柱不出现错口，尽量做到上下柱十字线重合；如有偏差，在柱的连接耳板的不同侧面夹入垫板（垫板厚度 0.5～1.0mm），拧紧大六角头螺栓，钢柱的十字线偏差每次调整 3mm 以内，若偏差过大分 2～3 次调整。注意：每一节柱子的定位轴线绝不允许使用下一节柱子的定位轴线，应将地面控制轴线引到高空，以保证每节柱子安装正确无误，避免产生过大的积累偏差。

（4）第二节钢柱垂直度偏差校正。钢柱校正重点对钢柱有关尺寸预检，影响垂直的因素如安装误差。下层钢柱的柱顶垂直度偏差就是上节钢柱的底部轴线、位移量、焊接变形、日照温度、垂度校正及弹性等综合安装误差之和，可采取预留垂偏值，预留值大于下节柱积累偏差值时，只预留累积偏差值，反之则预留可预留值，其方向与偏差方向相反。

根据国内外高层钢结构安装经验，为确保整体安装质量，在每层都要选择一个标准框架结构体（或剪力筒），依次向外安装。安装标准化框架体的原则为：建筑物核心部分，几根标准柱能组成不可变的框架结构；使与其他柱安装及流水段的划分标准柱的垂直校正采用三台经纬仪对钢柱及钢梁安装跟踪观测。钢柱垂直度校正可分两步：第一步，采用无缆风校正，在钢柱偏斜方向的一侧打入钢模或顶升千斤顶，在保证单节柱垂直度不超过的前提下，将柱顶轴线偏移控制到零，最后拧紧临时连接耳板的高强度大六角头螺栓至额定扭矩值；第二步，将标准框架体的梁安装上，先安上层梁，再安中、下层梁，安梁过程会对柱垂直度有影响，可采用钢丝绳缆索（只适宜向跨内柱）、千斤顶、钢楔和手拉捯链进行。其他框架柱依标准框架体向四周发展，其做法与上同。

（5）钢柱安装允许偏差。根据《钢结构工程施工质量验收标准》GB 50205—2020 的规定，多层及高层钢结构中柱子安装的允许偏差见规范表。可用全站仪式激光经纬仪和钢尺实测，标准柱全部检查，非标准柱抽查 10%，且应不少于 3 根。

5. 钢柱吊装线路

（1）综合吊装法。综合吊装法是指起重机每开行一次，以节间为单位安装所有结构构件，如图 5-41 所示。先吊装 4～6 根柱，随即进行校正和最后固定，然后吊装该节间的吊车梁、连系梁、屋架、天窗架、屋面板等构件。综合吊装法虽然具有起重机开行路线短，停机次数少，能及早交出工作面，为下一工序创造施工条件等优点。但由于同时吊装各类型的构件，起重机的能力不能充分发挥；索具更换频繁，操作多变，影响生产效率的提高；校正及固定工作时间紧张；构件供应复杂，平面布置拥挤，所以在一般情况下，不能采用综合吊装法。只有使用移动困难的桅杆式起重机吊装时才采用综合吊装法。

（2）分件吊装法。如图 5-42 所示，分件吊装法是指起重机每开行一次仅吊装一种或两种构件。一般分三次开行吊装完成全部构件。第一次开行，吊装全部柱子，需要对柱子进行校正和最后固定；第二次开行，吊装吊车梁、连系梁及柱间支撑等；第三次开行，以节间为单位吊装屋架、天窗架、屋面板、屋面支撑及抗风柱等。起重机每开行一次，基本上吊装一种或一类构件。根据构件的重量及安装高度不同，从而选用不同型号的起重机，充分发挥其工作性能。在吊装过程中，吊具不用经常更换，操作易于熟练，吊装速度快。

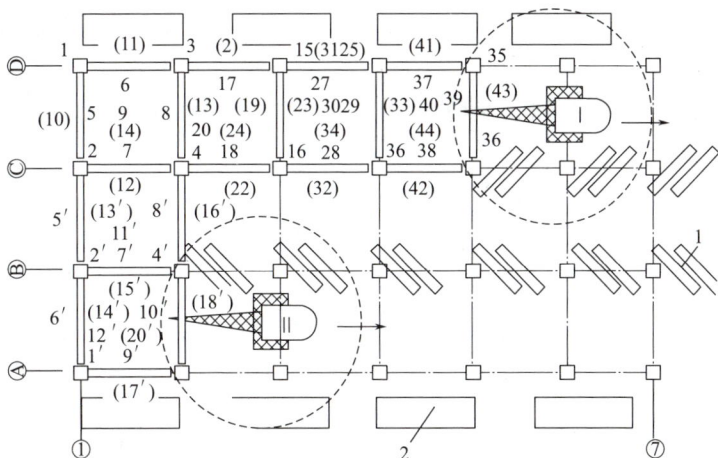

1 为柱预制件堆放处，2 为梁板堆放处，左上区域 1、2、3…为起重机 I 的吊装顺序，左下区域 1′、2′、3′…
为起重机 II 的吊装顺序，带括号的数据为第二层梁板吊装顺序

图 5-41　综合吊装法（吊装二层梁板结构顺序图）

一般钢结构厂房的吊装采用分件吊装法，能为构件临时固定、校正及最后固定等工序提供
充裕的时间。但起重机开行路线及形成结构空间的时间长，在安装阶段稳定性较差。

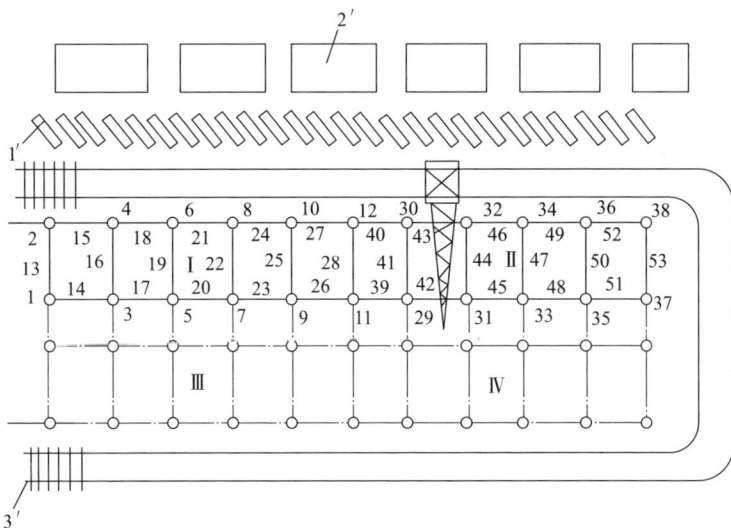

1、2、3…为构件吊装顺序，Ⅰ、Ⅱ、Ⅲ、Ⅳ为吊装段编号，1′为柱预制件堆放场地，
2′为梁、板堆放场地，3′为塔机起重轨道

图 5-42　分件吊装法（吊装一个楼层的顺序）

优点：由于每次吊装同类型构件，索具不需经常更换，操作方法也基本相同，所以其
吊装速度快、效率高；与综合吊装法相比，可以选择小型的起重机，利用不同类型构件吊
装的间隙更换起重臂杆，以适应不同类型构件的起重量和起重高度的要求，充分发挥起重
机效率；构件分类吊装，也可以分批供应，构件预制、吊装、运输组织方便；现场平面布
置比较简单、排放条件好；能给构件校正、接头焊接、灌注混凝土、养护提供充分的
时间。

缺点：起重机行走频繁，机械台班费用较高；不能及早为下道工序创造工作面，阻碍了工序间的流水施工。

（3）混合吊装法。混合吊装法即分件吊装法和综合吊装法相结合的方法。由于分件吊装法和综合吊装法各有所长，因此，目前不少钢结构采用分件吊装法吊装柱，综合吊装法来吊装吊车梁、连系梁、屋架、屋面板等各种构件，起到扬长避短的作用。

6. 钢柱安装的注意事项

多层及高层钢结构宜划分多个流水作业段进行安装，流水段宜以每榀框架（刚架）为单位。流水段划分应符合规定：流水段内的最重构件应在起重设备的起重能力范围内；起重设备的爬升高度应满足下节流水段内构件的起吊高度；每节流水段内的柱长度应根据工厂加工、运输堆放、现场吊装等因素确定，长度宜取2或3个楼层高度，分节位置宜在梁顶标高以上1~1.3m处；流水段的划分应与混凝土结构施工相适应；每节流水段可根据结构特点和现场条件在平面上划分流水区进行施工。

（1）如为多层及高层钢结构工程，为保证钢柱吊装和调整及焊接工作的安全，需在钢柱吊装前把相应的操作平台、上下爬梯、防坠器等固定于钢柱上。

（2）吊装准备工作就绪后，首先试吊，吊起柱下端距离基础面高度为500mm时应停吊，检查索具牢固和吊车稳定，当位于安装基础时，可缓慢下降；当柱底距离基础位置200mm时，调整柱底部基础两基准线达到准确位置，指挥吊车下降就位，然后拧紧全部基础螺栓螺母，临时将柱子加固，确保安全方可摘除吊钩。

（3）钢柱校正应先校正偏差大的一面，后校正偏差小的一面，如两个面偏差数字相近，则应先校正小面，后校正大面。

（4）钢柱在两个方向垂直度校正好后，应再复查一次平面轴线和标高。如符合要求，则拧紧所有地脚螺栓上的螺母，并按设计要求做好防松措施，使其松紧一致，以免在风力作用下向松的一面倾斜。

（5）风力影响。风力对柱面产生压力，柱面的宽度越宽，柱子高度越高，受风力影响也就越大，影响柱子的侧向弯曲也就越多。因此，柱子校正操作时，柱子高度在8m以上，风力超过5级则不能进行。

（6）钢柱安装允许误差。参见《钢结构工程施工技术标准》ZJQ08-SGJB 205-2017。钢柱安装允许误差见表5-1。

钢柱安装允许误差　　表5-1

项目		允许偏差（mm）	图例	检验方法
柱脚底座中心线对定位轴线的偏移		5.0		用吊线和钢尺检查
柱基准点标高	有吊车梁的柱	+3.0 −5.0	基准点	用水准仪检查
	无吊车梁的柱	+5.0 −8.0		

续表

项目			允许偏差(mm)	图例	检验方法
弯曲矢高			$H/1200$,且不应大于15.0		用经纬仪或拉线和钢尺检查
柱轴线垂直度	单层柱	$H \leqslant 10m$	$H/1000$		用经纬仪或吊线和钢尺检查
		$H > 10m$	$H/1000$,且不应大于25.0		
	多节柱	单节柱	$H/1000$,且不应大于10.0		
		柱全高	35.0		

任务5.4 钢屋架和钢吊车梁安装

1. 钢屋架安装

钢屋架安装顺序为：屋架构件的平面堆放布置→组装→扶直就位→绑扎→吊升→校正固定。通常在屋架吊装前要在地面完成主构件的拼装，根据构件型号的不同来决定其拼装顺序，拼装完成后，整个屋架平面应在同一平面上，下弦的中心在同一直线上，拼装连接板与下弦型钢的焊接要正确且牢固可靠；拼装完成后，要在钢结构厂房屋架的中心线处横绑一根铁扁担，以保证吊装过程中屋架的稳定和牢固；当吊车选好

5-3

钢屋架安装

吊点后，需要在屋架上选择好平衡点并捆绑以便起吊，在吊升过程中要慢、稳，徐徐上升，能够保证构件在空中平稳地起落和旋转，在构件的两端系好缆风绳，便于控制构件的转动；当屋架位于吊装位置上方约100mm时，将其缓缓放下，其间通过仪器校正其位置；当位置确认无误后，可将其临时固定，之后校正其标高、垂直度等数值到与图纸数据相符时，可进行最终固定；屋架结构固定完成后，再进行檩条的安装，之后将屋架与柱构件固定并连接；最后进行上弦水平支撑与拉杆等次构件的安装，在安装过程中要注意构件之间是否有交叉碰头的地方，如果出现，立即与设计人员进行联系，不得私自改变构件间距或构件大小。

当屋架主次构件都一一安装固定完毕后，就需要对构件进行除锈环节，之后按照设计说明要求的防腐涂料层数，涂刷防腐涂料；涂料应按设计要求配套使用，第一遍底漆干燥后，再进行中间漆和面漆的涂刷，保证涂层厚度达到设计要求。油漆在涂刷过程中应均匀，不流坠。

（1）屋架构件的平面堆放布置。现场预制构件的堆放布置是一项重要工作，布置合理可避免构件在场内的二次搬运，充分发挥起重机械的效率。屋架要在现场组装，屋架构件的平面堆放布置方式与施工便利有关，布置的方式有斜向布置、成组纵向布置等，斜向布

置便于屋架的扶直就位，宜优先采用，当现场受限时，方可考虑其他形式。斜向布置和成组纵向布置如图 5-43、图 5-44 所示。

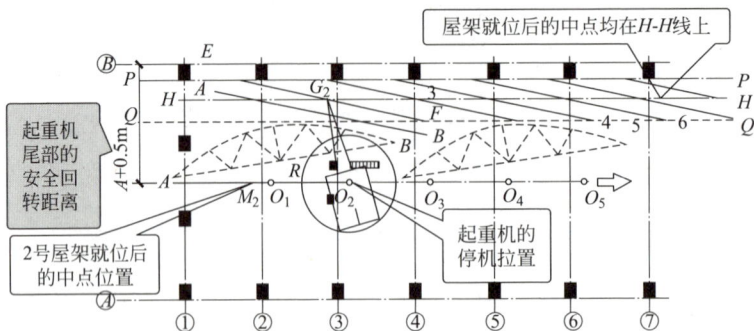

图 5-43　斜向布置

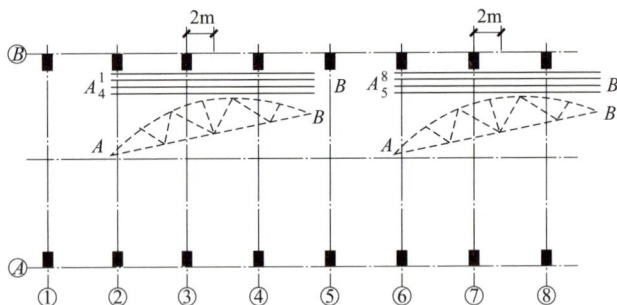

图 5-44　成组纵向布置

（2）组装。钢屋架安装应在柱子校正符合规定后进行。将钢屋架的组件运至现场组装时，拼装平台应平整，现场组装的平台支承点高度差不应大于 $L/1000$（L 为支点间距离）；构件组装应按制作单位的编号和顺序进行，不得随意调换；组拼时应保证钢屋架总长及起拱尺寸的要求；组装后经验收方允许吊装。

（3）扶直就位。屋架扶直后进行就位，屋架的组装位置与就位位置均在起重机开行路线的同一侧，称为同侧就位；需将屋架由组装的一边转至起重机开行路线的另一边时，称为异侧就位。

屋架靠柱边的斜向就位。屋架一般靠柱边就位，屋架离开柱边的净距不小于 20cm，考虑起重机尾部的安全回转距离不宜布置构件，P、Q 两线间即为屋架的就位范围，如图 5-43 所示。

屋架的成组纵向就位。一般以 4～5 榀为一组靠柱边顺轴纵向就位，如图 5-44 所示。

扶直钢屋架时，起重机的吊钩应对准钢屋架中心，吊索应左右对称，受力均匀，吊索与水平面的夹角不小于 45°。在屋架接近扶直时，吊钩应对准钢屋架两落地端支承点连线的中点，防止钢屋架摆动。扶直屋架如图 5-45 所示。

（4）绑扎。屋架绑扎点应设在上弦节点处，左右对称。吊点的数目及位置一般由设计确定，设计无规定时应经吊装验算确定。当屋架跨度小于或等于 18m 时采用两点绑扎；跨度为 18～24m 时采用四点绑扎；跨度为 30～36m 时采用 9m 横吊梁、四点绑扎。吊索与水平面的夹角不小于 45°。绑扎屋架如图 5-46 所示。

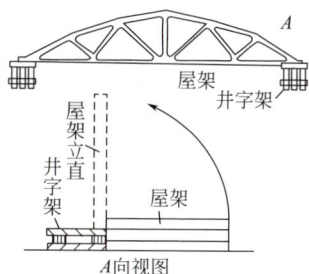

图 5-45 扶直屋架

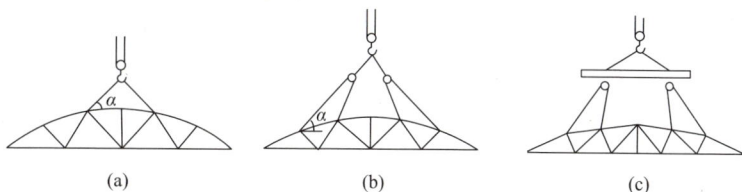

图 5-46 绑扎屋架

（5）吊升。屋架起吊后保持水平、不晃动、倾翻，吊离地面 50cm 后将屋架中心对准安装位置中心，然后徐徐垂直升钩，吊升超过柱顶约 30cm，用溜绳旋转屋架使其对准柱顶，落钩时应缓慢进行，并在屋架接触柱顶时刹车进行对位。升钩时屋架对准跨度中心和屋架的多机抬吊如图 5-47、图 5-48 所示。

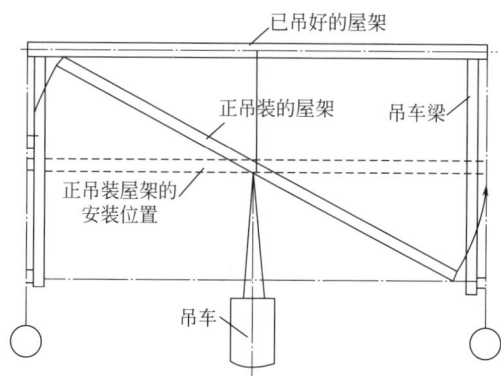

图 5-47 升钩时屋架对准跨度中心

图 5-48 屋架的多机抬吊

（6）校正固定。屋架对位应以定位轴线为准。第一榀屋架就位后，在其两侧用四根缆风绳临时固定，并用缆风绳来校正垂直度，如图 5-49 所示。其他屋架用两根屋架工具式校正器撑牢在前一榀屋架上。屋架临时固定如需用临时螺栓，则每个节点穿入数量不少于安装孔数的 1/3 且至少应穿入两个临时螺栓。其他屋架的临时固定如图 5-50 所示。

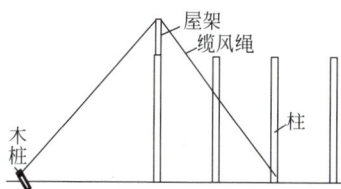

图 5-49 第一榀屋架用缆风绳临时固定

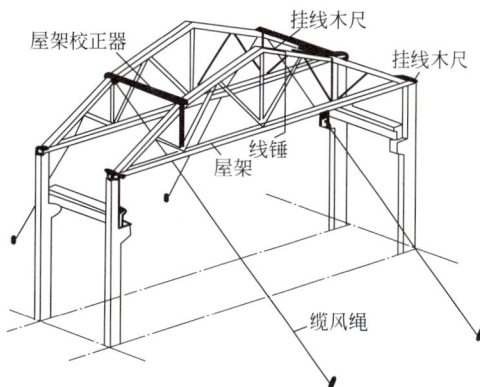

图 5-50 其他屋架的临时固定

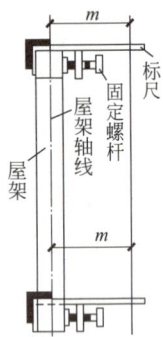

图 5-51　竖向偏差检查

钢屋架的竖向偏差可用垂球或经纬仪检查。用经纬仪检查竖向偏差的方法，是在钢屋架上安装三个卡尺，一个安装在上弦中点附近，另两个分别安装在钢屋架的两端，自钢屋架几何中心线向外量出一定距离（一般可取 500mm），在卡尺上作出标志。然后在距钢屋架中线同样距离（500mm）处设置经纬仪，观测三个卡尺上的标志是否在同一垂面上。存在误差时，转动工具式屋架校正器上螺栓加以校正，在屋架两端的柱底上嵌入斜垫铁。竖向偏差检查如图 5-51 所示。用垂球检查钢梁竖向偏差法，与上述"经纬仪检查法"的步骤基本相同。

2. 钢吊车梁安装

（1）钢吊车梁绑扎。钢吊车梁一般采用两点绑扎，对称起吊。对设有预埋吊环的钢吊车梁，可采用带钢钩的吊索直接钩住吊环起吊，如图 5-52 所示；对梁自重较大的钢吊车梁，应用卡环与吊环吊索相互连接起吊，如图 5-53 所示；对未设置吊环的钢吊车梁，可在梁端靠近支点处用轻便吊索配合卡环绕钢吊车梁下部左右对称绑扎起吊，如图 5-54 所示。

5-4

起重梁安装

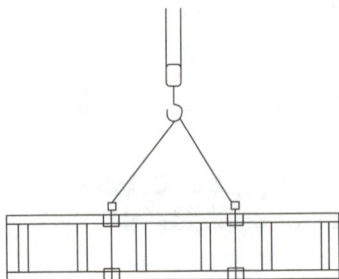

图 5-52　直接钩住吊环起吊

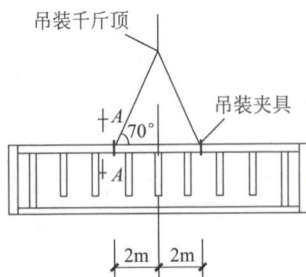

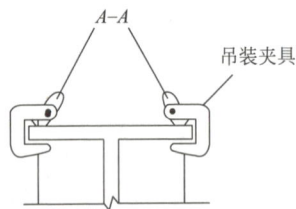

图 5-53　卡环与吊环吊索相互连接起吊

（2）起吊就位。如图 5-55 所示，钢吊车梁布置宜接近安装位置，使梁重心对准安装中心。安装顺序可由一端向另一端，或从中间向两端顺序进行。当梁吊升至设计位置离支

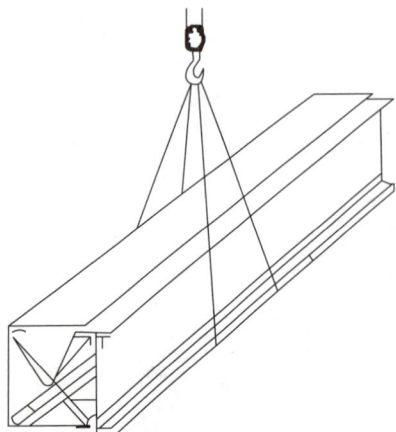

图-54　环绕钢吊车梁下部对称绑扎起吊

图 5-55　钢吊车梁吊装

座顶面约 20cm 时，用人力扶正，使梁中心线与支承面中心线（或已安装相邻梁中心线）对准，使两端搁置长度相等，缓缓下落。如有偏差，稍稍起吊用撬杠撬正；如支座不平，可用斜铁片垫平。当梁高度与宽度之比大于 4，或遇五级以上大风时，脱钩前，宜用铁丝将钢吊车梁捆绑在柱子上临时固定，以防倾倒。

（3）定位校正。钢吊车梁校正一般在梁全部吊装完毕，屋面构件校正并最后固定后进行。但对重量较大的钢吊车梁，因脱钩后撬动比较困难，宜采取边吊边校正的方法。校正内容包括中心线（位移）、轴线间距（跨距）、标高、垂直度等。纵向位移在就位时已基本校正，故校正主要为横向位移。钢吊车梁标高的校正：当一跨即两排钢吊车梁全部吊装完毕后，将一台水准仪架设在某一钢吊车梁上或专门搭设的平台上，进行每梁两端的高程测量，计算各点所需垫板厚度。校正时，用撬杠撬起或在柱头屋架上弦端头节点上挂捯链将钢吊车梁需垫垫板的一端吊起。钢吊车梁中心线与轴线间距的校正：先在吊车轨道两端的地面上，根据柱轴线放出吊车轨道轴线，用钢尺校正两轴线的距离，再用经纬仪放线，钢丝挂线锤或在两端拉钢丝等方法校正；如有偏差，用撬杠拨正，或在梁端设螺栓，液压千斤顶侧向顶正；或在柱头挂捯链将钢吊车梁吊起或用杠杆将钢吊车梁抬起，再用撬杠配合移动拨正。钢吊车梁垂直度的校正：在校正标高的同时，用靠尺或线锤在钢吊车梁的两端测垂直度，用楔形钢板在一侧填塞校正。

任务5.5 钢框架梁安装

1. 钢框架梁安装的通用要求

（1）钢结构的主梁采用专用卡具，卡具放在钢梁端部 500mm 的两侧。

（2）一节柱中可能有 2 层、3 层或 4 层梁相连，原则上柱子按自下向上逐件安装。一般同一列柱的钢梁从中间跨开始对称地向两端扩展；同一跨钢梁，依上、中、下层梁顺序安装。

（3）为了调整安装精度，使用调整装置微调柱子位置，以确保梁的准确安装。测量必须跟踪校正，预留偏差值和接头焊接收缩量，确保焊接完毕接头正常。

（4）柱与柱、梁与柱接头的焊接，需要互相协调。一般先焊一节柱的顶层梁，再从下向上焊各层梁与柱的接头。

（5）多层次梁可根据现场实际情况，确定吊装顺序。

（6）同一根梁两端的水平度，允许偏差（$L/1000$）+3mm，最大不超过 10mm；如钢梁水平度超标的主要原因是连接板或螺栓孔位置，可更换连接板，或采取孔塞焊后重新制孔措施。

（7）钢梁在吊装前，需要于柱子牛腿处查看标高和柱子距离，并需要在梁上装好扶手杆和扶手绳，待主梁吊装就位后，将扶手绳与钢柱系牢，以保证施工人员的安全。

（8）一般可以在钢结构建筑钢梁的翼缘处开孔作为吊点，其方位取决于钢梁的跨度。为加快吊装速度，对分量较小的次梁和其他小梁，多利用多头吊索一次吊装数根。

（9）为了削减高空作业，保证质量，并加快吊装进展，可以将梁、柱在地上组装成排架后进行全体吊装。当一节钢结构吊装结束，即需对已吊装的柱、梁进行差错查看和校对。

（10）梁校对结束，用高强度螺栓暂时固定，再进行柱校对。对梁、柱校对结束后即紧固衔接高强度螺栓，焊接柱节点和梁节点，并对焊缝进行超声波查验。

2. 多层与高层钢结构楼面梁安装

（1）楼面梁安装概述。楼面梁包括外框钢梁、辐射梁、环梁、主次梁、悬挑梁等钢梁。

（2）楼面梁安装流程。楼面梁的安装顺序遵循先主梁、次梁，后悬挑梁的原则，钢梁在工厂加工时预留吊装孔或设置吊耳作为吊点。对于大跨度、大吨位的钢梁吊装可采用焊接吊耳的方法进行吊装；对于轻型钢梁则采用预留吊装孔进行"串吊"。每个区域外柱安装时，及时安装上柱顶楼层的主梁或环梁，以形成稳定的结构体系，其余钢梁在钢柱整体校正后进行安装。每完成一个区域，楼层梁紧随其后完成，方可进入下一个区域安装。

（3）楼面梁安装措施。

1）钢梁吊点设置：为方便现场安装，确保吊装安全，钢梁在工厂加工制作时，应在钢梁上翼缘部分设置吊装孔或焊接吊耳，吊点到钢梁端头的距离一般为构件总长的1/4；每层安装钢梁的数量较多，起重吊钩每次上下的时间随着建筑物的升高越来越长，为提高吊装效率，在塔式起重机起重性能允许的范围内对部分钢梁进行一机多吊。钢梁两点起吊如图5-56所示，钢梁串吊如图5-57所示。设置吊装孔或焊接吊耳的要求见表5-2。

图 5-56　钢梁两点起吊　　　　　　　　图 5-57　钢梁串吊

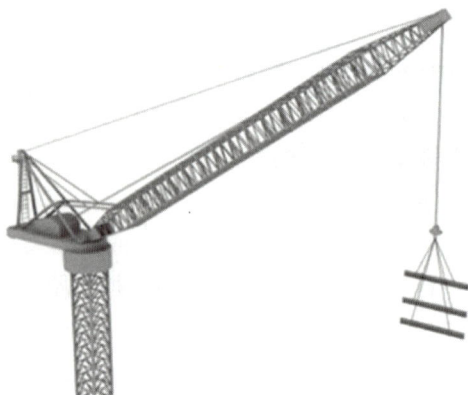

设置吊装孔或焊接吊耳的要求　　　　　　　　　　　　表 5-2

翼缘厚度	质量	
	质量小于 4.0t	质量大于 4.0t
翼缘板厚≤30mm	开吊装孔	焊接吊耳
翼缘板厚>30mm	焊接吊耳	焊接吊耳

2）钢梁绑扎与起吊：吊装前，应清理钢梁表面污物；对产生浮锈的连接板和摩擦面在吊装前进行除锈；待吊装的钢梁应装配好附带的连接板，并用工具包装好螺栓，同时将焊接定位板焊接在钢梁端部；钢梁吊装前要注意钢梁的正反方向及水平方向，明确标注，确保安装正确。

3）钢梁就位与临时固定：钢梁吊装到位后，按施工图进行就位，并要注意钢梁的靠向；钢梁就位时，及时夹好连接板，对孔洞有少许偏差的接头应用冲钉配合调整跨间距，然后用安装螺栓拧紧；安装螺栓数量不得少于该节点螺栓总数的 30％，且不得少于 3 颗。

4）安装钢梁夹具式安全立杆：立杆由规格为 $\phi48\times3.5$ 的钢管、直径为 6mm 的圆钢拉结件及底座组成，钢梁立杆式双道安全绳应在钢梁吊装前安装就位，如图 5-58 所示。

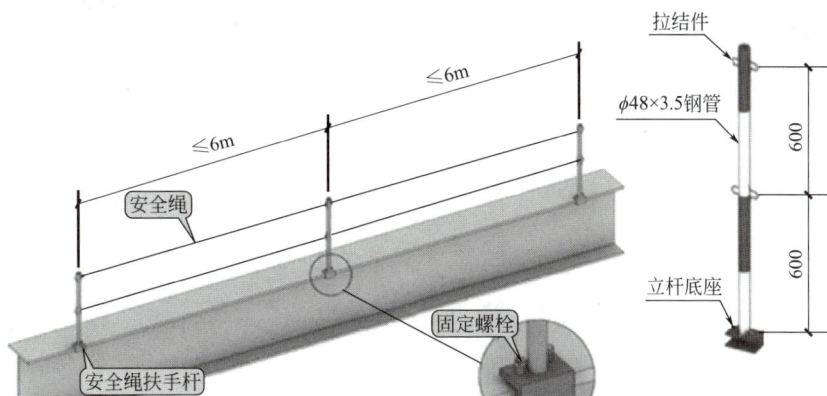

图 5-58　安装钢梁夹具式安全立杆

5）安装钢梁悬挂式操作平台：如图 5-59 所示，钢梁节点高强度螺栓紧固、焊接时，可安装吊篮；吊篮使用直径不小于 12mm 的圆钢焊接而成，接口部位均采用搭接方式，搭接长度不应小于 20mm；挂件可使用厚度不小于 8mm 的扁钢制作，中间用直径不小于 12mm 圆钢连接固定；施工人员在吊篮内作业时，应将双搭钩安全带同时挂在安全绳上。

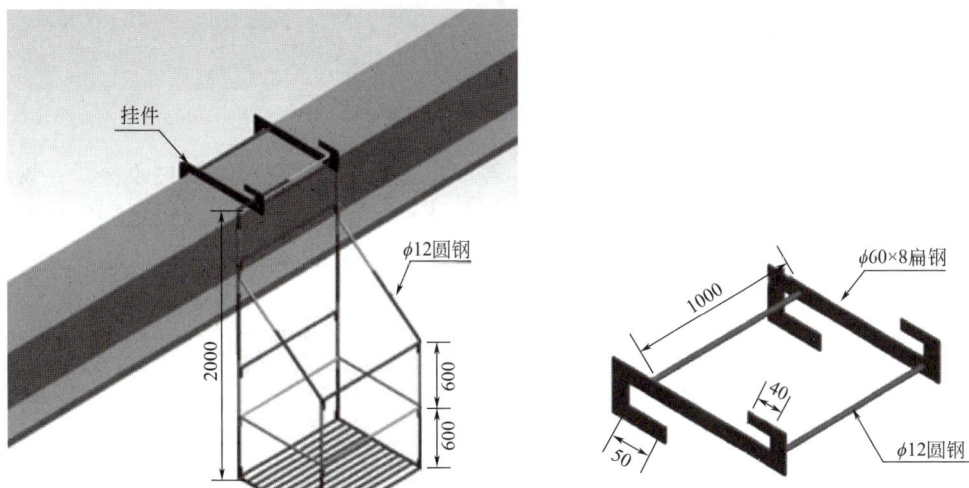

图 5-59　安装钢梁悬挂式操作平台

3. 钢梁安装的重要注意事项

（1）主梁与次梁连接时，次梁连接板若在主梁翼缘内，则次梁安装会较困难，安装速度较慢，建议连接板伸出主梁翼缘外；对于斜梁及弧梁，弧度较大时应注意弧梁腹板孔边距是否过短，以免不满足安装及设计要求。主梁与次梁连接情况如图 5-60 所示。

主次梁安装时，一方面需注意超过一定长度的钢梁要根据设计要求进行预起拱，另一方面还需注意，井字梁分段时，短方向钢梁应为主梁，长方向梁为次梁，且短方向梁不断开，长方向梁断开，切忌搞反，否则安装后容易下挠。主梁与次梁关系如图 5-61 所示。

此类节点建议外伸连接板

弧度较大情况下注意弧梁
腹板孔距边缘距离

图 5-60　主梁与次梁连接情况

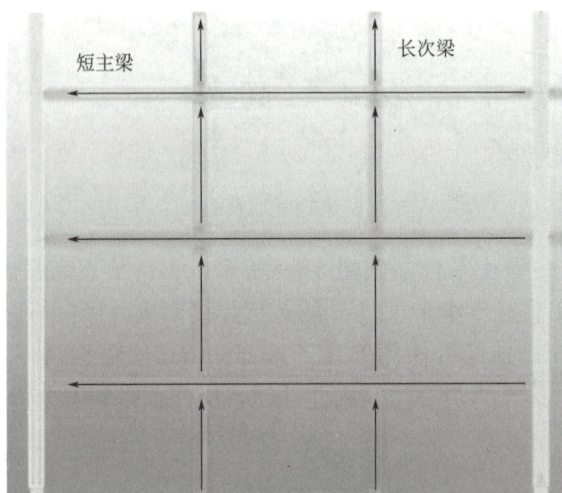

短主梁　　　　　长次梁

图 5-61　主梁与次梁关系

（2）梁上起柱时，对于梁上起柱节点，若钢柱较高，不建议采用钢柱不分段、现场定位焊接的方法，其原因一是钢柱定位后往往不会马上焊接，钢柱需用缆风绳固定牢靠，否则有倾覆的风险；二是较高的钢柱现场不易安装定位，若定位有误差则返工量较大。梁上起柱时的梁柱关系如图 5-62 所示。

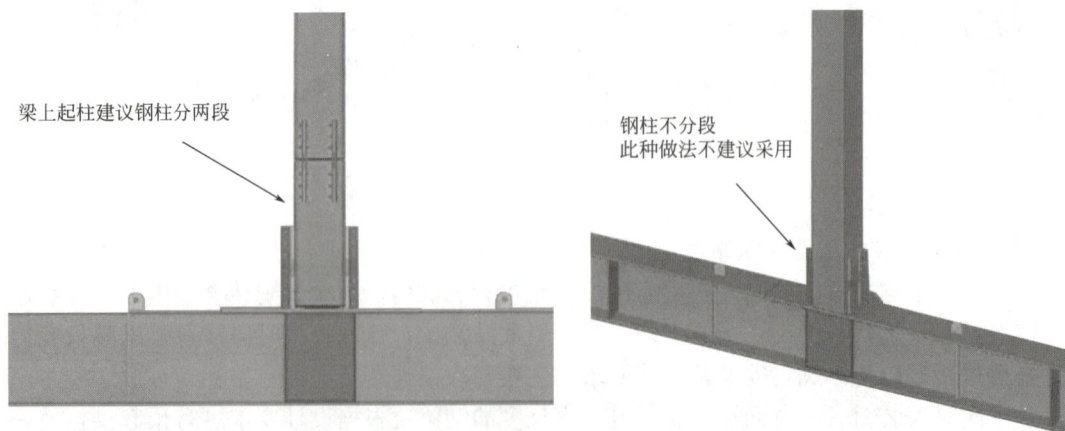

梁上起柱建议钢柱分两段

钢柱不分段
此种做法不建议采用

图 5-62　梁上起柱时的梁柱关系

任务 5.6 压型钢板工程安装

1. 压型钢板概念

将涂层板或镀层板经辊压冷弯，沿板宽方向形成波形截面的成型钢板被称为压型钢板，如图 5-63 所示。常见的压型钢板有彩色镀锌钢板及镀铝锌钢板。彩色镀锌钢板及镀铝锌钢板基板的规格：厚度 0.25～2.3mm；宽度 600～1270mm；长度通常是卷材，视钢厂最低起订量而定。彩色镀锌钢板及镀铝锌钢板建筑常用的规格厚度：0.42mm、0.48mm、0.50mm、0.55mm、0.60mm。镀层厚度：镀锌钢板的镀层厚度有 Z100、Z150、Z275、Z450 等牌号，屋面通常采用的是 Z275 和 Z450；镀铝锌钢板的镀层厚度有 AZ100、AZ150、AZ200 等牌号，屋面通常采用的是 AZ150。

图 5-63 压型钢板

压型钢板规格的含义和用途举例。以 AZ100 为例，A 和 Z 表示铝和锌，100 表示镀铝锌层为 $100g/m^2$。它是采用优质镀铝锌为基板，具有很长的使用寿命，优良的抗腐蚀性能、机械性能和抗褪色性能，进行表面化学处理后涂敷（辊涂）或复合有机薄膜（PVC 膜等），再经烘烤固化而制成的产品。该产品既具有钢铁材料机械强度高，易成型的性能，又兼有涂层材料良好的装饰性和耐腐蚀性。其主要用于钢结构厂房的屋面、墙面、包装行业、室内装修行业。

常用压型钢板型号：YX75-200-600（750 型，镀锌压型钢板）、YX75-293-880（带压痕压型钢板）、YX76-344-688（常用钢承板）、YX75-230-690 型楼承板、YX76-305-915 型楼承板、YX65-185-555（全闭口型压型钢板）、YX51-200-600（燕尾式楼承板）、YX51-226-678 楼承板、YX51-253-760 钢承板、YX51-250-750 楼承板、YX51-240-720 钢承板、YX51-305-914 楼承板、YX50-180-720 楼承板、YX35-125-750 压型钢板、YX51-330-992 楼承板等。

压型钢板型号的含义和用途举例。以 YX38-152-914 为例，是一种开口型压型钢板，它的肋高为 38mm，由五个波组成，每个波距为 152mm，整板宽度为 914mm，它的展开宽度为 1250mm。YX38-152-914 压型钢板是一种由多种金属材料复合而成的板材，其独特的形状和结构使得它拥有许多优点：首先，它具有轻质高强的特点，其密度仅为钢材的1/7，但强度却能达到钢材的2/3，这使得它在运输和安装过程中更为方便，且能有效地降低建筑物的整体重量；其次，它具有优秀的防腐性能，可以在各种恶劣的环境条件下使用，其耐腐蚀性是普通钢材的2～3倍；再次，它还具有很好的保温隔热性能，能够有效地降低能源损耗，达到节能减排的效果；最后，它的外观美观大方，可以为各种建筑物增添一份高雅的艺术气息。YX38-152-914压型钢板由于其优良的性能，被广泛应用于各种建筑领域。在屋面板的制作上，它不仅可以作为面板材料的首选，还可以作为保温隔热材料使用，有效地降低了能源损耗。此外，在墙面板的生产上，YX38-152-914压型钢板也被广泛应用，它优秀的防腐性能和轻质高强的特点使得它成为墙面装饰材料的理想选择。同时，在车库、仓库等大型钢结构建筑中，YX38-152-914压型钢板也被大量使用，其耐腐蚀性和美观大方的特点使得它在这些领域中备受青睐。它既可作为屋面底板、墙面板，也可作为楼层模板使用，施工非常便捷，完工后效果美观，而且价格较实惠，是4S店、厂房、中高层建筑不错的板型选择。其用作屋面板时，可作为倒置式屋面的底衬板，承载力高，节约檩条数量，与硬质保温材料和柔性防水卷材共同组成完整的屋面系统。

2. 压型钢板构成与型式选用

压型钢板由基材、镀层和涂层三部分组成。基材：由板厚度为0.5～2.0mm的薄钢板经冷轧或冲压成型；镀层：热镀锌、热镀锌铝合金、热镀铝等；涂层：聚酯涂料、有机硅改性聚酯涂料等。

压型钢板的截面形式如图5-64所示。压型钢板的表示方法如图5-65所示，YX代表压型板，波高为15mm，波距为380mm，有效覆盖宽度为760mm。高波板：波高大于75mm；中波板：波高为50～75mm；低波板：波高小于50mm。

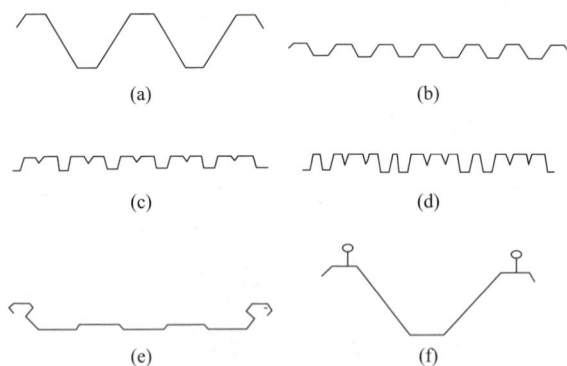

图5-64 压型钢板的截面形式
(a) 宽波搭接式；(b) 窄波搭接式；
(c) 单加劲肋搭接式；(d) 双加劲肋搭接式；
(e) 卡扣式；(f) 咬边式

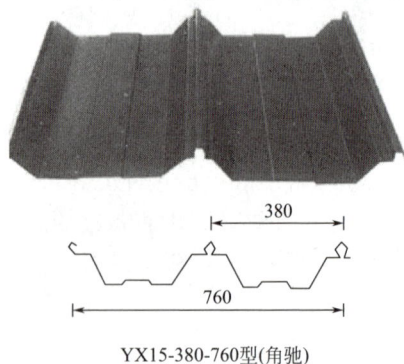

图5-65 压型钢板的表示方法
YX15-380-760型(角驰)

压型钢板选用时，应遵循防水可靠、施工方便、外形美观、投资经济、有较长的使用寿命的原则。当有保温隔热要求时，可采用压型钢板内加设矿棉等轻质保温层的做法形成保温隔热屋（墙）面。压型钢板的屋面坡度可在1/20～1/6之间选用，当屋面排水面积较大或地处大雨量区及板型为中波板时，可选用 1/12～1/10 的坡度；当选用长尺寸高波板时，可采用 1/20～1/15 的屋面坡度；当为扣压式或咬合式压型板（无穿透板面紧固件）时，可采用 1/20 的屋面坡度；对暴雨或大雨量地区的压型板屋面应进行排水验算。一般永久性大型建筑选用的屋面承重压型钢板宽度与基板宽度（一般为 1000mm）之比为覆盖系数，应用时在满足承载力及刚度的条件下，应尽量选用覆盖系数大的板型。

3. 压型钢板连接形式

搭接连接如图 5-66 所示；锁边连接如图 5-67 所示；螺栓连接如图 5-68 所示；槽式连接是一种新型的连接方式，在钢板的两侧各开一条槽，然后将两张钢板的槽相互嵌套，接着用螺栓或铆钉将其固定在一起。槽式连接相比其他连接方式具有更好的抗风压性能，且无需大型设备施工，易于拆卸，是一种值得推广的连接方式，如图 5-69 所示。总之，不同的连接方式适用于不同的场景和项目需求，建议根据实际情况选择合适的连接方式，以确保压型钢板的连接质量。

图 5-66 搭接连接

图 5-67 锁边连接

图 5-68 螺栓连接

图 5-69   槽式连接

4. 压型钢板的运输、堆放与防腐

压型金属板的长途运输宜采用集装箱装载。用车辆运输无外包装的压型金属板时，应在车上设置衬有橡胶衬垫的枕木，其间距不宜大于 3m。长尺寸压型金属板应在车上设置刚性支承台架。压型金属板装载的悬伸长度不应大于 1.5m。压型金属板应与车身或刚性台架捆扎牢固。

板材堆放地点宜设在离安装较近的位置，避免长距离运输。堆放场地应平整，不易受到工程运输和施工过程中的外物冲击，并应避免污染、磨损、雨水的浸泡。压型金属板在室内采用组装式货架堆放，并堆放在无污染的地带。压型金属板在工地可采用衬有橡胶衬垫的架空枕木（架空枕木要保持约 5‰ 的倾斜度）堆放。堆放应采取遮雨措施。压型金属板适用于无侵蚀作用、弱侵蚀作用和中等侵蚀作用的建筑物围护结构和楼板结构。其围护结构暴露在大气中，易受雨水、湿气、腐蚀介质的侵蚀，必须根据侵蚀作用分类，采用相应的防腐蚀措施。

5. 压型钢板工程施工

压型钢板适用于工业与民用建筑、仓库、特种建筑、大跨度钢结构房屋的屋面、墙面以及内外墙装饰等，具有质轻、高强、色泽丰富、施工方便快捷、抗震、防火、防雨、寿命长、免维护等特点，现已被广泛推广使用。这里以压型钢板组合楼板为例，说明压型钢板在工程中的实际应用。

（1）压型钢板组合楼板概念与优点。它属于钢衬板组合楼板，是利用凹凸相间的压型薄钢板做衬板与现浇混凝土浇筑在一起支承在钢梁上构成整体型楼板。其主要由楼面层、组合板和钢梁三部分组成，其中组合板包括混凝土和钢衬板。此外，还可根据需要设吊顶棚。组合楼板的经济跨度在 2～3m 之间。其构造形式较多，根据压型钢板形式的不同有单层钢衬板组合楼板和双层钢衬板组合楼板之分。组合楼板利用压型钢板自身重量轻、强度高、承重大、抗震性好的特点，取消了传统模板支撑体系，工程中作为混凝土楼板的永久性模板，其设计的钢板肋在使用阶段起代替板底部分钢筋的作用方便施工、节约成本且与混凝土具有粘结强度，提升结构的承载能力。压型钢板组合楼板示意图和实物如图5-70、图5-71所示。多层与高层钢结构施工通常采取一柱2～3层，施工速度较快。随着结构高度增加，压型钢板以其快捷的施工速度，可以作为施工时的操作平台，保证施工的安全。特别适用于楼层较高、面积较大、不适宜搭设满堂脚手架体系的建筑。

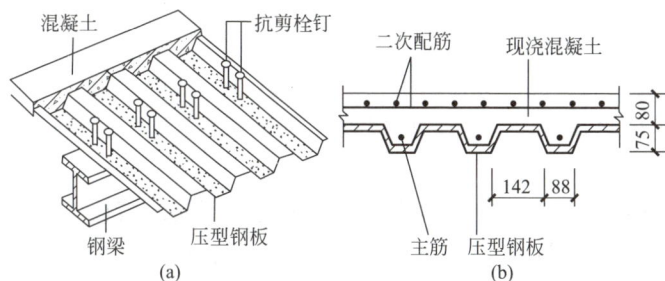

图 5-70　压型钢板组合楼板示意图
(a) 立体示意图；(b) 横断面图

图 5-71　压型钢板组合楼板实物

（2）压型钢板组合楼板构造要求。

1）组合楼板的压型钢板应采用镀锌钢板，其镀锌层厚度尚应满足在使用期间不致锈损的要求。

2）浇筑混凝土的波槽平均宽度不应小于50mm。

3）当在槽内设置栓钉连接件时，组合楼板总高度不应大于80mm。

4）组合板的厚度不应小于90mm；压型钢板顶面以上的混凝土厚度不应小于50mm。

5）锚固件要求：组合板端部应设置栓钉锚固件；栓钉应设置在端支座的压型钢板凹肋处，穿透压型钢板并将栓钉、钢板均焊牢于钢梁上。

6）组合板中的压型钢板在钢梁上的支承长度，不应小于50mm；在砌体上的支承长度不应小于75mm。

（3）安装前的准备。认真熟悉图纸，了解压型钢板的排板分布、尺寸控制要求以及压型钢板在钢梁上位置关系等。在安装之前，检查钢梁的平整度和钢结构梁的完善情况，认真清扫钢梁顶面的杂物，检查钢梁表面是否存在防腐工艺，如果存在必须要将防腐表层打磨去掉。综合测量钢梁表面的平整度，并根据压型钢板的排板图及建筑轴线在钢梁表面上进行测量放线，并作好测量标记。

（4）压型钢板安装。压型钢板由供货厂家以安装单元为单位成捆运至现场，每捆压型钢板根据该厂提供的布置图按照铺装顺序叠放整齐。

1）压型钢板起吊前，需按设计施工图核对其板型、尺寸、块数和所在部位，确认配料无误后，分别随主体结构安装顺序和进度，吊运到各施工节间成叠堆放。堆放应成条分散。压型钢板在吊放于梁上时应以缓慢速度下放，切忌粗暴的吊放动作。

为保护压型钢板在吊运时不变形，应使用软吊索或在钢绳与板接触的转角处加胶皮或钢板下使用垫木，但必须捆绑牢固，谨防垫木滑移，导致压型钢板倾斜滑落伤人。对超重、超长的板应增加吊点或使用吊架等方式，防止吊装时产生变形或折损。

压型钢板成捆堆置，应横跨多根钢梁，单跨置于两根梁之间时，应注意两端支承宽度，避免倾倒而造成坠落事故。

2）安装压型钢板前，应在梁上标出压型钢板铺放的位置线。铺放压型钢板时，先进行粗安装，保证其波纹对直，以便钢筋在"波谷"内通过。板吊装就位后，先从钢梁已弹出的起铺线开始，沿铺设方向单块就位，到控制线后应适当调整板缝。

当风速≥6m/s 时禁止施工，已拆开的压型钢板应重新捆扎，否则，压型钢板很可能被大风刮起，造成安全事故或损坏压型钢板。任何未固定的压型钢板可能会被大风刮起或滑落而造成事故。

不规则面板的铺设：根据现场钢梁的布置情况，以钢梁的中心线进行放线，将压型钢板在地面或平台上进行预拼合，然后再放出控制线，再根据压型钢板的宽度进行排板、切割。

压型钢板搭接长度应按设计要求进行搭接，一般侧向与端头跟支承钢梁的搭接不小于50mm。板与板之间的侧搭接为"公母扣合"，为防止钢板因承重而分开，应在侧搭接处用嵌扣夹固定或点焊，最大间距为900mm。

3）压型钢板焊接、栓钉焊接。压型钢板铺设过程中，对被压型钢板全部覆盖的支撑钢梁应在压型钢板上标示钢梁的中心线，以便栓钉焊接能准确到位。制定严格的栓钉焊接材料储存规定，材料要按要求妥善堆放。焊接前严格检查压型钢板与钢梁之间的间隙是否控制在 1mm 之内，并且保证焊接处干燥。根据栓钉的直径选择适宜的焊接工艺参数，将6 个栓钉直接打在厚度≥16mm 的 80mm×80mm 的 16Mn 钢板上，焊缝外观检查合格后，试件进行 30°冷弯，栓钉弯曲原轴线 30°后焊接部位无裂纹，则为合格。

正式大面积焊接前应先进行栓钉焊接工艺评定，根据工艺评定报告中有关的参数要求，由专人督促焊工在上班前进行试焊，并根据焊接的效果进行参数调整，经过一个阶段的记录，综合每次调整的参数，列出表格，并对每个焊接工人逐一进行技术交底。

对于实际施工过程中遇到的引弧后先熔穿 1.2mm 镀锌压型钢板，再与钢梁熔为一体的穿透型栓钉，要充分考虑压型钢板的厚度、表面镀锌层以及钢板与钢梁之间间隙的影响，每次施工前均要在试件上放置压型钢板，试打调整好工艺参数后，再进行施工；施工的前 10 颗钉应进行 30°打弯试验，合格后进行正常施工。

铺设后的压型钢板调直后，为防止从钢梁滑脱或被大风掀起，应及时点焊牢固或用栓钉固定。压型钢板与支撑钢梁之间采用点焊或塞焊，焊点的平均最大间距为 300mm，每波谷处点焊一处，焊接必须牢靠（焊接点直径不得小于 10mm）；侧点焊每 900mm 一处。

点焊固定采用手工电弧焊，用直流焊机进行点焊。如果栓钉的焊接电流过大，造成压型钢板烧穿而松脱，应在栓钉旁边补充焊点。

4）压型钢板铺设完毕，并经调整电焊到位后，为防止混凝土施工时漏浆，需要对边角和压型钢板波峰处的空隙进行封堵处理。处理方式可采用配套定型堵头或 PVC 胶带封堵进行密封。

在压型钢板定位后弹出切割线，沿线切割。切割线的位置应参照楼板留洞图和布置图，并经核对无误后切割；如错误切割，造成压型钢板的毁坏，应记录板型与板长度，并及时通知供货商补充；现场边角、柱边和补强板需下料切割。直线切割时，原则上优先使用电剪和等离子气割技术，不能采用损害母材强度的方法，严禁采用氧气乙炔进行切割。

一般孔洞应尽可能留在混凝土浇筑后再切割。如垂直板肋方向的预开洞有损及压型钢板的沟肋时，必须按规定补强。

开孔补强。圆形孔径≤800mm，或长方形开孔任何一向的尺寸≤800mm者，可以先行围模，待楼板混凝土浇筑完成后，并达到设计强度的75％以上再进行切割开孔。开孔角隅及周边应依照钢筋混凝土结构开孔补强的方式，配置补强钢筋。当开孔直径或任何一向的尺寸大于800mm时，应于开孔四周添加围梁。

（5）压型钢板临时支撑。

在压型钢板组合楼板施工中，通常不需要搭设传统意义上的满堂脚手架，但需根据具体设计和施工条件决定是否使用临时支撑。

1）无需脚手架支撑。第一种情况：压型钢板作为永久性模板，它在施工阶段承担混凝土浇筑的荷载，其自身强度和刚度经过设计验算后，可直接作为模板使用；第二种情况：对于短跨度楼板（≤3m），当压型钢板跨度较小（如波高≥50mm、板厚≥0.8mm）时，其抗弯能力足以抵抗混凝土湿重及施工荷载（一般按$2.5kN/m^2$计算），无需增设支撑。

2）需设置临时支撑。

大跨度情况。对于大跨度楼板（>3m），当压型钢板无支撑时，需在跨中或1/3处加设可调式临时支撑（如钢管立柱＋木方），防止浇筑混凝土时钢板过度下挠。

集中荷载情况。若楼板需承受泵车、堆料等集中荷载，或存在设备预埋件时，应在对应区域增设临时支撑，避免压型钢板局部变形。

特殊板型或薄板情况。对于波高≤50mm、板厚≤0.7mm的薄型钢板，或开口型压型钢板，需加密临时支撑间距（通常≤1.5m）。

3）施工验算与规范依据。施工前需根据《压型金属板工程应用技术规范》GB 50896—2013验算压型钢板在施工阶段的强度与变形，明确是否需增设支撑。临时支撑需待混凝土强度达到设计值的75％后方可拆除，避免楼板开裂。

4）安全措施注意要点。临时支撑底部应设钢板垫块，分散集中力；支撑间距需均匀，顶部与压型钢板接触面加设木楔调平；严禁在未凝固的混凝土楼板上堆放重物。

任务5.7 钢网架结构的形式

钢网架结构是一种由钢材制成的空间网格状结构，也称为网架结构或网架。它通过多个杆件和节点连接而成，形成一种具有三维空间网格状的结构体系。这种结构形式具有较高的强度和刚度，能够承受较大的荷载，并且可以适应各种不同的建筑平面形状。

钢网架结构的应用范围非常广泛，适用于各种大型工业厂房、仓库、展览馆、体育场馆等建筑和设施。由于其具有重量轻、跨越能力强、稳定性高等优点，因此被广泛应用于实际工程中。

钢网架结构的形式多样，可以根据实际需求进行选择和设计。常见的形式包括平面桁架系网架、四角锥体系网架、三角锥体系网架等。这些形式各有其特点和适用范围，可根据实际情况进行选择和设计。

在实际应用中，钢网架结构的选型应考虑多个因素，包括工程要求、荷载条件、跨度、高度和制作安装条件等。不同的形式有其适用的范围和优缺点，应根据具体情况进行选择和设计，以确保结构的稳定性和安全性。同时，还需要注意节点的设计和连接方式的选择，以确保整个结构的连接牢固性和稳定性。

1. 平面桁架系网架

平面桁架系网架是由一些相互交叉的平面桁架组成。这些平面桁架可以是三角形、四边形、六边形等不同形状，并通过节点连接形成三维的空间结构。这种网架结构形式具有较高的强度和刚度，能够承受较大的荷载，并且可以适应各种不同的建筑平面形状。

平面桁架系网架有多种形式，其中包括两向正交正放网架、两向正交斜放网架、两向斜交斜放网架和三向网架等。

（1）两向正交正放网架

两向正交正放网架是一种由两组平面桁架互成 90°交叉而成的网架结构，如图 5-72 所示。这种网架的上、下弦网格尺寸相同，同一方向的各平面桁架长度一致，制作、安装较为简便。由于上、下弦为方形网格，属于几何可变体系，应适当设置上下弦水平支撑，以保证结构的几何不变性，有效地传递水平荷载。

两向正交正放网架适用于建筑平面为正方形或接近正方形，且跨度较小的情况。如上海黄浦区体育馆（45m×45m）和保定体育馆（55.34m×68.42m）都是采用了这种网架结构形式。

（2）两向正交斜放网架

两向正交斜放网架是由两组平面桁架互成 90°交叉而成，弦杆与边界成 45°角，如图 5-73 所示，边界可靠时，为几何不变体系。各榀桁架长度不同，靠角部的短桁架刚度较大对与其垂直的长桁架有弹性支撑作用，可以使长桁架中部的正弯矩减小，因而这类网架比正交正放网架更经济。不过由于长桁架两端有负弯矩，角部拉力应由两个支座负担。两向正交斜放网架适用于建筑平面为正方形或长方形的情况，如首都体育馆（99m×112.2m）和山东体育馆（62.7m×74.1m）都是采用了这种网架结构形式。

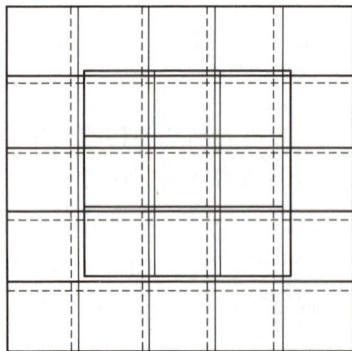

图 5-72　两向正交正放网架　　　　图 5-73　两向正交斜放网架

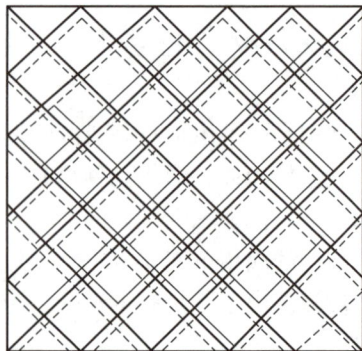

（3）两向斜交斜放网架

两向斜交斜放网架由两组平面桁架斜向相交而成，弦杆与边界成一斜角，如图 5-74

所示。这类网架在网格布置、构造、计算分析和制作安装上都比较复杂，而且受力性能也比较差，除了特殊情况外，一般不宜使用。

（4）三向网架

三向网架由三组互成60°交角的平面桁架相交而成，如图5-75所示。这类网架受力均匀，空间刚度大。但也存在一定的不足，即在构造上汇交于一个节点的杆件数量多，节点构造比较复杂，宜采用圆钢管杆件及球节点。三向网架适用于大跨度（$L > 60m$）而且建筑平面为三角形、六边形、多边形和圆形等平面形状比较规则的情况，上海体育馆（直径126m圆形）和江苏体育馆（76m×88m八边形）较早地采用了这种网架结构形式。

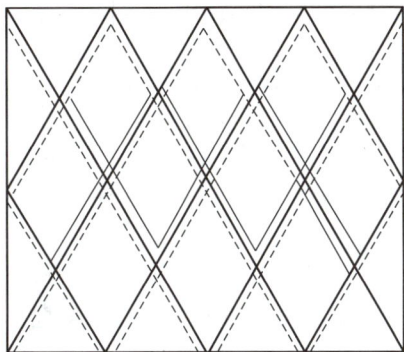

图 5-74　两向斜交斜放网架

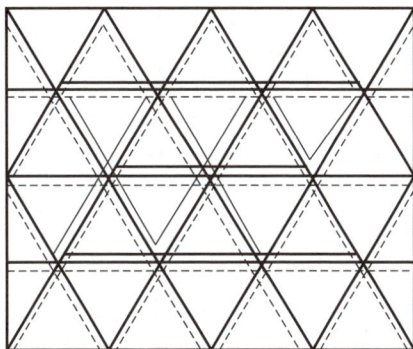

图 5-75　三向网架

2. 四角锥体系网架结构

倒置的四角锥是四角锥体系网架的组成单元。这类网架上下弦平面内的网格均呈正方形，上弦网格的形心即是下弦网格的交点。从上弦网格的四个交点向下弦交点用斜腹杆相连，即形成倒置的四角锥体单元。各独立四角锥体的连接方式可以是四角锥体的底边与底边相连，也可以是四角锥体底边的角与角相连。根据锥体的组合方式和连接锥顶弦杆的方向不同，四角锥体系网架可分为6种：正放四角锥网架、正放抽空四角锥网架、斜放四角锥网架、星形四角锥网架、棋盘形四角锥网架和单向折线形网架。

（1）正放四角锥网架

正放四角锥网架由倒置的四角锥体组成，锥底的四边为网架的上弦杆，锥棱为腹杆，各锥顶相连即为下弦杆，如图5-76所示。它的弦杆均与边界正交，故称为正放四角锥网架。这类网架杆件受力均匀，空间刚度比其他类的四角锥网架及两向网架好。屋面板规格单一，便于起拱，屋面排水也较容易处理，但杆件数量较多，用钢量略高。正放四角锥网架适用于建筑平面接近正方形的周边支承情况，也适用于屋面荷载较大、大柱距点支承及设有悬挂起重机的工业厂房情况。较为典型的工程实例有上海静安区体育馆（40m×40m）和杭州歌剧院（31.5m×36m）。

（2）正放抽空四角锥网架

正放抽空四角锥网架是在正放四角锥网架的基础上，除周边网格不动外，适当抽掉一些四角锥单元中的腹杆和下弦杆，使下弦网格尺寸扩大一倍，如图5-77所示。其杆件数目较少，降低了用钢量，抽空部分可作采光天窗；下弦内力较正放四角锥约放大一倍，内力均匀性、刚度有所下降，但仍能满足工程要求。正放抽空四角锥网架适用于屋面荷载较轻的中、小跨度网架。石家庄铁路枢纽南站货棚（132m×132m，柱网 24m×24m，多点支承）和唐山齿轮集团有限公司联合厂房（84m×156.9m，柱网 12m×12m，周边支承与多点支承相结合）是采用这种网架形式较早的典型实例。

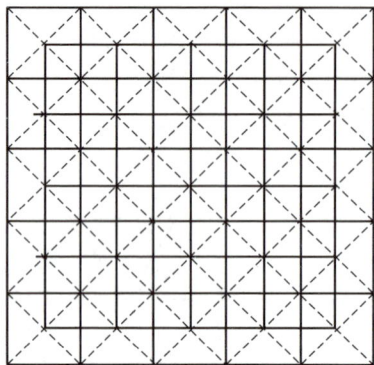

图 5-76　正放四角锥网架　　　　　图 5-77　正放抽空四角锥网架

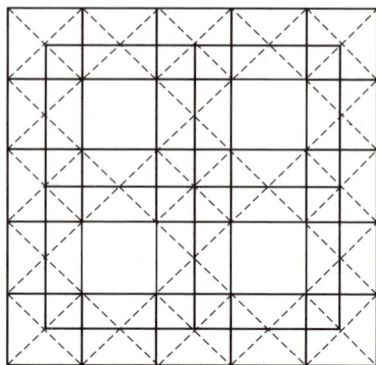

（3）斜放四角锥网架

斜放四角锥网架的上弦杆与边界成 45°角，下弦正放，腹杆与下弦在同一垂直平面内，上弦杆长度约为下弦杆长度的 0.7 倍左右，如图 5-78 所示。这类网架在周边支承情况下，一般为上弦受压，下弦受拉。其节点处汇交的杆件较少（上弦节点 6 根，下弦节点 8 根），用钢量较省。但因上弦网格斜放，屋面板种类较多，屋面排水坡的形成也较困难。当平面长宽比在 1～2.5 之间时，长跨跨中下弦内力大于短跨跨中的下弦内力；当平面长宽比大于 2.5 时，长跨跨中下弦内力小于短跨下弦内力。当平面长宽比在 1～5 之间时，上弦杆的最大内力不在跨中，而在网架 1/4 平面的中部。这些内力分布规律不同于普通简支平板的规律。斜放四角锥网架当采用周边支承且周边无刚性联系时，会出现四角锥体绕轴旋转的不稳定情况，因此必须在网架周边布置刚性边梁。当为点支承时，可在周边布置封闭的边桁架，适用于中、小跨度周边支承或周边支承与点支承相结合的方形或矩形平面情况。上海体育馆练习馆（35m×35m，周边支承）和北京某机库（48m×54m，三边支承，开口）都是采用了这种网架结构形式。

（4）星形四角锥网架

星形四角锥网架的单元体形似星体，星体单元由两个倒置的三角形小桁架相互交叉而成；两个小桁架底边构成网架上弦，它们与边界成 45°角，如图 5-79 所示。在两个小桁架交汇处设有竖杆，各单元顶点相连即为下弦杆。因此，它的上弦为正交斜放，下弦为正交正放，斜腹杆与上弦杆在同一竖直平面内。上弦杆比下弦杆短，受力合理，但在角部的上弦杆可能受拉，该处支座可能出现拉力。这类网架的受力情况接近交叉梁系，刚度稍差于正放四角锥网架。星形四角锥网架适用于中、小跨度周边支承的网架，杭州起重机械有限公司食堂（28m×36m）和中国计量大学风雨操场（27m×36m）都是采用了这种网架结构形式。

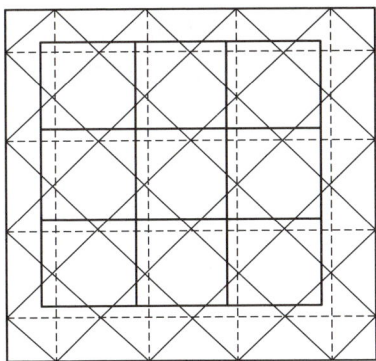

图 5-78 斜放四角锥网架

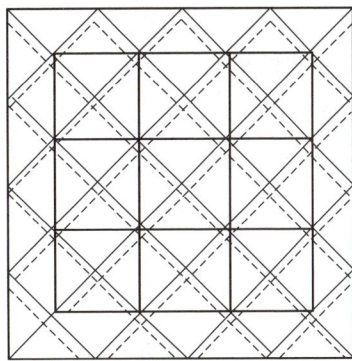

图 5-79 星形四角锥网架

（5）棋盘形四角锥网架

棋盘形四角锥网架是在斜放四角锥网架的基础上，将整个网架水平旋转 45°，并加设平行于边界的周边下弦；也具有短压杆、长拉杆的特点，受力合理；由于周边满锥，它的空间作用得到保证，受力均匀，如图 5-80 所示。棋盘形四角锥网架的杆件较少，屋面板规格单一，用钢指标良好，是适用于小跨度周边支承的网架。大同云岗矿井食堂（28m×18m）就是采用了这种网架结构形式。

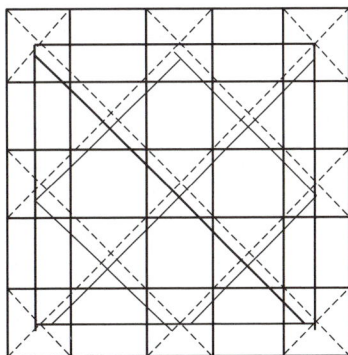

图 5-80 棋盘形四角锥网架

3. 三角锥体系网架结构

这类网架的基本单元是倒置的三角锥体。锥底的正三角形的三边为网架上弦杆，其棱为网架的腹杆。随着三角锥单元体布置的不同，上下弦网格可为正三角形或六边形，从而构成不同的三角锥网架。根据三角锥体的组合方式和连接锥顶弦杆的方法不同，分为三种：三角锥网架、抽空三角锥网架、蜂窝形三角锥网架。

（1）三角锥网架

三角锥网架上下弦平面均为三角形网格，如图 5-81 所示，下弦三角形网格的顶点对着上弦三角形网格的形心。三角锥网架受力均匀，整体抗扭、抗弯刚度好；节点构造复杂，上下弦节点交汇杆件数均为 9 根，适用于建筑平面为三角形、六边形和圆形的情况。上海徐汇区工人俱乐部剧场（六边形，外接圆直径 24m）就是采用了这种网架结构形式。

（2）抽空三角锥网架

抽空三角锥网架是在三角锥网架的基础上，抽取部分三角锥单元的腹杆和下弦而形成的。当下弦由三角形和六边形网格组成时，称为抽空三角锥网架 I 型，如图 5-82（a）所示；当下弦全为六边形网格时，称为抽空三角锥网架 II 型，如图 5-82（b）所示。这种网

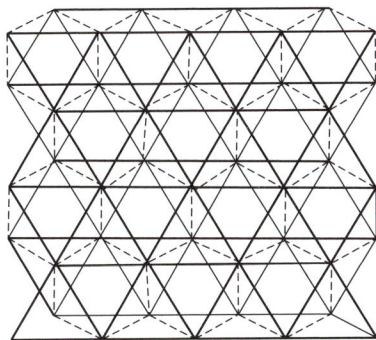

图 5-81 三角锥网架

架减少了杆件数量，用钢量省，空间刚度也较三角锥网架小。上弦网格较密，便于铺设屋面板，下弦网格较疏，以节省钢材。抽空三角锥网架适用于荷载较小、跨度较小的三角形、六边形和圆形平面的建筑。天津塘沽车站候车室（直径47m，周边支承）较早采用了这种网架结构形式。

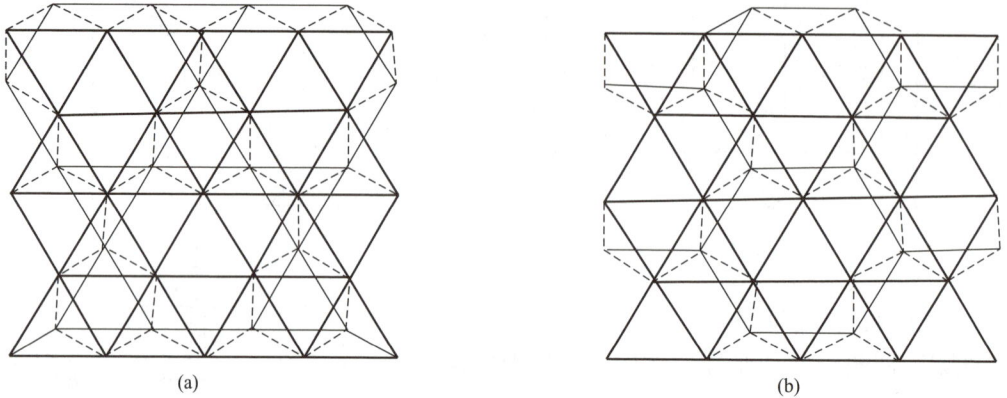

图 5-82　抽空三角锥网架

（a）抽空三角锥网架Ⅰ型；（b）抽空三角锥网架Ⅱ型

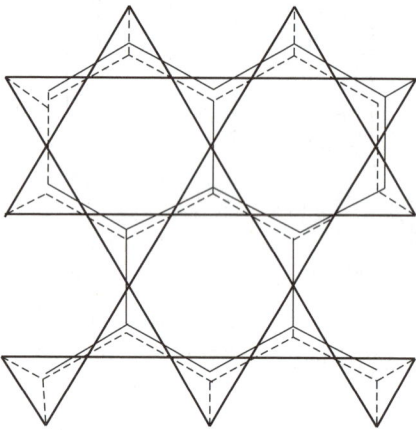

图 5-83　蜂窝形三角锥网架

（3）蜂窝形三角锥网架

蜂窝形三角锥网架由一系列三角锥组成，如图5-83所示。上弦平面为正三角形和正六边形网格，下弦平面为正六边形网格，腹杆与下弦杆在同一垂直平面内。上弦杆短、下弦杆长，受力合理，每个节点只汇交6根杆件，是常用网架中杆件数和节点数最少的一种。但是，上弦平面的六边形网格增加了屋面板布置与屋面找坡的困难。蜂窝形三角锥网架适用于中、小跨度周边支承的情况，可用于六边形、圆形或矩形平面，如天津石化住宅区影剧院（44m×8m）等建筑较早采用了这种网架结构形式。

4. 网架结构选型原则

空间网架结构的选型应结合工程的平面形状和跨度大小、支承情况、荷载大小、屋面构造、建筑设计、制造安装方法及材料供应情况等要求综合分析确定。杆件布置及支承设置应保证结构体系几何不变。

平面形状为矩形的周边支承网架，当其边长比（长边/短边）小于或等于1.5时，结构呈双向受力状态，此时宜选用正放四角锥网架、斜放四角锥网架、棋盘形四角锥网架、正放抽空四角锥网架、两向正交斜放网架、两向正交正放网架；当其边长比大于1.5时，结构接近单向受力状态，此时宜选用两向正交正放网架、正放四角锥网架或正放抽空四角锥网架。

平面形状为矩形，三边支承一边开口的网架也可按上述原则进行选型，开口边必须具有足够的刚度，并形成完整的边桁架，当刚度不满足要求时，可采用增加网架高度、增加网架层数等办法加强；平面形状为矩形、多点支承网架，可根据具体情况选用正放四角锥网架、正放抽空四角锥网架、两向正交正放网架。

平面形状为圆形、正六边形及接近正六边形且为周边支承的网架，可根据具体情况选用三向网架、三角锥网架或抽空三角锥网架；对中、小跨度，也可选用蜂窝形三角锥网架。

中、小跨度的网架结构宜优先选用螺栓球节点连接。在潮湿、有腐蚀介质的环境中，宜采用焊接球节点连接。网架可采用上弦或下弦支承方式。当采用上弦支承时，应注意避免支座附近杆件与支承柱相碰；当采用下弦支承时，应在支座边形成竖直或倾斜的边桁架。当采用两向正交正放网架时，应沿网架周边网格放置封闭的水平支撑。

5. 网架的节点构造

在网架结构中，节点起着连接汇交杆件，可靠传递杆件内力的作用，同时也是网架与屋面结构、天棚吊顶、管道设备和悬挂吊车等连接之处，起着承受荷载和传递荷载的作用。因此，网架结构的节点设计与构造至关重要，是网架结构设计中不容忽视的重要环节之一。

与平面桁架相比，网架节点有两大突出特点：节点耗钢量大，一般占网架总耗钢量的20%～25%；节点处汇交杆件多（最少6根，最多13根），且属空间交汇，节点构造复杂。因此，设计过程中要根据网架类型、受力情况、杆件截面形状、制造工艺、安装方法等条件进行综合分析，尽量选择合理的节点形式。

网架节点形式很多。按节点在网架中所处位置可以分为：中间节点（或称一般节点）、分杆节点、顶脊节点和支座节点；按节点的构造形式分为：焊接钢板节点、焊接空心球节点、螺栓球节点、钢管鼓节点等，目前多采用焊接空心球节点和螺栓球节点。

（1）焊接空心球节点

焊接空心球节点是一种由两个热冲压钢半球加肋或不加肋焊接而成的空心球连接节点。这种节点主要用于网架结构工程中，具有传力明确、构造简单、造型美观、连接方便和适用性强等特点。

焊接空心球节点的制作方法是将两块圆钢板经热压或冷压成两个半球，然后对焊形成空心球。半球的成型方法有冷压和热压两种，其中热压成型简单且用得最多，而冷压需要较大压力，模具磨损较大，因此焊接空心球很少采用冷压。焊接空心球节点如图5-84所示。

（2）螺栓球节点

螺栓球节点是网架结构体系中常用的节点形式，它由螺栓、钢球、销子（或螺钉）、套筒和锥头或封板等零件组成。螺栓球节点适用于连接钢管杆件，主要用于网架结构，其构造原理是将置有螺栓的锥头或封板焊在钢管杆件的两端，在伸出锥头或封板的螺杆上套有长形六角套筒（或称长形六角无纹螺母），并以销子或紧固螺钉将螺栓与套筒连在一起；拼装时直接拧动长形六角套筒，通过销钉或紧固螺钉带动螺栓转动，从而使螺栓旋入球体，直至螺栓头与封板或锥头贴紧为止，各交汇杆件均按此连接后即形成节点。螺栓拧紧程度靠销钉来控制。螺栓球节点如图5-85所示。

图 5-84　焊接空心球节点

图 5-85　螺栓球节点

（3）支座节点

网架结构一般都支撑在柱顶或圈梁等支承结构上，支座节点是指位于支承结构上的网架节点，一般采用铰节点，应尽量采用传力可靠、连接简单的构造形式。

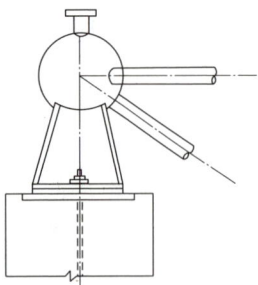

图 5-86　平板压力支座节点

1）平板压力支座节点

平板支座是一种常用的支座节点形式，适用于支座无明显不均匀沉降和温度应力影响不大的中、小跨度网架。它由十字形节点板和一块底板组成，构造简单、加工方便、用钢量少。平板支座下的摩擦力较大，支座不能转动或移动，支承板下的应力分布也不均匀，和计算假定相差较大。平板压力支座节点如图 5-86 所示。

2）单面弧形压力支座节点

与平板压力支座节点相比，单面弧形压力支座节点在构造上进行了改进，采用弧形支座垫板，使其能够转动和微量移动。这种节点可以改善较大跨度网架由于挠度和温度应力影响的支座受力性能，但摩擦力仍然较大。其可用于要求沿单方向转动的大、中跨度空间网格结构。

单面弧形压力支座节点的构造包括支座板与支承板之间的弧形支座垫板，通常用铸钢或厚钢板加工而成。为了使支座能产生微量转动和移动，可以将 2 个螺栓放在弧形支座的中心线上。当支座反力较大需要设置 4 个螺栓时，为不影响支座的转动，可在置于支座四角的螺栓上部加设弹簧。这种支座节点可沿弧面转动，可应用于要求支座节点沿单方向转动的大中跨度网架结构。单面弧形压力支座节点如图 5-87 所示。

3）双面弧形压力支座节点

双面弧形是在支座底板与支承面顶板上焊出带椭圆孔的梯形钢板，然后以螺栓将它们连为一体。这种支座节点构造与不动圆柱铰支承的约束条件比较接近，但它只能沿一个方向转动，而且不利于抗震。虽然这种节点构造较复杂，但鉴于当前铸造工艺的进步，其制作尚属方便，具有一定应用空间，可用于温度应力变化较大且下部支承结构刚度较大的大跨度空间网格结构。双面弧形压力支座节点如图 5-88 所示。

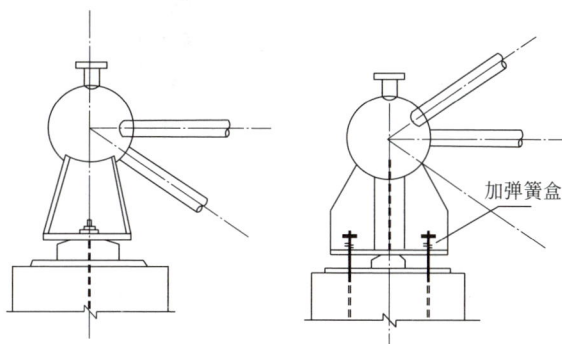

图 5-87 单面弧形压力支座节点

加弹簧盒

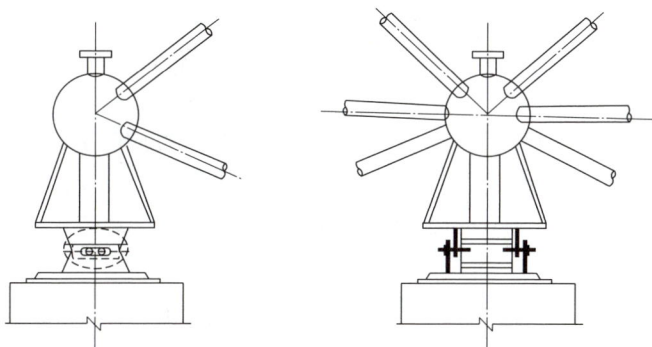

图 5-88 双面弧形压力支座节点

4）球铰压力支座节点

球铰压力支座节点是由一个置于支承面上的凸形半实心球与一个连于节点支承底板的凹形半球相嵌合，并以锚栓相连而成，锚栓螺母下设弹簧以适应节点转动，这种构造可使支座节点绕两个水平轴自由转动而不产生线位移。它既能较好地承受水平力，又能自由转动，比较符合不动球铰支承的约束条件且有利于抗震。但其构造较复杂，一般用于多点支承的大跨度空间网格结构。球铰压力支座节点如图 5-89 所示。

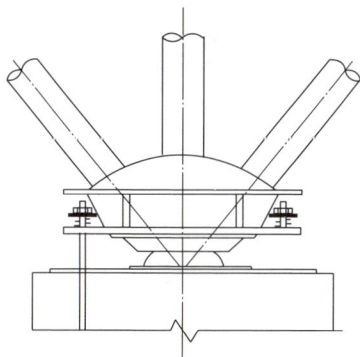

图 5-89 球铰压力支座节点

任务 5.8　钢网架安装

在钢网架安装施工的过程中，对于钢材的选用是十分重要的，钢材的质量必须要符合工程施工的要求。如果在安装过程中，钢材没有出厂合格证书或者施工人员质疑钢材质量的时候，相关工作人员必须要按照国家相关的规定对钢材进行全方位的检测，经证明合格后，才能投入到工程施工中来。

在钢网架制作和安装的时候，施工人员也要按照我国网架结构工程质量检验的相关规范对其施工组织和施工方案进行设计，并且在安装过程中认真地执行，从而保障钢网架结构的稳定性。

钢网架结构的焊接工作是钢网架结构安装工程的核心内容，因此在对其进行焊接时，要对焊接场地和焊接方法进行严格的要求。在焊接的过程中，必须要求焊接人员具备专业的知识，并且按照合理的施工顺序进行焊接。

在对钢网架的安装方法进行设计的时候，不仅要根据钢网架结构的受力情况和自身的结构特点进行安装，还要符合工程施工的要求，这样才能有效地保障工程施工的质量和施工的进度。

1. 钢网架拼装

（1）钢网架拼装作业条件

在网架拼装前，拼装人员应该注意以下几个方面的问题：

1）在网架拼装前，要对拼装现场做好相应的准备工作，保证拼装场地的清洁度和平整性；在不平整的场地上，施工人员还需要通过机械设备，来对其进行打压夯实。

2）施工人员在对拼装材料进行选取的时候，要严格按照工程施工的要求进行选择，并且设置相关的安全设施，保障施工人员的施工安全。

3）钢材选择完毕以后，还要对其质量进行严格的检查，如果发现钢材材质不合格的构件，要马上停止使用。

4）为了避免钢网架结构出现变形、位移等现象，在对其进行焊接的时候，要预留出一定的变形余量。

（2）钢网架结构拼装的施工原则

1）合理分割，即把网架根据实际情况合理地分割成各种单元体，使其经济地拼成整个网架。其方法有以下几种：

① 直接由单根杆件、单个节点总拼成网架。

② 由小拼单元总拼成网架。

③ 由小拼单元拼成中拼单元，再总拼成网架。

2）尽可能多地争取在工厂或预制场地焊接，并尽量减少高空作业量，因为这样可以充分利用起重设备将网架单元翻身而能较多地进行焊接。

3）节点尽量不单独在高空就位，而是和杆件连接在一起进行拼装，在高空仅安装杆件。

2. 钢网架拼装施工

拼装时，要选择合理的焊接工艺，尽量减少焊接变形和焊接应力。拼装的焊接顺序应从中间开始，向两端或向四周延伸展开而进行。

（1）小拼单元拼装施工

钢网架小拼单元一般是指焊接球网架的拼装。螺栓球网架在杆件拼装、支座拼装之后即可安装，不进行小拼单元。为保证高空拼装节点的吻合和减少积累误差，对于小拼单元网架一般应在地面拼装。小拼单元拼装应进行划分，划分的原则为：

1）尽量增大工厂焊接的工作量比例。

2）应将所有节点都焊在小拼单元上，总拼时仅连接杆件。

根据网架结构的施工原则，小拼及中拼单元均应在工厂内制作。小拼单元的拼装是在专用模架上进行的，以确保小拼单元形状尺寸的准确性。小拼模架有平台型和转动型两种。

平台型：类似于平面桁架的放样拼整平台。

转动型：将节点与杆件夹在特制的模架上就位，待点焊定位后，再在此转动的模架上全面施焊。这样焊接条件较好，焊接质量易于保证。

（2）螺栓球节点网架拼装施工

螺栓球节点网架拼装时，一般是先拼下弦，将下弦的标高和轴线调整后，全部拧紧螺栓，起定位作用。随后开始连接腹杆，螺栓不宜拧紧，但必须使其与下弦连接端的螺栓吃上劲；如吃不上劲，在周围螺栓都拧紧后，这个螺栓就可能偏歪，那时将无法拧紧。

连接上弦时，开始不能拧紧。当分条拼装时，安装好三行上弦球后，即可将前两行调整校正，此时可通过调整下弦球的垫块高低进行；然后固定第一排锥体的两端支座，同时将第一排锥体的螺栓拧紧。

按以上各条循环进行，在整个网架拼装完成后，必须进行一次全面检查，看螺栓是否拧紧。正放四角锥网架试拼后，用高空散装法拼装时也可在安装一排锥体后，采用从上弦挂腹杆的办法安装其余锥体。

（3）焊接球节点网架拼装施工

焊接球节点网架焊接时，一般先焊下弦，使下弦收缩而略上拱，然后焊接腹杆及上弦，即"下弦-腹杆-上弦"。如先焊上弦，则易造成不易消除的人为挠度。

当用散件总拼时（不用小拼单元），不得将所有杆件全部定位焊牢（即用电焊点上），否则在全面施焊时，易将已定位焊的焊缝拉裂。因为在这种情况下全面施焊，焊缝将没有自由收缩边，类似在封闭圈中进行焊接。

在钢管球节点的网架结构中，钢管厚度大于 6mm 时，必须开坡口。钢管与球全焊透连接时，钢管与球壁之间必须留有 1~2mm 的间隙，加衬管，以保证实现焊缝与钢管的等强连接。如将坡口钢管直接与环壁顶紧后焊接，则必须用单面焊接双面成型的焊接工艺。为保证焊透，建议采用 U 形坡口或阶梯形坡口进行焊接。

焊接节点的网架点拼后，对其所有的焊缝均应作全面的检查。对大中跨度的钢管网架的对接焊缝应作无损检验。

3. 钢网架安装施工

应根据钢网架受力和构造特点（如结构选型、网架刚度、外型特点、支撑形式、支座构造等），在满足质量、安全、进度和经济效果的要求下，结合当地的施工技术条件和设备资源配备等因素，因地制宜综合确定。

常用的钢网架安装方法有六种：高空散装法、分条或分块安装法、高空滑移法、整体吊装法、整体提升法和整体顶升法。网架安装方法及适用范围见表5-3。

网架安装方法及适用范围　　　　　　　　　　　　　　　　　表 5-3

安装方法	内容	适用范围
高空散装法	单杆件拼装	螺栓连接节点的各类型网架
	小拼单元拼装	
分条或分块安装法	条状单元组装	两向正交、正放四角锥、正放抽空四角锥等网架
	块状单元组装	

续表

安装方法	内容	适用范围
高空滑移法	单条滑移法	正放四角锥、正放抽空四角锥、两向正交正放等网架
	逐条积累滑移法	
整体吊装法	单机、多机吊装	各种类型网架
	单根、多根拔杆吊装	
整体提升法	利用拔杆提升	周边支承及多点支承网架
	利用结构提升	
整体顶升法	利用网架支撑柱作为顶升时的支撑结构	支点较少的多点支承网架
	在原支点处或其附近设置临时顶升支架	
备注	未注明连接节点构造的网架,指各类连接节点网架均适用	

（1）高空散装法

高空散装法适用于小拼单元或散件（单根杆件及单个节点）的拼装。该方法可以直接在设计位置进行总拼，包括全支架法和悬挑法两种。全支架法多用于散件拼装，而悬挑法则多用于小拼单元在高空总拼情况，或者球面网壳三角形网格的拼装。当全支架拼装网架时，支架顶部常用木板或竹脚手板满铺，作为平台。悬挑法拼装时，需要预先制作好小拼单元，再用起重机将小拼单元吊至设计标高就位拼装。悬挑法安装可以省搭拆支架，节省材料。

高空散装法的优点是不需要大型起重设备，且对场地要求不高。但同时，该方法也存在高空作业多、需要搭设大量拼装支架等缺点。

1）网架高空拼装顺序的确定

对安装顺序的选择应根据网架形式、支撑类型、结构受力特征，杆件小拼单元、临时固定的边界条件、施工机械设备性能以及施工场地情况等因素综合确定，且有利于保证拼装的精度和减少误差积累等。

平面呈现矩形的周边支撑两向正交斜放钢网架的安装顺序：总的安装顺序为由一端起向另一端呈三角形依次推进，由屋脊网线分别向两边安装，以此来减少网片在安装过程中的误差积累。

平面呈现矩形的三边支承两向正交斜放钢网架的安装顺序：总的安装顺序为在纵向方向上由一端向另一端呈平行四边形推进，横向方向由三边框架内侧逐步向外侧依次安装。钢网片安装顺序可以先由短跨方向，依据起重机的安装半径来将作业区划分成若干小区域，再按照一定的顺序依次进行流水施工。

平面呈现方形的安装区域可以由两向正交正放桁架和两向正交斜放拱索桁架组成周边支撑网架。总的安装顺序为：首先安装拱架，再次安装索桁架。

当平面呈现椭圆形时悬挑式钢罩棚网架的安装顺序为：首先在接近支撑柱的部分，采用高空散装法在脚手架上完成安装作业任务；而悬挑部分，可以先在地面上拼接成一个吊装单元，吊到高处通过拼装段与根部散装段组成完整的网架。

2）基准轴线位置、标高及垂直偏差的控制

网架安装应对建筑物的定位轴线（即基准轴线）、支座轴线和支承的标高及预埋螺栓

（锚栓）位置进行检查，作出检查记录，办理交接验收手续。

网架安装过程中，应对网架支座轴线、支承面标高或网架下弦标高、网架屋脊线、檐口线位置和标高进行跟踪控制；发现误差积累，应及时纠正。

采用网片和小拼单元进行拼装时，要严格控制网片和小拼单元的定位线和垂直度。

各杆件与节点连接时中心线应交汇于一点，螺栓球、焊接球应汇交于球心。

网架结构总拼完成后，纵横向长度偏差、支座中心偏移、相邻支座偏移、相邻支座高差、最低最高支座差等指标均应符合网架安装规程要求。

3）拼装支架的设置

网架高空散装法的拼装支架进行设计，对于重要的或大型的工程，还应进行试压，以检验其使用的可靠性。拼装支架必须满足以下要求：

① 具有足够的强度和刚度。拼装支架应通过验算，除满足强度要求外，还应满足单肢及整体稳定要求。

② 具有稳定的沉降量。支架的沉降往往由于支架本身的弹性压缩，接头的压缩变形以及地基沉降等因素造成。支架在承受荷载后必然产生沉降，但要求支架的沉降量在网架拼装过程中趋于稳定。必要时用千斤顶进行调整。如发现支架不稳定下沉，应立即研究解决。

由于拼装支架容易产生水平位移和沉降，在网架拼装过程中应经常观察支架变形情况并及时调整，应避免由于拼装支架的变形而影响网架的拼装精度。

4）操作工艺

螺栓球节点的安装精度，取决于工厂制作的精度；如果尺寸有误，现场无法解决，只能运回加工厂处理。

螺栓球节点高空拼装时，一般从一端开始，以一个网格为一排，逐排步进。拼装顺序为：下弦节点→下弦杆→腹杆及上弦节点→上弦杆→校正→全部拧紧螺栓。校正前的各个工序螺栓均不拧紧；如经试拼确有把握时，也可以一次拧紧。

空心球节点网架高空拼装是小拼单元或散件（单根杆件及单个节点）直接在设计位置进行总拼。为保证网架在总拼过程中具有较少的焊接应力和便于调整尺寸，合理的总拼顺序应该是从中间向两边或从中间向四周发展。

焊接网架结构严禁形成封闭圈，固定在封闭圈中焊接会产生很大的收缩应力。

为确保安装精度，在操作平台上选一个适当位置试拼一组，检查无误后，再开始正式拼装。空心球节点网架焊接时一般先焊下弦，使下弦收缩而略向上拱，然后焊接腹杆及上弦；如果先焊上弦，则易造成不易消除的下挠度。

为防止网架在拼装过程中（因网架自重和支架刚度较差）出现挠度，可预先设施工起拱，一般在 10～15mm。

5）支撑点的拆除

拼装支撑点（临时支座）拆除必须遵循"变形协调，卸载均衡"的原则，否则临时支座超载失稳，或者网架结构局部甚至整体受损。

临时支座拆除顺序和方法：由中间向四周，中心对称进行，为防止个别支撑点集中受力，宜根据各支撑点的结构自重挠度值，采用分区分阶段按比例下降或用每步不大于 10mm 等步下降法拆除临时支撑点。

检查千斤顶行程满足支撑点下降高度，关键支撑点要增设备用千斤顶。降落过程中，统一指挥责任到人，遇有问题由总指挥处理解决。

（2）分条或分块安装法

分条或分块安装法，是指网架分成条状或块状单元，分别由起重机吊装至高空设计位置就位搁置，然后再拼装成整体的安装方法。所谓条状，是指网架沿长跨方向分割为若干区段，而每个区段的宽度可以是一个网格至三个网格，其长度则为短跨的跨度；所谓块状，是指网架沿纵横方向分割后的单元形状为矩形或正方形。每个单元的重量以现有起重机能力能胜任为准。

这种方法具有如下特点：首先是大部分焊接、拼装工作量在地面进行，有利于提高工程质量，并可省去大部分拼装支架；其次是由于分条（块）单元的重量与现有起重设备相适应，可利用现有起重设备吊装网架，有利于降低成本。此法易于在中小型网架中推广，但仍有一定的高空作业量。

当采用分条吊装法时，正放类网架一般来说在自重作用下自身能形成稳定体系，可不考虑加固措施，比较经济；斜放类网架分成条状单元后需要大量的临时加固杆件，不够经济。当采用分块吊装法时，斜放类网架只需在单元周边加设临时杆件，加固杆件较少。

1）作业条件

检查条或块拼装平台，验收后可进行拼装；检查条或块拼装几何尺寸，并验收合格；根据施工组织设计搭设的支架操作平台，检查其承重支点等的牢固情况；复核高空拼装支点的纵横轴线及标高。

2）网架单元划分

网架分条或分块单元的划分，主要根据起重机的负荷能力和网架的结构特点而定，其划分方法有下列几种：

① 网架单元相互靠紧，可将下弦双角钢分开在两个单元上，此法可用于正放四角锥等网架。

② 网架单元相互靠紧，单元间上弦用剖分式安装节点连接，此法可用于斜放四角锥等网架。

③ 单元之间空出一个节间，该节间在网架单元吊装后再在高空拼装，可用于两向正交正放等网架。

当斜放四角锥等斜放类网架划分成条状单元时，由于上弦（或下弦）为菱形几何可变体系，因此必须加固后才能吊装。

块状单元组合体的分块，一般是在网架平面的两个方向均有切割，其大小视起重机的起重能力而定。切割后的块状单元体大多是两邻边或一边有支撑，一角点或两角点要增设临时顶撑予以支撑。也有将网格切除的块状单元体，在现场地面对准设计轴线组装，边网格留在垂直吊升后再拼装成整体。

3）网架挠度的调整

条状单元合拢前应先将其顶高，使中央挠度与网架形成整体后该处挠度相同。由于分条或分块安装法多在中小跨度网架中应用，可用钢管作顶撑，在钢管下端设千斤顶调整标高时将千斤顶顶高即可，比较方便。如果在设计时考虑到分条安装的特点而加高了网架高度，则分条安装时就不需要调整挠度。

4）操作工艺

根据网架结构形式和起重设备能力决定分条或分块网架尺寸的大小，在地面胎架上拼装好，胎架应考虑起拱度；分条或分块单元，自身应是几何不变体系，同时应有足够的刚度，否则应加固；严格按技术质量要点进行施工；分条或分块安装法经常与其他安装法相配合使用，如高空散装法、高空滑移法等方法中都可采用此法施工。

（3）高空滑移法

高空滑移法是指分条的网架单元在事先设置的滑轨上单条滑移到设计位置拼接成整体的安装方法。此条状单元可以在地面拼成后用起重机吊至支架上，在起重设备能力不足或其他情况下，也可用小拼单元甚至散件在高空拼装平台上拼成条状单元。高空支架一般设在建筑物的一端，滑移时网架的条状单元由一端滑向另一端。

高空滑移法是在土建完成框架、圈梁以后进行，且网架是架空作业的，因此对建筑物内部施工没有影响，网架安装与下部土建施工可以平行立体作业，大大加快了工期。高空滑移法对起重设备、牵引设备要求不高，可用小型起重机或卷扬机，而且只需搭设局部的拼装支架，如建筑物端部有平台可利用，可不搭设脚手架。采用单条滑移法时，摩擦阻力较小，如再加上滚轮小跨度时，用人力撬棍即可撬动前进。当用逐条积累滑移法时，牵引力逐渐加大，即使为滑动摩擦方式，也只需用小型卷扬机即可，因为网架滑移时速度不能过快（≤1m/min），一般均需通过滑轮组变速。

1）高空滑移法按滑移方式可分为：

① 单条滑移法。将条状单元一条一条地分别从一端滑移到另一端就位安装，各条之间分别在高空再行连接，即逐条滑移，逐条连成整体。

② 逐条积累滑移法。先将条状单元滑移一段距离（能连接上第二单元的宽度即可），连接好第二条单元后，两条一起再滑移一段距离（宽度同上），再连接第三条，三条又一起滑移一段距离，如此循环操作直至接上最后一条单元为止。

2）按摩擦方式可分为滚动式及滑动式两类。滚动式滑移即在网架装上滚轮，网架滑移时是通过滚轮与滑轨的滚动摩擦方式进行的。滑动式滑移即网架支座直接搁置在滑轨上，网架滑移时是通过支座底板与滑轨的滑动摩擦方式进行的。

3）按滑移坡度可分为水平滑移、下坡滑移及上坡滑移三类。如建筑平面为矩形，可采用水平滑移或下坡滑移；当建筑平面为梯形时，短边高、长边低、上弦节点支承式网架，则可采用上坡滑移。下坡滑移可省动力。

4）按滑移时外力作用方向，可分为牵引法及顶推法两类。牵引法即将钢丝绳绑扎于网架前方，用卷扬机或手动捯链拉动钢丝绳，牵引网架前进，作用点受拉力；顶推法即用千斤顶顶推网架后方，使网架前进，作用点受压力。

5）滑移时需要注意：

① 挠度控制

当网架单条滑移时，其施工挠度的情况与分条分块法完全相同；当逐条积累滑移时，网架的受力情况仍然是两端自由搁置的主体桁架。因而，滑移时网架虽仅承受自重，但其挠度仍较形成整体后为大。因此，在连接新的单元前，都应将已滑移好的部分网架进行挠度调整，然后再拼接。在滑移时，应加强对施工挠度的观测，随时调整。

② 滑轨与导向轮

滑轨的形式较多，可根据各工程实际情况选用。滑轨与圈梁顶预埋件连接可用电焊或螺栓连接。滑轨位置与标高，根据各工程具体情况而定。如弧形支座高与滑轨一致，滑移结束后拆换支座较方便。当采用扁钢滑轨时，扁钢应与圈梁预埋件同标高，当滑移完成后拆换滑轨时不影响支座安装。滑轨的接头必须垫实、光滑。当滑动式滑移时，还应在滑轨上涂刷润滑油，且滑橇前后都应做成圆弧导角，否则易产生"卡轨"。

导向轮的主要作用是保险装置，导向轮一般安装在导轨内侧，间隙 10～20mm。在正常情况下，滑移时导向轮是脱开的，只有当同步差超过规定值或拼装偏差在某处较大时才碰上。但在实际工程中，由于制作拼装上的偏差，卷扬机不同时间的启动或停车也会造成导向轮顶上导轨的情况。

③ 牵引速度

为了保证网架滑移时的平稳性，牵引速度不宜太快，根据经验牵引速度控制在 1m/min 左右为宜。因此，如采用卷扬机牵引，应通过滑轮组降速。为使网架滑移时受力均匀和滑移平稳，当滑移单元积累较长时，宜增设钩扎点。

④ 同步控制

网架滑移时同步控制的精度是滑移技术的主要指标之一，网架规程规定网架滑移时两端不同步值不大于 50mm，只是作为一般情况而言。各工程在滑移时应根据情况，经验算后再自行确定具体值。当拼装精度要求不高时，控制同步可在网架两侧的梁面上标出尺寸，牵引时同时报滑移距离；当同步要求较高时，可采用自整角机同步指示装置，以便集中于指挥台随时观察牵引点移动情况，读数精度为 1mm。

⑤ 操作工艺

网架先在地面将杆件拼装成小拼构件，然后用悬臂式桅杆、塔式或履带式起重机，按组合拼接顺序吊到拼接平台上进行扩大拼装。先就位点焊，拼接网架下弦方格，再点焊立起横向跨度方向角腹杆。每节间单元网架部件点焊拼接顺序，由跨中向两端对称进行，焊完后临时加固。

滑移准备工作完毕，进行全面检查无误，开始试滑 50cm；再检查无误后，正式滑行。起始点尽量利用已建结构物，如门厅、观众厅，高度应比网架下弦低 40cm，以便在网架下弦节点与平台之间设置千斤顶，用以调整标高；平台上面铺设安装模架，平台宽应略大于两个节间。

当网架滑移完毕，经检查各部分尺寸标高、支座位置符合设计要求，开始用等比例提升方法，可用千斤顶或起落器抬起网架支承点，抽出滑轨，再用等比例下降方法，使网架平稳过渡到支座上。待网架下挠稳定，装配应力释放完后，即可进行支座固定。

（4）整体吊装法

整体吊装法是将网架结构在地上错位拼装成整体，然后用起重机吊升超过设计标高，空中移位后落位固定。此法不需要搭设高的拼装架，高空作业少，易于保证接头焊接质量。但其需要起重能力大的设备，吊装技术也复杂。此法以吊装焊接球节点网架为宜，尤其是三向网架的吊装。根据吊装方式和所用的起重设备不同，整体吊装法可分为多机抬吊作业及独脚拔杆吊升法。

1）多机抬吊作业

多机抬吊施工中布置起重机时需要考虑各台起重机的工作性能和网架在空中移位的要求。起吊前要测出每台起重机的起吊速度，以便起吊时掌握，或每两台起重机的吊索用滑轮连通。这样，当起重机的起吊速度不一致时，可由连通滑轮的吊索自行调整。

如网架重量较轻，或四台起重机的起重量均能满足要求时，宜将四台起重机布置在网架的两侧，这样只要四台起重机将网架垂直吊升超过柱顶后，旋转一小角度，即可完成网架空中移位要求。

多机抬吊一般用四台起重机联合作业，将地面错位拼装好的网架整体吊升到柱顶后，在空中进行移位，落下就位安装。一般有四侧抬吊和两侧抬吊两种方法。四侧抬吊时，为防止起重机因升降速度不一而产生不均匀荷载，在每台起重机设两个吊点，每两台起重机的吊索互相用滑轮串通，使各吊点受力均匀，网架平稳上升；两侧抬吊系用四台起重机将网架吊过柱顶，同时向一个方向旋转一定距离，即可就位，其适于跨度 40m 左右、高度 2.5m 左右的中、小型网架屋盖的吊装。多机抬吊示意图如图 5-90 所示。

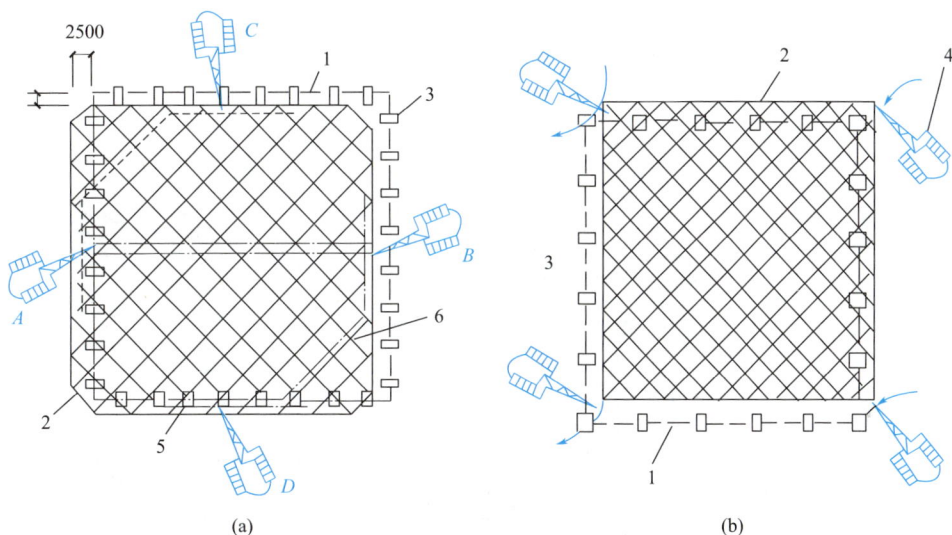

图 5-90 多机抬吊示意图

（a）四侧抬吊；（b）两侧抬吊

1—网架安装位置；2—网架拼装位置；3—下柱；4—履带式起重机；5—吊点；6—串通吊索

2）独脚拔杆吊升法

独脚拔杆吊升法是多机抬吊的另一种形式。它是用多根独脚拔杆，将地面错位拼装的网架吊升超过柱顶，进行空中移位后落位固定。采用此法时，支承屋盖结构的柱与拔杆应在屋盖结构拼装前竖立。此法所需的设备多，劳动量大，但对于吊装高、重、大的屋盖结构，特别是大型网架较为适宜。

3）网架的空中移位

多机抬吊作业中，起重机变幅容易，网架空中移位并不困难，而用多根独脚拔杆进行整体吊升网架的方法的关键是网架吊升后的空中移位。由于拔杆变幅很困难，网架在空中的移位是利用拔杆两侧起重滑轮组中的水平力不等而推动网架移位的。

网架的空中位移顺序如图 5-91 所示，网架被吊升时，每根拔杆两侧滑轮组夹角相等，上升速度一致，两侧受力相等，其水平分力也相等，网架于水平面内处于平衡状态，只垂直上升，不会水平移动。

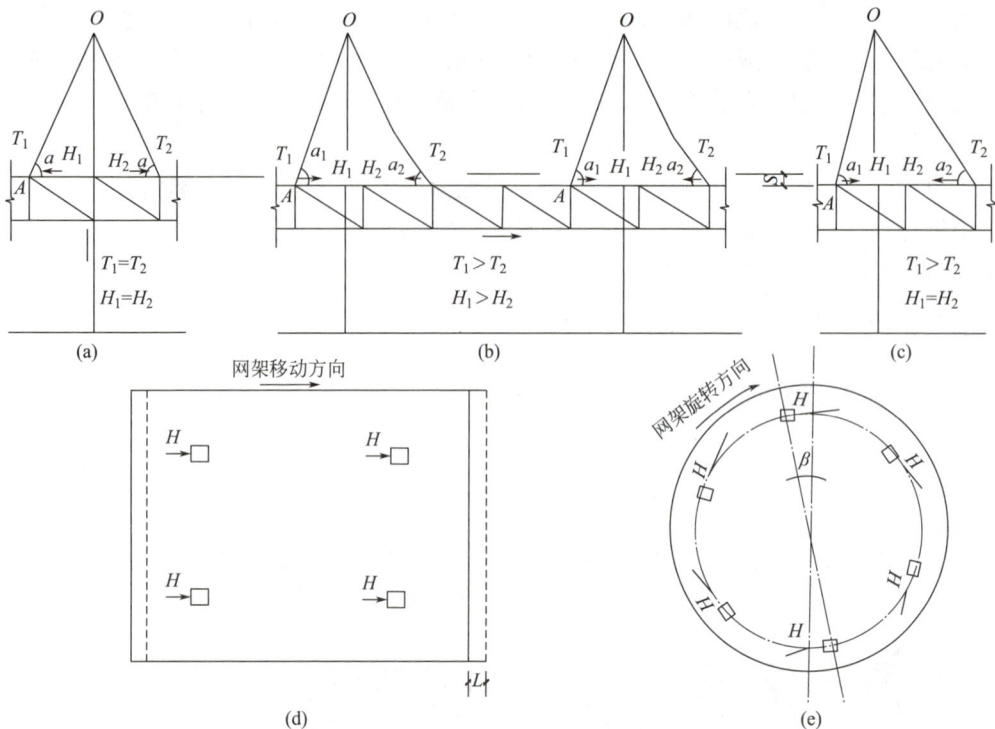

图 5-91　网架的空中位移顺序

（a）网架提升时的平衡状态；（b）网架位移时的不平衡状态；（c）网架移位后恢复平衡状态；
（d）矩形网架单向平移；（e）圆形网架旋转

如桅杆对称布置，桅杆的起重平面（即起重滑轮组与桅杆所构成的平面）方向一致且平行于网架的一边。因此，使网架产生运动的水平分力都平行于网架的一边，网架即产生单向的移位。

如桅杆均布于同一圆周上，且桅杆的起重平面垂直于网架半径。这时使网架产生运动的水平分力与桅杆起重平面相切，由于切向力的作用，网架即产生绕其圆心旋转的运动。

4）多拔杆的同步控制

网架在提升过程中应尽量同步，即各拔杆以均匀一致的速度上升，以减少起重设备和网架结构不均匀受力，同时避免网架与柱或拔杆相碰。相邻点提升高差宜控制在 100mm 以内，或通过验算及试验确定。

5）缆风绳的初拉力

采用多根拔杆整体吊装网架时，保持拔杆顶端偏移值最小，是顺利吊装网架关键之一。为此，缆风绳的初拉力宜适当加大，但也应防止由此所引起的拔杆与地锚负荷太大的问题。

6）多根拔杆或多机抬吊的折减系数及升降速度

当采用多台起重机（或多根拔杆）抬吊网架时，宜将额定负荷乘以折减系数 0.75，当采用四台起重机（或四根拔杆）将吊点连通成两组或三台起重机（或三根拔杆）吊装时，折减系数可适当放宽。在工程实践中，往往遇到起重机的起重量由于乘以折减系数 0.75 后而满足不了吊装网架的要求，为此可采取措施，例如，将每两台起重机的吊点穿通等方法，以适当放宽折减系数。

多台起重机（或多根拔杆）吊钩升降速度控制。多台起重机（或多根拔杆）抬吊的关键是多台起重机（或多根拔杆）吊钩升降速度要一致；否则会造成起重机（或拔杆）超载、网架受扭等事故。

（5）整体提升法

整体提升法是网架结构在地面上就位拼装成整体后，用安装在柱顶横梁上的升板机，将网架垂直提升到设计标高以上，安装支承托梁后，落位固定。此法不需大型吊装设备，机具和安装工艺简单，提升平稳且差异小，同步性好，劳动强度低，工效高，施工安全，但需较多提升机和临时支承短钢柱、钢梁，准备工作量大。此法适用于跨度 50～70m，高度 4m 以上，重量较大的大、中型周边支承网架屋盖。整体提升法可分为下列几种：

1）单提网架法：网架在设计位置就地总拼后，利用安装在柱子上的小型设备（穿心式液压千斤顶）将网架整体提升到设计标高上然后下降就位、固定。

2）网架爬升法：网架在设计位置就地总拼后，利用安装在网架上的小型设备（穿心式液压千斤顶），提升锚点固定在柱上或拔杆上，将网架整体提升到设计标高，就位、固定。

3）升梁抬网法：网架在设计位置就地总拼，同时安装好支承网架的装配式圈梁（提升前圈梁与柱断开，提升网架完成后再与柱连成整体），把网架支座搁置于此圈梁中部，在每个柱顶上安装好提升设备，这些提升设备在升梁的同时，抬着网架升至设计标高。

4）升网滑模法：网架在设计位置就地总拼，柱是用滑模施工。网架提升是利用安装在柱内钢筋上的滑模用液压千斤顶，一面提升网架一面滑升模板浇筑混凝土。

整体提升法操作的原则如下：

1）提升设备布置与负荷能力

网架整体提升，一般采用小机群（电动螺杆升板机、穿心式液压千斤顶等），其布置原则是：

① 网架提升时受力情况应尽量与设计受力情况接近。

② 每个提升设备所受荷载尽可能接近。

③ 提升设备的负荷能力应按额定能力乘以折减系数，电动螺杆升板机为 0.7～0.8；穿心式液压千斤顶为 0.5～0.6。升板机的折减系数主要考虑其安全使用性能，该机不宜负荷过大。该类液压千斤顶在液压管道及接头等较有把握时可适当提高负荷。但该类千斤顶的冲程非恒定值，负荷大时冲程就小，负荷小时冲程就大，故使用时应注意使各千斤顶负荷接近，以利于同步提升。

2）网架提升的同步控制

网架提升过程中，各吊点间的同步差，将影响升板机等提升设备和网架杆件的受力状况，测定和控制提升中的同步差是保证施工质量和安全的关键措施。网架规程中规定当用提升机时，允许升差值为相邻提升点距离的 1/400，且不大于 15mm；当采用穿心式液压千斤顶时，为相邻提升点距离的 1/250，且不大于 25mm。这主要是由设备性能决定的，因升板机的同步性能较穿心式液压千斤顶好。选用设备时应注意，刚度大的网架形式不宜用穿心式液压千斤顶提升。由于各点提升差引起的内力值，可通过计算求得。

3）柱的稳定问题

当网架采用整体提升法施工时，应使下部结构在网架提升时已形成稳定的框架体系，否则应对独立柱进行稳定性验算，如稳定性不足，则应采取加固措施。一般可采取下列措施：

① 网架四角沿轴线方向每角拉两根缆风绳，以承受风力，减少柱子的水平荷载。缆风绳按相关规定计算拉设。

② 各柱间设置两道水平支撑与设计中的柱间支撑联系，以减少柱的计算长度。当采用升网滑模法施工时，当滑出模板的混凝土强度等级达到 C15 级以上后紧接着安装水平支撑，以确保柱子的稳定性。

③ 当升网滑模时，可适当提高混凝土强度等级，控制滑升速度，不宜过快，应使新浇混凝土强度较快达到 C15 级。

（6）整体顶升法

整体顶升法是利用支承结构和千斤顶将网架整体顶升到设计位置。这一方法设备简单，不用大型吊装设备，顶升支承结构可利用结构永久性支承柱，拼装网架不需搭设拼装支架，可节省大量机具和脚手、支墩费用，降低施工成本，且操作简便、安全。但顶升速度较慢，对结构顶升的误差控制要求严格，以防失稳。此法适于安装多支点支承的各种四角锥网架屋盖。

1）顶升准备

顶升用的支承结构一般利用网架的永久性支承柱，或在原支点处或其附近设置临时顶升支架。顶升千斤顶可采用普通液压千斤顶或丝杠千斤顶，要求各千斤顶的行程和起重速度一致。网架多采用伞形柱帽的方式，在地面按原位整体拼装。由四根角钢组成的支承柱（临时支架）从腹杆间隙中穿过，在柱上设置缀板作为搁置横梁、千斤顶和球支座用。上、下临时缀板的间距根据千斤顶的尺寸、冲程、横梁等尺寸确定，应恰为千斤顶使用行程的整数倍，其标高偏差不得大于 5mm。

2）顶升操作

顶升时，每一顶升循环工艺过程，如图 5-92 所示。顶升应做到同步，各顶升点的升差不得大于相邻两个顶升用的支承结构间距的 1/1000，且不大于 30mm；在一个支承结构上有两个或两个以上千斤顶时不大于 10mm。

当发现网架偏移过大，可采用在千斤顶垫斜垫或有意造成反向升差逐步纠正。同时顶升过程中，网架支座中心对柱基轴线的水平偏移值不得大于柱截面短边尺寸的 1/50 及柱高的 1/500，以免导致支承结构失稳。

3）升差控制

顶升施工中同步控制主要是为了减少网架的偏移，其次才是为了避免引起过大的附加杆力。而提升法施工时，升差虽然也会造成网架的偏移，但其危害程度要比顶升法小。

顶升时，当网架的偏移值达到需要纠正时，可采用千斤顶垫斜或人为造成反向升差逐步纠正，切不可操之过急，以免发生安全质量事故。由于网架的偏移是一种随机过程，纠偏时，柱的柔度、弹性变形又给纠偏以干扰，因而纠偏的方向及尺寸并不完全符合主观要求，不能精确地纠偏。故顶升施工时，应以预防网架偏移为主，顶升时必须严格控制升差并设置导轨。

4. 钢网架安装质量控制

钢网架总拼完成后及屋面工程完成后，应分别测量其挠度值，且所测的挠度值不应超

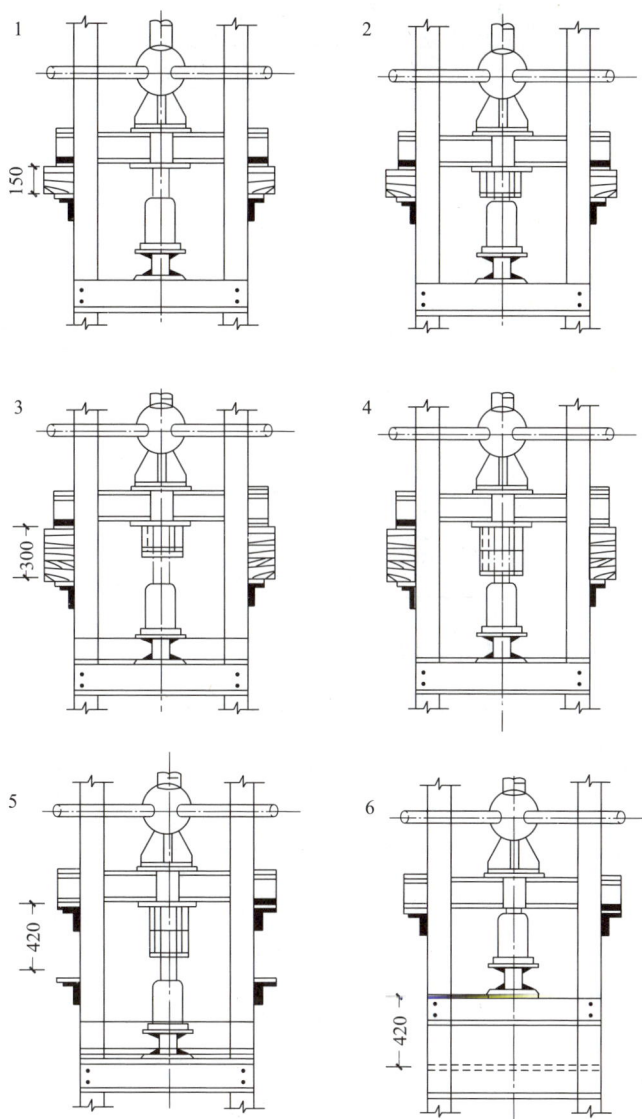

图 5-92　顶升循环工艺过程

过相应荷载条件下挠度计算值的 1.15 倍。检查数量：跨度 24m 及以下钢网架结构，测量下弦中央一点；跨度 24m 以上钢网架结构，测量下弦中央一点及各向下弦跨度的四等分点。

螺栓球节点网架总拼完成后，高强度螺栓与球节点应紧固连接，连接处不应出现有间隙、松动等未拧紧现象。按节点数抽查 5%，且不应少于 3 个。

钢网架安装完成后，其节点及杆件表面应干净，不应有明显的疤痕、泥沙和污垢。螺栓球节点应将所有接缝用油腻子填嵌严密，并应将多余螺孔密封。按节点及杆件数抽查 5%，且不应少于 3 个节点。

小拼单元的允许偏差应符合表 5-4 的规定。按单元数抽查 5%，且不应少于 3 个。

小拼单元的允许偏差（mm）   表 5-4

项目		允许偏差
节点中心偏移	$D \leqslant 500$	2.0
	$D > 500$	3.0
杆件中心与节点中心的偏移	$d(b) \leqslant 200$	2.0
	$d(b) > 200$	3.0
杆件轴线的弯曲矢高		$l_1/1000$，且不大于 5.0
网格尺寸	$l \leqslant 5000$	±2.0
	$l > 5000$	±3.0
锥体（桁架）高度	$h \leqslant 5000$	±2.0
	$h > 5000$	±3.0
对角线尺寸	$A \leqslant 7000$	±3.0
	$A > 7000$	±4.0
平面桁架节点处杆件轴线错位	$d(b) \leqslant 200$	2.0
	$d(b) > 200$	3.0

分条或分块单元拼装长度的允许偏差应符合表 5-5 的规定，应全数检查。

分条或分块单元拼装长度的允许偏差（mm）   表 5-5

项目	允许偏差
分条、分块单元长度≤20m	±10.0
分条、分块单元长度>20m	±20.0

钢网架、网壳结构安装完成后的允许偏差应符合表 5-6 的规定，应全数检查。

钢网架结构安装的允许偏差（mm）   表 5-6

项目	允许偏差
纵向、横向长度	$\pm l/2000$，且不超过±40.0
支座中心偏移	$l/3000$，且不大于 30.0
周边支承网架、网壳相邻支座高差	$l_1/400$，且不大于 15.0
多点支承网架、网壳相邻支座高差	$l_1/800$，且不大于 30.0
支座最大高差	30.0

▪ 小结

　　本项目主要介绍了钢结构安装准备、门式刚架的结构形式与布置、钢柱安装、钢屋架和钢吊车梁安装、钢框架梁安装、压型钢板工程、钢网架结构的形式、钢网架安装等内容，让学生对钢结构的结构体系与组成、施工的基本要求有了较为详细的认知，同时为能应用各种安装技能和校正方法于实际钢结构工程项目打下较坚实的基础。

习　题

1. 选择题

(1) 钢结构的吊装使用的双筒卷扬机是（　　）设备。

A. 大型起重机械　　　　　　　　B. 简易起重

C. 吊装卡具　　　　　　　　　　D. 链式电动

(2) 门式刚架轻型房屋的外墙，当抗震设防烈度在（　　）及以下时，宜采用轻型金属墙板或非嵌砌砌体。

A. 8 度　　　　　B. 7 度　　　　　C. 9 度　　　　　D. 6 度

(3) 吊装钢柱的吊点数对细长钢柱，为防止钢柱变形，可采用两点或（　　）。

A. 五点　　　　　B. 一点　　　　　C. 四点　　　　　D. 三点

(4) 双机或多机抬吊注意事项：尽量选用同类型起重机。根据起重机能力，对起吊点进行荷载分配。各起重机的荷载不宜超过其相应起重能力的（　　）。

A. 60%　　　　　B. 80%　　　　　C. 30%　　　　　D. 50%

(5) 钢柱垂直度校正采用起重机初校，经纬仪进行垂直度和轴线复校正。借助（　　）螺母校正垂直度，用双螺母进行柱底调平。

A. 上下　　　　　B. 左右　　　　　C. 前后　　　　　D. 支撑

(6) 对梁、柱校对结束后即紧固衔接高强螺栓，焊接柱节点和梁节点，并对焊缝进行（　　）查验。

A. 三级　　　　　B. X 射线　　　　C. 超声波　　　　D. 表面

(7) 门式刚架轻型房屋钢结构的温度区段长度，应符合下列规定。纵向温度区段不宜大于（　　）。

A. 100m　　　　　B. 200m　　　　　C. 350m　　　　　D. 300m

(8) 高空散装法的优点包括（　　）大型起重设备，对场地要求不高。但同时，该方法也存在高空作业多、需要搭设大量拼装支架等缺点。

A. 需要　　　　　B. 不需要　　　　C. 考虑　　　　　D. 需要少数

(9) 钢结构屋架校正固定对位应以（　　）为准。第一榀屋架就位后在其两侧用四根缆风绳临时固定，并用缆风绳来校正垂直度。

A. 定位轴线　　　　B. 中心线　　　　C. 边线　　　　　D. 标高

2. 简答题

(1) 门式刚架钢结构房屋体系的优点和缺点有哪些？

(2) 隅撑作用有哪些？如何设置？

(3) 钢屋架的竖向偏差如何检查？

(4) 压型钢板选用时有哪些要求？

(5) 钢网架结构有哪些类型？

(6) 钢网架结构拼装的施工原则主要包括哪些？

(7) 门式刚架形式有哪些？分别如何组成？

项目 6

钢结构施工质量与安全

教学目标

1. 知识目标

（1）了解普通紧固件连接质量、螺栓球节点加工质量、空间结构安装工程质量、钢材复验检测项目与检测方法、钢屋面系统抗风揭性能检测方法、钢结构屋面板安装安全技术、吊装安全技术；

（2）熟悉高强度螺栓连接质量、钢部件切割加工质量、钢构件矫正质量、单层与多高层钢结构安装工程质量、钢屋（托）架与钢梁（桁架）安装质量、钢结构分部竣工验收、钢结构施工安全管理要求、钢屋架屋面檩条和屋面水平支撑安全技术；

（3）掌握钢结构焊接质量、钢构件组装质量、钢结构材料选用、压型钢板工程质量、可调节式平台安全技术、防坠器垂直登高挂梯安全技术、钢屋架梁安全吊装技术、钢结构行车梁吊装安全技术、压型钢板施工回顶安全技术、接火斗安全技术。

2. 能力目标

（1）能够认知和判断常规钢结构质量问题和安全问题，能够读懂钢结构质量检验和安全的规范、标准的条款要求；

（2）能够熟练操作常规的钢结构质量检验和安全工具，填写质量验收和安全管理表格，对不合格的质量与安全问题提出合理解决建议。

3. 素质目标

（1）树立全面的系统的工程安全与质量意识；

（2）强化钢结构工程设计规范约束，夯实安全制度措施与施工执行力。

任务 6.1　钢结构施工质量

前述各任务对钢结构各种基本知识和施工工艺进行了比较全面的介绍，有些任务也涉及部分质量问题，为了比较全面了解和学习钢结构施工质量知识与技能，并且避免与前述重复，这里补充与钢结构施工质量紧密相关的其他重要内容。

1. 钢结构焊接质量

（1）持证焊工必须在其焊工合格证书规定的认可范围内施焊，严禁无证焊工施焊。检查数量：全数检查。检验方法：检查焊工合格证及其认可范围、有效期。

（2）施工单位应按《钢结构焊接规范》GB 50661—2011 的规定进行焊接工艺评定，根据评定报告确定焊接工艺，编写焊接工艺规程并进行全过程质量控制。检查数量：全数检查。检验方法：检查焊接工艺评定报告，焊接工艺规程，焊接过程参数测定、记录。

（3）设计要求的一、二级焊缝应进行内部缺陷的无损检测，一、二级焊缝的质量等级和检测要求应符合《钢结构工程施工质量验收标准》GB 50205—2020 相关规定。检查数量：全数检查。检验方法：检查超声波或射线探伤记录。焊缝内部缺陷的无损检测应符合下列规定：采用超声波检测时，超声波检测设备、工艺要求及缺陷评定等级应符合《钢结构焊接规范》GB 50661—2011 的规定；当不能采用超声波探伤或对超声波检测结果有疑义时，可采用射线检测验证，射线检测技术应符合《焊缝无损检测　射线检测　第 1 部分：X 和伽玛射线的胶片技术》GB/T 3323.1—2019 或《焊缝无损检测　射线检测　第 2 部分：使用数字化探测器的 X 和伽玛射线技术》GB/T 3323.2—2019 的规定，缺陷评定等级应符合《钢结构焊接规范》GB 50661—2011 的规定；焊接球节点网架、螺栓球节点网架及圆管 T 形或 Y 形节点焊缝的超声波探伤方法及缺陷分级应符合国家和行业现行标准的有关规定。

（4）焊缝外观质量应符合《钢结构工程施工质量验收标准》GB 50205—2020 相关规定。检查数量：承受静荷载的二级焊缝每批同类构件抽查 10%，承受静荷载的一级焊缝和承受动荷载的焊缝每批同类构件抽查 15%，且不应少于 3 件；被抽查构件中，每一类型焊缝应按条数抽查 5%，且不应少于 1 条；每条应抽查 1 处，总抽查数不应少于 10 处。检验方法：观察检查或使用放大镜、焊缝量规和钢尺检查，当有疲劳验算要求时，采用渗透或磁粉探伤检查。在焊接过程或者焊接后，焊缝出现裂纹，如图 6-1 所示。在焊接中，熔池中气体来不及逸出，焊缝中液体金属凝固后，在焊缝内部或者表面形成针眼即气孔，如图 6-2 所示。

（5）施工单位对其采用的栓钉和钢材焊接应进行焊接工艺评定，其结果应满足设计要求并符合国家现行标准的规定。栓钉焊接瓷环保存时应有防潮措施，受潮的焊接瓷环使用前应在 120～150℃ 范围内烘焙 1～2h。检查数量：全数检查。检验方法：检查焊接工艺评定报告和烘焙记录。栓钉焊接接头外观质量检验合格后进行打弯抽样检查，焊缝和热影响区不得有肉眼可见的裂纹。检查数量：每检查批的 1% 且不应少于 10 个。检验方法：栓钉弯曲 30° 后目测检查。

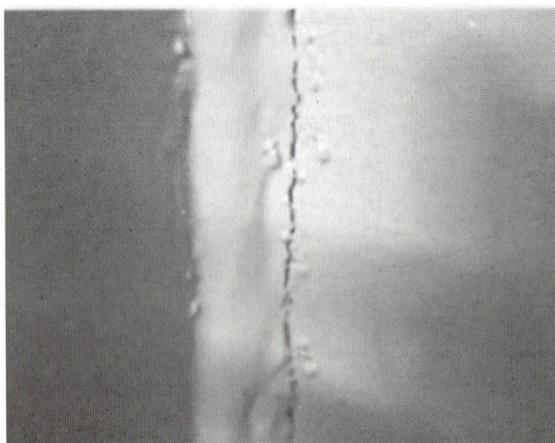

图 6-1　焊缝出现裂纹

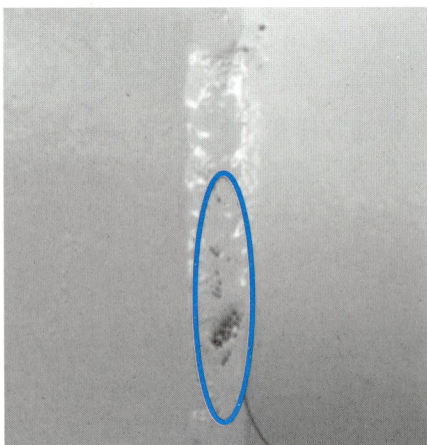

图 6-2　焊缝针眼

2. 紧固件连接质量

（1）普通螺栓作为永久性连接螺栓时，当设计有要求或对其质量有疑义时，应进行螺栓实物最小拉力载荷复验，其结果应符合《紧固件机械性能　螺栓、螺钉和螺柱》GB/T 3098.1—2010 的规定。检查数量：每一规格螺栓应抽查 8 个。检验方法：检查螺栓实物复验报告。

（2）连接薄钢板采用的自攻钉、拉铆钉、射钉等规格尺寸应与被连接钢板相匹配，并满足设计要求，其间距、边距等应满足设计要求。检查数量：应按连接节点数抽查 1%，且不应少于 3 个。检验方法：观察和尺量检查。

（3）永久性普通螺栓紧固应牢固、可靠，外露丝扣不应少于 2 扣。检查数量：应按连接节点数抽查 10%，且不应少于 3 个。检验方法：观察和用小锤敲击检查。

（4）自攻钉、拉铆钉、射钉等与连接钢板应紧固密贴，外观排列整齐。检查数量：应按连接节点数抽查 10%，且不应少于 3 个。检验方法：观察或用小锤敲击检查。

3. 高强度螺栓连接质量

（1）抗滑移系数。它是高强度螺栓连接的主要设计参数之一，直接影响构件的承载力，因此构件摩擦面无论在制造厂处理还是在现场处理，均应对抗滑移系数进行测试，测得的抗滑移系数最小值应满足设计要求。抗滑移系数试验应按钢结构制造批进行检验。由于抗滑移系数检验是通过试件模拟测定，为使试件能真实反映构件实际情况，规定试件与构件应相同条件，即与所代表的构件同一材质、同一摩擦面处理工艺、同批制作，使用同一性能等级的高强度螺栓连接副，在同一环境下存放。制作厂每检验批加工 6 组试件，3 组供制作厂检验使用，另外 3 组供安装现场复验使用。在安装现场局部采用砂轮打磨摩擦面时，打磨范围不小于螺栓孔径的 4 倍，打磨方向应与构件受力方向垂直。除设计上采用摩擦系数小于或等于 0.3，并明确提出可不进行抗滑移系数试验者外，其余情况在制作时为确定摩擦面的处理方法，必须按《钢结构工程施工质量验收标准》GB 50205—2020 要求的批量用 3 套同材质、同处理方法的试件，进行复验。同时，附有 3 套同材质、同处理方法的试件，供安装前复检。螺栓孔毛刺没有打磨处理，如图 6-3 所示；摩擦面不干净，如图 6-4 所示。

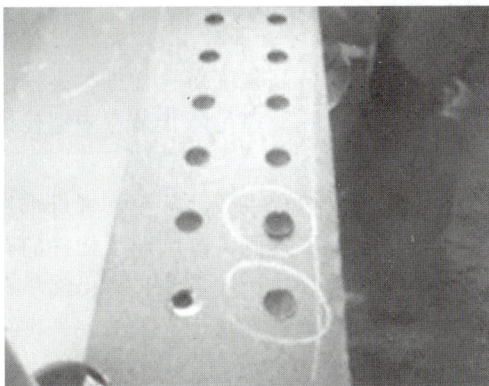

图 6-3　螺栓孔毛刺没有打磨处理

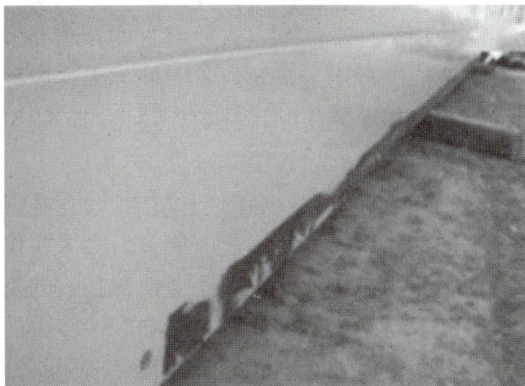

图 6-4　摩擦面不干净

（2）涂层摩擦面仍需进行钢材表面处理，表面除锈处理应达到设计要求。高强度螺栓连接摩擦面采用热喷铝、锁锌、喷锌、有机富锌及其他底漆处理，其涂层摩擦面的抗滑移系数值需有可靠依据。无机富锌漆可依据《钢结构设计标准》GB 50017—2017 的有关规定，国内外试验结果表明，抗滑移系数值取 0.45 是可靠的；同济大学试验结果表明聚氨酯富锌底漆或醇酸铁红底漆抗滑移系数平均值为 0.2，取 0.15 有足够可靠度。

（3）高强度螺栓终拧 1h 后，螺栓预拉力的损失大部分已完成，在随后一两天内，损失趋于平稳，当超过一个月后，损失就会停止，但在外界环境影响下，螺栓扭矩系数会发生变化，影响检查结果的准确性。为了统一和便于操作，本条规定检查时间统一在 1h 后、48h 内完成。依据现行的行业标准《钢结构高强度螺栓连接技术规程》JGJ 82—2011 的有关规定，用转角法施工的高强度螺栓连接副也需经《钢结构工程施工质量验收标准》GB 50205—2020 第 4.7.2 条检验合格后方可施工，其紧固过程也分初拧、终拧，对大型节点分初拧、复拧、终拧。初拧和复拧用扭矩法施工，使节点内各螺栓受力基本均匀，终拧用转角法施工。高强度螺栓连接副（高强度螺栓在生产上全称叫高强度螺栓连接副，每一个连接副包括一个螺栓，一个螺母，两个垫圈）终拧后，螺栓丝扣外露应为 2～3 扣，其中允许 10％的螺栓丝扣外露 1 扣或 4 扣。如图 6-5 所示，螺栓紧固后丝扣没有外露，不合格。

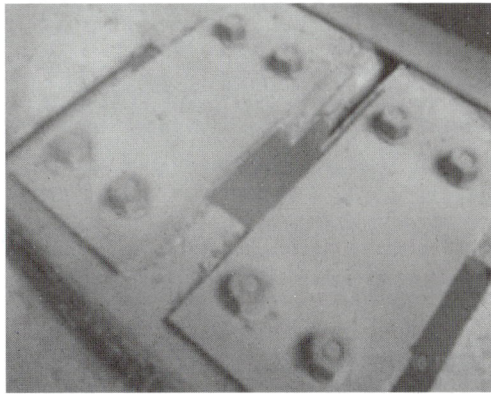

图 6-5　螺栓紧固后丝扣没有外露

（4）在扭剪型高强度螺栓施工中，因安装顺序、安装方向考虑不周，或终拧时因对电动扳手使用掌握不熟练，致使终拧时尾部梅花头上的棱端部滑牙（即打滑），无法拧掉梅花头，造成终拧矩是未知数，对此类螺栓应控制在一定比例内。高强度螺栓初拧、终拧的目的是使摩擦面能密贴，且螺栓受力均匀，对大型节点强调安装顺序是防止节点中螺栓预拉力损失不均，影响连接的刚度。

（5）强行穿入螺栓会损伤丝扣，改变高强度螺栓连接副的扭矩系数，甚至连螺母都拧不上，因此强调高强度螺栓应能自由穿入螺栓孔。气割扩孔很不规则，既削弱了构件的有效截面，减少了传力面积，还会使扩孔后的钢材产生缺陷，故规定用铰刀修正。最大扩孔量的限制也是基于构件有效截面和摩擦传力面积的考虑。对摩擦型高强度螺栓而言，扩孔后的孔径不应超过 $1.2d$，承压型高强度螺栓的孔径扩孔后也不应大于螺栓公称直径 2mm。若孔型为大圆孔或槽孔，扩孔后的孔径应满足设计要求和其他相关规定。

4. 钢部件切割加工质量

（1）钢材切割面或剪切面应无裂纹、夹渣、毛刺和分层。检查数量：全数检查。检验方法：观察或用放大镜，有疑义时应进行渗透、磁粉或超声波探伤检查。

（2）机械剪切的零件厚度不宜大于 12.0mm，剪切面应平整。碳素结构钢在环境温度低于 −16℃，低合金结构钢在环境温度低于 −12℃时，不得进行剪切、冲孔。检查数量：按切割面数抽查 10%，且不应少于 3 个。检验方法：观察检查或用钢尺、塞尺检查。型钢现场坡口的加工面存在大于 1mm 的缺棱，如图 6-6 所示。

（3）气割的允许偏差应符合《钢结构工程施工质量验收标准》GB 50205—2020 中表7.2.2 的规定。检查数量：按切割面数抽查 10%，且不应少于 3 个。检验方法：观察检查或用钢尺、塞尺检查。钢构件气割下料后割面平整，无偏差，如图 6-7 所示。

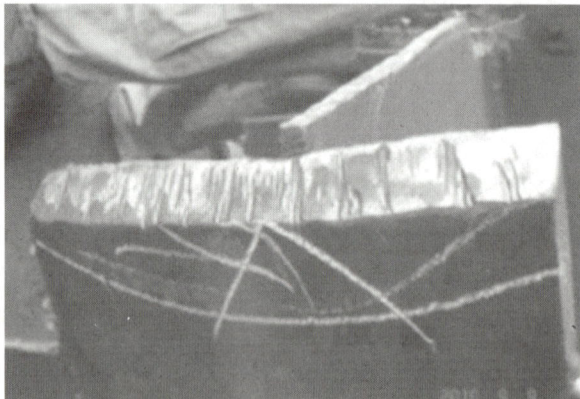

图 6-6　型钢现场坡口的加工面存在大于 1mm 的缺棱　　图 6-7　钢构件气割下料后割面平整

（4）用于相贯连接的钢管杆件宜采用管子车床或数控相贯线切割机下料，钢管杆件加工的允许偏差应符合《钢结构工程施工质量验收标准》GB 50205—2020 中表 7.2.3 的规定。检查数量：按杆件数抽查 10%，且不应少于 3 个。检验方法：观察检查或用钢尺、塞尺检查。

5. 钢构件矫正质量

（1）碳素结构钢在环境温度低于 −16℃，低合金高强度结构钢在环境温度低于 −12℃

时，不应进行冷矫正和冷弯曲。检查数量：全数检查。检验方法：检查制作工艺报告和施工记录。

（2）热轧碳素结构钢和低合金高强度结构钢，当采用热加工成型或加热矫正时，加热温度、冷却温度等工艺应符合《钢结构工程施工规范》GB 50755—2012 的规定。检查数量：全数检查。检验方法：检查制作工艺报告和施工记录。

（3）矫正后的钢材表面，不应有明显的凹痕或损伤，划痕深度不得大于 0.5mm，且不应大于该钢材厚度允许负偏差的 1/2。检查数量：全数检查。检验方法：观察检查和实测检查。如图 6-8 所示，火焰加热温度太高使吊车梁矫正拱度超过要求。

（4）钢板、型钢冷矫正的最小曲率半径和最大弯曲矢高应符合《钢结构工程施工质量验收标准》GB 50205—2020 中表 7.3.4 的规定。检查数量：按冷矫正的件数抽查 10%，且不应少于 3 个。检验方法：观察检查和实测检查。如图 6-9 所示，用压辊冷矫正 H 型钢梁，矫正时注意构件规格在矫正机矫正范围内，厚度大于 20～30mm 时，要求往返几次矫正，每次 1～2mm。

图 6-8　火焰加热温度太高使吊车梁矫正拱度超过要求

图 6-9　用压辊冷矫正 H 型钢梁

6. 螺栓球节点加工质量

（1）螺栓球成型后，表面不应有裂纹、褶皱和过烧。检查数量：每种规格抽查 5%，且不应少于 3 个。检验方法：用 10 倍放大镜观察检查或表面探伤。

（2）封板、锥头、套筒表面不得有裂纹、过烧及氧化皮。检查数量：每种规格抽查 5%，且不应少于 3 个。检验方法：用 10 倍放大镜观察检查或表面探伤。

（3）封板、锥头与杆件连接焊缝质量应满足设计要求，当设计无要求时应符合《钢结构工程施工质量验收标准》GB 50205—2020 第 5 章规定的二级焊缝质量等级标准。检查数量：每种规格抽查 5%，且不应少于 3 根。检验方法：超声波探伤或检查检验报告。

（4）焊接球的半球由钢板压制而成，钢板压成半球后，表面不应有裂纹、褶皱，焊接球的两半球对接处坡口宜采用机械加工，对接焊缝表面应打磨平整。检查数量：每种规格抽查 5%，且不应少于 3 个。检验方法：用 10 倍放大镜观察检查或表面探伤。

（5）焊接球的焊缝质量应满足设计要求，当设计无要求时应符合《钢结构工程施工质量验收标准》GB 50205—2020 第 5 章规定的二级焊缝质量等级标准。检查数量：每种规格抽查 5%，且不应少于 3 个。检验方法：超声波探伤或检查检验报告。

（6）螺栓球螺纹尺寸应符合《普通螺纹 基本尺寸》GB/T 196—2025 的规定，螺纹公差应符合《普通螺纹 公差》GB/T 197—2018 中 6H 级精度的规定。检查数量：每种规格抽查 5%，且不应少于 3 个。检验方法：用标准螺纹量规检查。螺栓球加工的允许偏差应符合《钢结构工程施工质量验收标准》GB 50205—2020 中表 7.5.7 的规定。检查数量：每种规格抽查 5%，且不应少于 3 个。

（7）焊接球表面应光滑平整，局部凹凸不平不应大于 1.5mm。检查数量：每种规格抽查 5%，且不应少于 3 个。检验方法：用弧形套模、卡尺和观察检查。焊接球加工的允许偏差应符合《钢结构工程施工质量验收标准》GB 50205—2020 中表 7.5.9 的规定。检查数量：每种规格抽查 5%，且不应少于 3 个。

7. 钢构件组装质量

（1）板材、型材的拼接应在构件组装前进行。构件的组装应在部件组装、焊接、校正并经检验合格后进行。构件的隐蔽部位应在焊接、栓接和涂装检查合格后封闭。

（2）钢材、钢部件拼接或对接时所采用的焊缝质量等级应满足设计要求。当设计无要求时，应采用质量等级不低于二级的熔透焊缝，对直接承受拉力的焊缝，应采用一级熔透焊缝。检查数量：全数检查。检验方法：检查超声波探伤报告。

（3）钢吊车梁的下翼缘不得焊接工装夹具、定位板、连接板等临时工件。钢吊车梁和吊车桁架组装、焊接完成后在自重荷载下不允许有下挠。检查数量：全数检查。检验方法：构件直立，在两端支撑后，用水准仪和钢尺检查。

（4）桁架结构组装时，杆件轴线交点偏移不宜大于 4.0mm。柱间支撑进场未对其尺寸进行复测。节点板存在角度制作的偏差或节点板变形，安装过程也未进行调整，易造成柱间支撑弯曲变形。检查数量：按钢构件数抽查 10%，且不应少于 3 件；每个抽查构件按节点数抽查 10%，且不应少于 3 个节点。检验方法：尺量检查。如图 6-10 所示，柱间支撑与钢柱节点板的搭接长度不足；如图 6-11 所示，柱间支撑安装节点尺寸偏差造成节点弯曲。

图 6-10 柱间支撑与钢柱节点板的搭接长度不足

图 6-11 柱间支撑安装节点尺寸偏差造成节点弯曲

（5）对于焊接 H 型钢，其翼缘板拼接缝和腹板拼接缝的间距不应小于 200mm。翼缘板拼接长度不应小于 2 倍板宽；腹板拼接宽度不应小于 300mm，长度不应小于 600mm。检查数量：全数检查。检验方法：观察和用钢尺检查。焊接 H 型钢的允许偏差应符合《钢结构工程施工质量验收标准》GB 50205—2020 中表 8.3.2 的规定；检查数量：按钢构件数抽查 10%，且不应少于 3 件。检验方法：用钢尺、角尺、塞尺等检查。

（6）对于端部铣平及安装焊缝坡口，端部铣平的允许偏差应符合表 6-1 的规定。检查数量：按铣平面数量抽查 10%，且不应少于 3 个。检验方法：用钢尺、角尺、塞尺等检查。

端部铣平的允许偏差（mm）　　表 6-1

项目	允许偏差
两端铣平时构件长度	±2.0
两端铣平时零件长度	±0.5
铣平面的平面度	0.3
铣平面对轴线的垂直度	$l/1500$

安装焊缝坡口的允许偏差应符合表 6-2 的规定。检查数量：按坡口数量抽查 10%，且不应少于 3 条。

外露铣平面应防锈保护。检查数量：全数检查。检验方法：观察检查。

安装焊缝坡口的允许偏差　　表 6-2

项目	允许偏差
坡口角度	±5°
钝边	±1.0mm

（7）钢构件外形尺寸的允许偏差应符合表 6-3 的规定。检查数量：全数检查。检验方法：用钢尺检查。

钢构件外形尺寸主控项目的允许偏差（mm）　　表 6-3

项目	允许偏差
单层柱、梁、桁架受力支托（支承面）表面至第一个安装孔距离	±1.0
多节柱铣平面至第一个安装孔距离	±1.0
实腹梁两端最外侧安装孔距离	±3.0
构件连接处的截面几何尺寸	±3.0
柱、梁连接处的腹板中心线偏移	2.0
受压构件（杆件）弯曲矢高	$l/1000$，且不应大于 10.0

8. 单层与多高层钢结构安装工程质量

（1）钢结构安装检验批应在原材料及构件进场验收和紧固件连接、焊接连接、防腐等分项工程验收合格的基础上进行验收。

（2）结构安装测量校正、高强度螺栓连接副及摩擦面抗滑移系数、冬雨期施工及焊接等，应在实施前制定相应的施工工艺或方案。

（3）安装偏差的检测，应在结构形成空间稳定单元并连接固定，且临时支承结构拆除前进行。

（4）安装时，施工荷载和冰雪荷载等严禁超过梁、框架、楼面板、屋面板、平台铺板等的承载能力。

（5）在形成空间稳定单元后，应立即对柱底板和基础顶面的空隙进行二次浇灌。

（6）多节柱安装时，每节柱的定位轴线应从基准面控制轴线直接引上，不得从下层柱的轴线引上。

（7）单层房屋基础顶面直接作为柱的支承面和基础顶面预埋钢板或支座作为柱的支承面时，其支承面、地脚螺栓（锚栓）位置的允许偏差应符合表 6-4 的规定。检查数量：按柱基数抽查 10%，且不应少于 3 个。检验方法：用经纬仪、水准仪、全站仪、水平尺和钢尺实测。

单层房屋支承面、地脚螺栓（锚栓）位置的允许偏差（mm） 表 6-4

项目		允许偏差
支承面	标高	±3.0
	水平度	$l/1000$
地脚螺栓（锚栓）	螺栓中心偏移	5.0
预留孔中心偏移		10.0

单层房屋采用坐浆垫板时，坐浆垫板的允许偏差应符合表 6-5 的规定。检查数量：资料全数检查，按柱基数抽查 10%，且不应少于 3 个。检验方法：用水准仪、全站仪、水平尺和钢尺现场实测。

单层房屋坐浆垫板的允许偏差（mm） 表 6-5

项目	允许偏差
顶面标高	0.0 −3.0
水平度	$l/1000$
位置	20.0

注：l 为垫板长度。

单层房屋采用杯口基础时，杯口尺寸的允许偏差应符合表 6-6 的规定。检查数量：按基础数抽查 10%，且不应少于 4 处。检验方法：观察及尺量检查。

杯口尺寸的允许偏差（mm） 表 6-6

项目	允许偏差
底面标高	0.0 −5.0
杯口深度 H	±5.0
杯口垂直度	$h/1000$，且不应大于 10.0
位置	10.0

注：h 为底层柱的高度。

单层房屋地脚螺栓（锚栓）尺寸的允许偏差应符合表 6-7 的规定，地脚螺栓（锚栓）的螺纹应受到保护。检查数量：按柱基数抽查 10%，且不应少于 3 个。检验方法：用钢尺现场实测。

单层钢结构主体结构的整体垂直度和整体平面弯曲的允许偏差应符合表 6-8 的规定。检查数量：对主要立面全部检查；对每个所检查的立面，除两列角柱外，尚应至少选取一列中间柱。检验方法：采用经纬仪、全站仪等测量。

单层房屋地脚螺栓（锚栓）尺寸的允许偏差（mm） 表 6-7

项目	允许偏差
螺栓(锚栓)露出长度	+30.0 0.0
螺纹长度	+30.0 0.0

单层房屋整体垂直度和整体平面弯曲的允许偏差（mm） 表 6-8

项目	允许偏差
主体结构的整体垂直度	$h/1000$，且不应大于 25.0
主体结构的整体平面弯曲	$l/1500$，且不应大于 25.0

（8）单层钢结构中柱子安装的允许偏差应符合表 6-9 的规定。

单层钢结构中柱子安装的允许偏差（mm） 表 6-9

项目			允许偏差	检验方法
柱脚底座中心线对定位轴线的偏移			5.0	用吊线和钢尺检查
柱基准点标高	有吊车梁的柱		+3.0 -5.0	用水准仪检查
	无吊车梁的柱		+5.0 -8.0	
弯曲矢高(H 为柱高)			$H/1200$，且不应大于 15.0	用经纬仪或拉线和钢尺检查
柱轴线垂直度	单层柱	$H \leqslant 10m$	$H/1000$	用经纬仪或吊线和钢尺检查
		$H > 10m$	$H/1000$，且不应大于 25.0	
	多节柱	单节柱	$H/1000$，且不应大于 10.0	
		柱全高	35.0	

（9）多高层房屋基础和支承面的建筑物的定位轴线、基础上柱的定位轴线和标高、地脚螺栓（锚栓）的规格和位置、地脚螺栓（锚栓）紧固应符合设计要求。当设计无要求时，应符合表 6-10 的规定。检查数量：建筑物的定位轴线及基础上柱的定位轴线和标高应全数检查；地脚螺栓（锚栓）的位置按柱基数抽查 10%，且不应少于 3 个。检验方法：采用经纬仪、水准仪、全站仪和钢尺实测。

多高层房屋定位轴线、基础上柱定位轴线和标高、地脚螺栓（锚栓）允许偏差（mm）

表 6-10

项目	允许偏差
建筑物定位轴线	$l/20000$，且不应大于 3.0
基础上柱的定位轴线	1.0
基础上柱底标高	±2.0
地脚螺栓(锚栓)位移	5.0

（10）多层及高层钢结构中构件安装的允许偏差应符合表 6-11 的规定。

多层及高层钢结构中构件安装的允许偏差（mm）　　表 6-11

项目	允许偏差	检验方法
上、下柱连接处的错口	3.0	用钢尺检查
同一层柱的各柱顶高度差	5.0	用水准仪检查
同一根梁两端顶面的高差	$l/1000$，且不应大于 10.0	用水准仪检查
主梁与次梁表面的高差	± 2.0	用直尺和钢尺检查
压型金属板在钢梁上相邻列错位	15.00	用直尺和钢尺检查

（11）多层及高层钢结构主体结构总高度的允许偏差应符合表 6-12 的规定。

多层及高层钢结构主体结构总高度的允许偏差（mm）　　表 6-12

项目	允许偏差
用相对标高控制安装	$\pm \sum (\Delta h + \Delta z + \Delta w)$
用设计标高控制安装	$H/1000$，且不应大于 30.0 $-H/1000$，且不应小于 -30.0

表中：Δh 为每节柱子长度的制造允许偏差；Δz 为每节柱子长度受荷载后的压缩值；Δw 为每节柱子接头焊缝的收缩值。

9. 钢屋（托）架、钢梁（桁架）安装质量

（1）钢屋（托）架、钢梁（桁架）的几何尺寸偏差和变形应满足设计要求。运输、堆放和吊装等造成的钢构件变形及涂层脱落，应进行矫正和修补。检查数量：按钢梁数抽查 10%，且不应少于 3 个。检验方法：用拉线、钢尺现场实测或观察。如图 6-12 所示，屋面梁变形严重，不合格。

（2）钢屋（托）架、桁架、钢梁、次梁的垂直度和侧向弯曲矢高的允许偏差应符合表 6-13 的规定。检查数量：按同类构件数抽查 10%，且不应少于 3 个。检验方法：用吊线、拉线、经纬仪和钢尺现场实测。

图 6-12　屋面梁变形严重

图 6-13　屋面梁与钢柱牛腿间隙严重超标

钢屋（托）架、桁架、梁垂直度和侧向弯曲矢高的允许偏差（mm） 表 6-13

项目		允许偏差
跨中的垂直度		$h/250$,且不应大于 15.0
侧向弯曲矢高	$l \leqslant 30\text{m}$	$l/1000$,且不应大于 10.0
	$30\text{m} < l \leqslant 60\text{m}$	$l/1000$,且不应大于 30.0
	$l > 60\text{m}$	$l/1000$,且不应大于 50.0

钢吊车梁安装的允许偏差应符合表 6-14 的规定。

钢吊车梁安装的允许偏差（mm） 表 6-14

项目		允许偏差	检验方法
梁的跨中垂直度 Δ		$h/500$	用吊线和钢尺检查
侧向弯曲矢高		$l/1500$,且不应大于 10.0	用拉线和钢尺检查
垂直上拱矢高		10.0	
两端支座中心位移 Δ	安装在钢柱上时,对柱中心的偏移	5.0	
	安装在混凝土柱上时,对定位轴线的偏移	5.0	
吊车梁支座加劲板中心与子承压加劲板中心的偏移 Δ_1		$t/2$	用吊线和钢尺检查
同跨间内同一横截面吊车梁顶面高差 Δ	支座处	$l/1000$,且不应大于 10.0	用经纬仪、水准仪和钢尺检查
	其他处	15.0	
同跨间内同一横截面下挂式吊车梁底面高差 Δ		10.0	
同列相邻两柱间吊车梁顶面高差 Δ		$l/1500$,且不应大于 10.0	用水准仪和钢尺检查
相邻两吊车梁接头部位 Δ	中心错位	3.0	用钢尺检查
	上承式顶面高差	1.0	
	下承式底面高差	1.0	
同跨间任一截面的吊车梁中心跨距 Δ		± 10.0	用经纬仪和光电测距仪检查;跨度小时,可用尺检查
轨道中心对吊车梁腹板轴线的偏移 Δ		$t/2$	用吊线和钢尺检查

（3）弯扭、不规则构件连接节点除应符合《钢结构工程施工质量验收标准》GB 50205—2020 规定外，尚应满足设计要求。运输、堆放和吊装等造成的钢构件变形及涂层脱落，应进行矫正和修补。检查数量：按同类构件数抽查 10%，且不应少于 3 个。检验方法：用拉线、吊线、钢尺、经纬仪等现场实测或观察。

（4）构件与节点对接处的允许偏差应符合《钢结构工程施工质量验收标准》GB 50205—2020 中表 10.5.2 的规定。检查数量：按同类构件数抽查 10%，且不应少于 3 个，每件不少于 3 个坐标点。检验方法：用吊线、拉线、经纬仪和钢尺、全站仪现场实测。如图 6-13 所示，屋面梁与钢柱牛腿连接处间隙严重超标，不合格。

（5）同一结构层或同一设计标高异型构件标高允许偏差应为 5mm。检查数量：按同类构件数抽查 10%，且不应少于 3 个，每件不少于 3 个坐标点。检验方法：用吊线、拉线、经纬仪和钢尺、全站仪现场实测。

（6）钢板剪力墙的几何尺寸应满足设计要求并符合《钢结构工程施工质量验收标准》GB 50205—2020 的规定。运输、堆放和吊装等造成构件变形和涂层脱落，应进行校正和修补。检查数量：按进场构件数抽查 10%，且不应少于 3 件。检验方法：用拉线、钢尺现场实测或观察。

（7）钢板剪力墙对口错边、平面外挠曲应符合《钢结构工程施工质量验收标准》GB 50205—2020 表 10.6.2 的规定。检查数量：按构件数抽查 10%，且不应少于 3 件。检验方法：用钢尺现场实测或观察。

（8）消能减震钢板剪力墙的性能指标应满足设计要求，消能减震钢支撑的性能指标应满足设计要求。检查数量：全数检查。检验方法：检查检测报告。

（9）支撑、檩条、墙架、次结构等构件应满足设计要求并符合《钢结构工程施工质量验收标准》GB 50205—2020 的规定。运输、堆放和吊装等造成的钢构件变形及涂层脱落，应进行矫正和修补。

检查数量：按构件数抽查 10%，且不应少于 3 件。检验方法：用拉线、钢尺现场实测或观察。

10. 空间结构安装工程质量

（1）钢网架、网壳结构及钢管桁架结构的安装工程可按变形缝、空间刚性单元等划分成一个或若干个检验批，或者按照楼层或施工段等划分为一个或若干个检验批。

（2）预应力索杆和膜结构制作安装工程的检验批，可结合与其相配套的钢结构制作、安装分项工程检验批划分为一个或若干个检验批。

（3）预应力索杆安装应有专项施工方案和相应的监测措施，并应经设计和监理认可。

（4）空间结构的安装检验应在原材料及成品进场验收、构件制作、焊接连接和紧固件连接等分项工程验收合格的基础上进行验收。

（5）钢网架结构支座定位轴线的位置、支座锚栓的规格应符合设计要求。检查数量：按支座数抽查 10%，且不应少于 4 处。检验方法：用经纬仪和钢尺实测。支承面顶板的位置、顶面标高、顶面水平度以及支座锚栓位置的允许偏差应符合表 6-15 的规定，检查数量：按支座数抽查 10%，且不应少于 4 处。检验方法：用经纬仪、水准仪、水平尺和钢尺实测。

支承面顶板、支座锚栓位置的允许偏差（mm）　　　　　　　　　　表 6-15

项目		允许偏差
支承面顶板	位置	15.0
	顶面标高	0 −3.0
支座锚栓	顶面水平度	$l/1000$
	中心偏移	±5.0

（6）支座支承垫块的种类、规格、摆放位置和朝向，应满足设计要求并符合国家现行标准的规定。橡胶垫块与刚性垫块之间或不同类型刚性垫块之间不得互换使用。检查数量：按支座数抽查 10%，且不应少于 4 处。检验方法：观察和用钢尺实测。

（7）钢网架、网壳结构总拼完成后及屋面工程完成后应分别测量其挠度值，且所测的挠度值不应超过相应荷载条件下挠度计算值的 1.15 倍。检查数量：跨度 24m 及以下钢网架、网壳结构，测量下弦中央一点；跨度 24m 以上钢网架、网壳结构，测量下弦中央点及各向下弦跨度的四等分点。检验方法：用钢尺、水准仪或全站仪实测。

（8）螺栓球节点网架、网壳总拼完成后，高强度螺栓与球节点应紧固连接，连接处不应出现有间隙、松动等未拧紧现象。检查数量：按节点数抽查 5%，且不应少于 3 个。检验方法：用普通扳手、塞尺及观察检查。

（9）钢管桁架结构的钢管（闭口截面）构件应有预防管内进水、存水的构造措施，严禁钢管内存水。

（10）钢管桁架结构相贯节点焊缝的坡口角度、间隙、钝边尺寸及焊脚尺寸应满足设计要求，当设计无要求时，应符合《钢结构焊接规范》GB 50661—2011 的规定。检查数量：按同类接头数抽查 10%。检验方法：用钢尺、塞尺、焊缝量规测量。

（11）钢管桁架结构相贯节点方矩管端部表面不得有裂纹缺陷。检查数量：逐个打磨观察。检验方法：打磨观察或用放大镜或磁粉探伤检查。

（12）钢管桁架结构的钢管对接焊缝的质量等级应满足设计要求。当设计无要求时，应符合《钢结构焊接规范》GB 50661—2011 的规定。检查数量：按同类接头检查 20%，且不应少于 5 个。检验方法：超声波探伤抽查。

11. 压型钢板工程质量

（1）压型金属板成型后，其基板不应有裂纹。检查数量：按计件数抽查 5%，且不应少于 10 件。检验方法：观察并用 10 倍放大镜检查。

（2）有涂层、锁层压型金属板成型后，涂层、锁层不应有目视可见的裂纹、起皮、剥落和擦痕等缺陷。检查数量：按计件数抽查 5%，且不应少于 10 件。检验方法：观察检查。如图 6-14 所示，没有进行工序交接就进行压型钢板安装，存在返锈现象；如图 6-15 所示，压型钢板涂层起皮、剥落或擦痕后没有及时补涂油漆，或者补涂前没有用小铲、钢丝刷将旧漆膜清理干净，没有露出金属光泽，即使补漆也会再次破坏。

图 6-14 压型钢板安装返锈　　　　　图 6-15 压型钢板涂层起皮、剥落

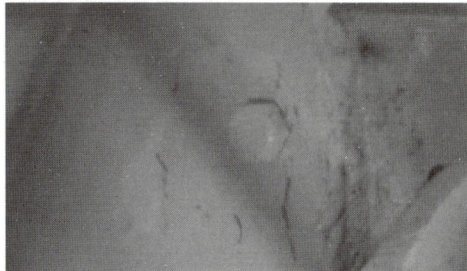

（3）压型金属板尺寸的允许偏差应符合《钢结构工程施工质量验收标准》GB 50205—2020 中表 12.2.3-1 和表 12.2.3-2 的规定。检查数量：按计件数抽查 5%，且不应少于 10 件。检验方法：用拉线、钢尺和角尺检查。

（4）扣合型和咬合型压型金属板板肋的扣合或咬合应牢固，板肋处无开裂、脱落现象。检查数量：每 50m 应抽查 1 处，每处 1~2m，且不得少于 3 处。检验方法：观察和尺量检查。

（5）连接压型金属板、泛水板、包角板和屋脊盖板采用的自攻螺钉、铆钉、射钉的规格尺寸及间距、边距等应满足设计要求并符合国家现行标准的规定。检查数量：按连接节点数抽查10%，且不应少于3处。检验方法：观察和尺量检查。

（6）屋面及墙面压型金属板的长度方向连接采用搭接连接时，搭接端应设置在支承构件（如檩条、墙梁等）上，并应与支承构件有可靠连接。当采用螺钉或铆钉固定搭接时，搭接部位应设置防水密封胶带。压型金属板长度方向的搭接长度应满足设计要求，且当采用焊接搭接时，压型金属板搭接长度不宜小于50mm；当采用直接搭接时，压型金属板搭接长度不宜小于《钢结构工程施工质量验收标准》GB 50205—2020中表12.3.4规定的数值。检查数量：搭接部位总长度抽查10%，且不应少于10m。检验方法：观察和用钢尺检查。

（7）组合楼板中压型钢板侧向在钢梁上的搭接长度不应小于25mm，在设有预埋件的混凝土梁或砌体墙上的搭接长度不应小于50mm；压型钢板铺设末端距钢梁上翼缘或预埋件边不大于200mm时，可用收边板收头。检查数量：沿连接侧向长度抽查10%，且不应少于10m。检验方法：尺量检查。

（8）压型金属板屋面、墙面的造型和立面分格应满足设计要求。检查数量：全数检查。检验方法：观察和尺量检查。

（9）压型金属板屋面应防水可靠，不得出现渗漏。检查数量：全数检查。检验方法：观察检查和雨后或淋水检验。

12. 钢结构防腐和防火涂装质量

（1）钢结构普通防腐涂料涂装工程应在钢结构构件组装、预拼装或钢结构安装工程检验批的施工质量验收合格后进行；钢结构防火涂料涂装工程应在钢结构安装工程检验批和钢结构普通涂料涂装检验批的施工质量验收合格后进行。

（2）涂装时的环境温度和相对湿度应符合涂料产品说明书的要求，当产品说明书无要求时，环境温度宜在5～38℃之间，相对湿度不应大于85%。涂装时构件表面不应有结露；涂装后4h内应保护免受雨淋。

（3）涂装前钢材表面除锈应符合设计要求和国家现行有关标准的规定。处理后的钢材表面不应有焊渣、焊疤、灰尘、油污、水和毛刺等。当设计无要求时，钢材表面除锈等级应符合表6-16的规定。检查数量：按构件数抽查10%，且同类构件不应少于3件。检验方法：用铲刀检查和以《涂覆涂料前钢材表面处理 表面清洁度的目视评定》GB/T 8923规定的图片对照观察检查。

各种底漆或防锈漆要求最低的除锈等级　　　　　　　　　表6-16

涂料品种	除锈等级
油性酚醛、醇酸等底漆或防锈漆	St2
高氯化聚乙烯、氯化橡胶、氯磺化聚乙烯、环氧树脂、聚氨酯等底漆或防锈漆	Sa2
无机富锌、有机硅、过氯乙烯等底漆	Sa1

上表中，喷射或抛丸除锈等级：Sa1级为轻度喷砂除锈，表面应该没有可见的污物、油脂和附着不牢的氧化皮、油漆涂层、铁锈和杂质等；Sa2级为彻底的喷砂除锈，表面应

无可见的油脂、污物、氧化皮、铁锈、油漆，涂层和杂质基本清除，残留物应附着牢固。动力工具和手工除锈等级：St2 为彻底手工和动力工具除锈，钢材表面没有可见油脂和污垢，没有附着不牢的氧化皮、铁锈或油漆涂层等附着物。

（4）防腐涂料、涂装遍数、涂层厚度均应符合设计要求。当设计对涂层厚度无要求时，涂层干漆膜总厚度：室外应为 $150\mu m$，室内应为 $125\mu m$，其允许偏差为 $-25\mu m$。每遍涂层干漆膜厚度的允许偏差为 $-5\mu m$。检查数量：按构件数抽查 10%，且同类构件不应少于 3 件。检验方法：用干漆膜测厚仪检查。每个构件检测 5 处，每处的数值为 3 个相距 50mm 测点涂层干漆膜厚度的平均值。

（5）构件表面不应误涂、漏涂，涂层不应脱皮和返锈等。涂层应均匀、无明显皱皮、流坠、针眼和气泡等。检查数量：全数检查。检验方法：观察检查。

（6）当钢结构处在有腐蚀介质环境或外露且设计有要求时，应进行涂层附着力测试。在检测的范围内，当涂层完整程度达到 70% 以上时，涂层附着力达到合格质量标准的要求。检查数量：按构件数抽查 1%，且不应少于 3 件，每件测 3 处。检验方法：按照《漆膜划圈试验》GB/T 1720—2020 或《色漆和清漆 划格试验》GB/T 9286—2021 执行。

（7）涂装完成后，构件的标志、标记和编号应清晰完整。检查数量：全数检查。检验方法：观察检查。

（8）防火涂料涂装前，钢材表面除锈及防锈底漆涂装应符合设计要求和国家现行有关标准的规定。检查数量：按构件数抽查 10%，且同类构件不应少于 3 件。检验方法：表面除锈用铲刀检查和以《涂覆涂料前钢材表面处理 表面清洁度的目视评定》GB/T 8923 规定的图片对照观察检查。底漆涂装用干漆膜测厚仪检查，每个构件检测 5 处，每处的数值为 3 个相距 50mm 测点涂层干漆膜厚度的平均值。

（9）钢结构防火涂料的粘结强度、抗压强度应符合国家现行标准《钢结构防火涂料应用技术规程》T/CECS 24—2020 的规定。检查数量：每使用 100t 或不足 100t 薄涂型防火涂料应抽检一次粘结强度；每使用 500t 或不足 500t 厚涂型防火涂料应抽检一次粘结强度和抗压强度。检验方法：检查复检报告。

（10）薄涂型防火涂料的涂层厚度应符合有关耐火极限的设计要求。厚涂型防火涂料涂层的厚度，80% 及以上面积应符合有关耐火极限的设计要求，且最薄处厚度不应低于设计要求的 85%。检查数量：按同类构件数抽查 10%，且均不应少于 3 件。检验方法：用涂层厚度测量仪、测针和钢尺检查。测量方法应符合国家现行标准《钢结构防火涂料应用技术规程》T/CECS 24—2020 的规定。

（11）薄涂型防火涂料涂层表面裂纹宽度不应大于 0.5mm；厚涂型防火涂料涂层表面裂纹宽度不应大于 1mm。检查数量：按同类构件数抽查 10%，且均不应少于 3 件。检验方法：观察和用尺量检查。

（12）防火涂料涂装基层不应有油污、灰尘和泥沙等污垢。检查数量：全数检查。检验方法：观察检查。

（13）防火涂料不应有误涂、漏涂，涂层应闭合，无脱层、空鼓、明显凹陷、粉化松散和浮浆等外观缺陷，乳突已剔除。检查数量：全数检查。检验方法：观察检查。

13. 钢结构分部竣工验收

（1）钢结构作为主体结构之一应按子分部工程竣工验收；当主体结构均为钢结构时应

按分部工程竣工验收。大型钢结构工程可划分成若干个子分部工程进行竣工验收。

（2）钢结构分部工程有关安全及功能的检验和见证检测项目应按《钢结构工程施工质量验收标准》GB 50205—2020 中附录 F 执行。

（3）钢结构分部工程有关观感质量检验应按《钢结构工程施工质量验收标准》GB 50205—2020 中附录 G 执行。

（4）钢结构分部工程合格质量标准应符合下列规定：各分项工程质量均应符合合格质量标准；质量控制资料和文件应完整；有关安全及功能的检验和见证检测结果应满足《钢结构工程施工质量验收标准》GB 50205—2020 相应合格质量标准的要求；有关观感质量应满足本标准相应合格质量标准的要求。

（5）钢结构分部工程竣工验收时，应提供下列文件和记录：钢结构工程竣工图纸及相关设计文件；施工现场质量管理检查记录；有关安全及功能的检验和见证检测项目检查记录；有关观感质量检验项目检查记录；分部工程所含各分项工程质量验收记录；分项工程所含各检验批质量验收记录；强制性条文检验项目检查记录及证明文件；隐蔽工程检验项目检查验收记录；原材料、成品质量合格证明文件，中文产品标志及性能检测报告；不合格项的处理记录及验收记录；重大质量、技术问题实施方案及验收记录；其他有关文件和记录。

（6）钢结构工程质量验收记录应符合下列规定：施工现场质量管理检查记录可按《建筑工程施工质量验收统一标准》GB 50300—2013 的规定进行；分项工程检验批质量验收记录可按《钢结构工程施工质量验收标准》GB 50205—2020 附录 H 中表 H.0.1～表 H.0.15 进行；分项工程验收记录、分部（子分部）工程验收记录可按《建筑工程施工质量验收统一标准》GB 50300—2013 的有关规定执行。

（7）钢结构工程计量应以设计单位出具的或由设计单位确认的钢结构施工详图及设计变更等设计文件为依据。钢结构工程计量方法应遵守合同文件的规定，当合同文件没有明确规定时，可执行《钢结构工程施工质量验收标准》GB 50205—2020 中附录 J 的规定。

14. 钢材复验检测项目与检测方法

（1）对属于下列情况之一的钢材，应进行抽样复验，其复验结果应符合国家现行产品标准的规定并满足设计要求：结构安全等级为一级的重要建筑主体结构用钢材；结构安全等级为二级的一般建筑，当其结构跨度大于 60m 或高度大于 100m 时或承受动力荷载需要验算疲劳的主体结构用钢材；板厚不小于 40mm，且设计有 Z 向性能要求的厚板；强度等级大于或等于 420MPa 高强度钢材；进口钢材、混批钢材或质量证明文件不齐全的钢材；设计文件或合同文件要求复验的钢材。

（2）钢材复验检验批量标准值是根据同批钢材量确定的，同批钢材应由同一牌号、同一质量等级、同一规格、同一交货条件的钢材组成。检验批量标准值可按《钢结构工程施工质量验收标准》GB 50205—2020 附录 A 中表 A.0.2 采用。

（3）根据建筑结构的重要性及钢材品种不同，对检验批量标准值进行修正，检验批量值取 10 的整数倍。修正系数可按《钢结构工程施工质量验收标准》GB 50205—2020 附录 A 中表 A.0.3 采用。

15. 钢屋面系统抗风揭性能检测方法

（1）屋面系统应包括金属屋面板、底板、支座、保温层、檩条、支架、紧固件等。

（2）屋面系统抗风揭性能检测应采用实验室模拟静态、动态压力加载法。

（3）对于强（台）风地区（基本风压≥0.5kN/m²）的金属屋面和设计要求进行动态风载检测的建筑金属屋面应采用动态风载检测。

（4）屋面系统抗风揭性能检测应选取金属屋面中具有代表性的典型部位进行检测，被检测屋面系统中的材料、构件加工、安装施工质量等应与实际工程情况一致，并应满足设计要求并符合相应技术标准的规定。

（5）屋面典型部位的风荷载标准值应由设计单位给出，检测单位应根据设计单位给出的风荷载标准值进行检测。屋面压力抗风揭检测应符合下列规定：检测装置应由测试平台、风源供给系统、压力容器、测量系统及试件系统组成，测试平台的尺寸应为：长度 L ≥7320mm，宽度 B≥3660mm，高度 H≥1200mm，检测装置的构成如图 6-16 所示。检测装置应满足构件设计受力条件及支撑方式的要求，测试平台结构应具有足够的强度、刚度和整体稳定性能。

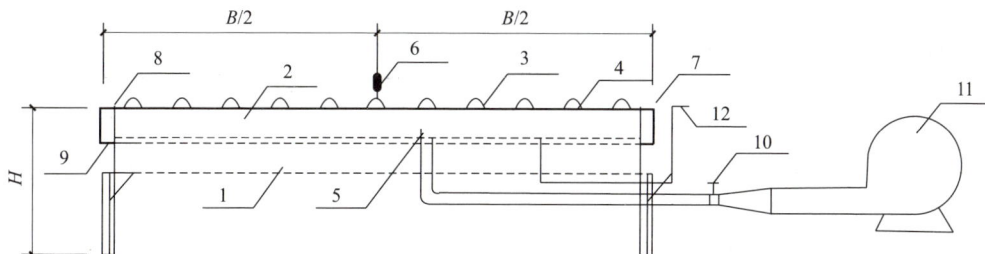

图 6-16　屋面压力抗风揭检测装置

1—测试平台；2—压力容器；3—试件系统；4—檩条；5—进风口挡板；6—位移计；

7—固定夹具；8—木方；9—密封环垫；10—压力控制装置；11—供风设备；12—压力计

（6）检测步骤应符合下列规定：从 0 开始，以 0.07kPa/s 加载速度加压到 0.7kPa；加载至规定压力等级并保持该压力时间 60s，检查试件是否出现破坏或失效；排除空气卸压回到零位，检查试件是否出现破坏或失效；重复上述步骤，以每级 0.7kPa 逐级递增作为下一个压力等级，每个压力等级应保持该压力 60s，然后排除空气卸压回到零位，再次检查试件是否出现破坏或失效；重复测试程序直到试件出现破坏或失效，停止试验并记录破坏前一级压力值。

（7）出现以下情况之一应判定为试件破坏或失效，破坏或失效的前一级压力值应为抗风揭压力值：试件不能保持整体完整，板面出现破裂、裂开、裂纹、断裂和鉴定固定件的脱落；板面撕裂或掀起及板面连接破坏；固定部位出现脱落、分离或松动；固定件出现断裂、分离或破坏；试件出现影响使用功能的破坏或失效（如影响使用功能的永久变形等）；设计规定的其他破坏或失效。

任务6.2　钢结构施工安全管理与安全技术

1. 钢结构施工安全管理要求

（1）应建立健全《安全生产责任制》和安全管理制度，签订各级管理人员到每位员工的《安全管理责任状》，明确各自的安全职责。

（2）应强化安全知识培训教育，树立"安全第一，预防为主"思想，努力提高安全防范意识。

（3）所有从事施工作业人员及管理人员，都必须严格执行安全操作规程。

（4）施工作业人员应熟知本工种安全技术操作规程，了解各自安全生产岗位职责，认真执行各项安全管理制度。

（5）建立各级安全检查制度并严格执行。

（6）施工作业前，应做好对员工上岗质量安全技术和危险点的交底工作。

（7）施工作业中应做好安全检查、施工日志等工作。

（8）加强安全施工宣传，在施工现场显著位置悬挂标语、警告牌，提醒施工人员。

（9）工程队长或工程安装承包人为安全施工第一责任人，对现场的安全施工全面负责。

（10）工地现场安全管理员为现场安全施工的专职人员，负责安全施工的监督、检查。

（11）进入施工现场的人员必须佩戴安全帽。

（12）施工机械、机具每天使用前例行检查，特别是钢丝绳、安全带每周还应进行一次性能检查，确保完好。

（13）安装过程中应考虑到现场机具、设备、已完成工程的安全防护。当风速为 10m/s 时，吊装工作应该停止；当风速达到 15m/s 时，所有工作均须停止。

（14）安装和搬运构件、板材时须戴好手套。

（15）吊装时钢丝绳如出现断股、断钢丝和缠结要立即更换。

（16）特殊工种需持有效证件上岗。

（17）一天工作结束时，要将安装的建筑物进行正确支撑，以免发生意外。

（18）钻孔时始终要戴好防护镜。

（19）做好现场的安全防护措施，按规定搭设脚手架并经检查合格，方可使用。

（20）在安装墙板时，使用的移动脚手架的每层操作平台要固定牢固，并做防滑措施，拉好防护绳，扣好安全带。

（21）移动脚手架与墙体有两个以上拉接点，并在外侧设两道抛撑。抛撑需固定在坚实有承载力的地面上。

（22）移动前要清除前方道路的障碍物，填平坑洼地，压实路面方可向前移动。

（23）在实施每一项任务前，应对安装工人反复讲明安全事项。

2. 可调节式平台安全技术

可调节式安全平台搭设技术如图 6-17～图 6-19 所示。

（1）操作平台宜用于边长 1200～1800mm 的矩形柱以及外径 1200～1800mm 的圆管柱。超过此规格的钢柱安装、焊接操作平台应根据实际情况另行设计制作。

（2）操作平台一般布置在矩形柱或圆管柱所带的等高环布的牛腿上。若矩形柱或圆管柱无牛腿，可沿柱体四周设置三角撑来解决支撑问题，三角撑需根据具体情况进行设计。

（3）平台由角底板、直角板、翻板、护栏、吊耳等分系统组成，吊耳需经过计算满足设计要求。

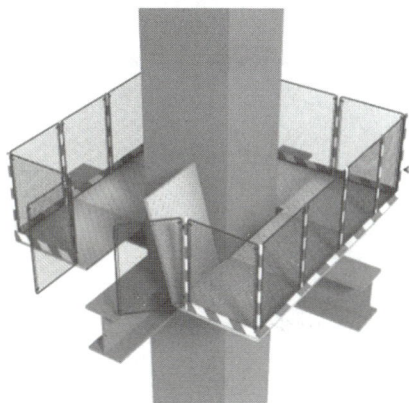

图 6-17 操作平台总图

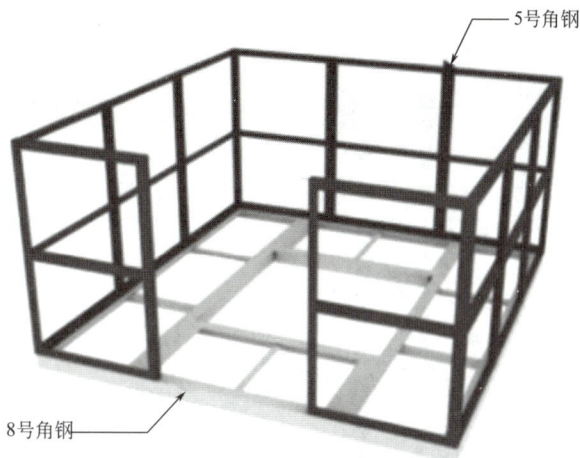

图 6-18 操作平台护栏骨架

（4）操作平台就位后应及时采取焊接、螺栓连接等方式固定，保证操作平台与柱间最大预留间隙不宜大于 100mm，并在缝隙间铺防火毯。平台与柱体之间使用拉杆、钢丝绳拉结。平台上铺 3mm 厚花纹钢板，行人宽度不得小于 600mm。

（5）平台由施工人员在堆场拼装后整体吊装就位，并组织验收合格后方可投入使用，定期对操作平台的稳定性进行检查。

（6）操作平台护栏门宽度不小于 600mm、不大于 900mm，具体尺寸需结合项目现场实际制作；平台防护门处应设置门栓或者插销，操作人员就位后将防护门关闭锁定，防止作业过程中防护门打开。

图 6-19 护栏钢防护网片

（7）使用过程中严禁囤料堆载，同时作业人员不得超过 2 人。严禁倚靠平台护栏，避免外力冲击。

（8）操作平台应在本节点所有钢结构施工工序完成后由专人拆除。

3. 防坠器垂直登高挂梯安全技术

防坠器垂直登高挂梯安全技术如图 6-20 所示。

（1）登高挂梯用于钢柱吊装、校正过程中施工人员登高之用。

（2）此挂梯为可组装型登高挂梯，可做防坠器垂直登高挂梯使用。

（3）挂梯梯梁及踏棍分别采用L 30mm×4mm×3000mm 的角钢及直径为 14mm 圆钢塞焊而成。

（4）单副挂梯长度以 3m 为宜，登高挂梯内侧净宽以 450mm 为宜，踏棍间距以 280mm 为宜。

（5）每副挂梯应设置不少于两道支撑，挂梯与钢柱之间的间距不宜小于 200mm；挂梯顶部挂件应挂靠在牢固的位置并保持稳固。

（6）直梯与结构相连接的方法是通过连接板和 M12mm×40mm 8.8 级高强度螺栓相连，这里 12mm 为螺栓直径，40mm 为螺栓长度。

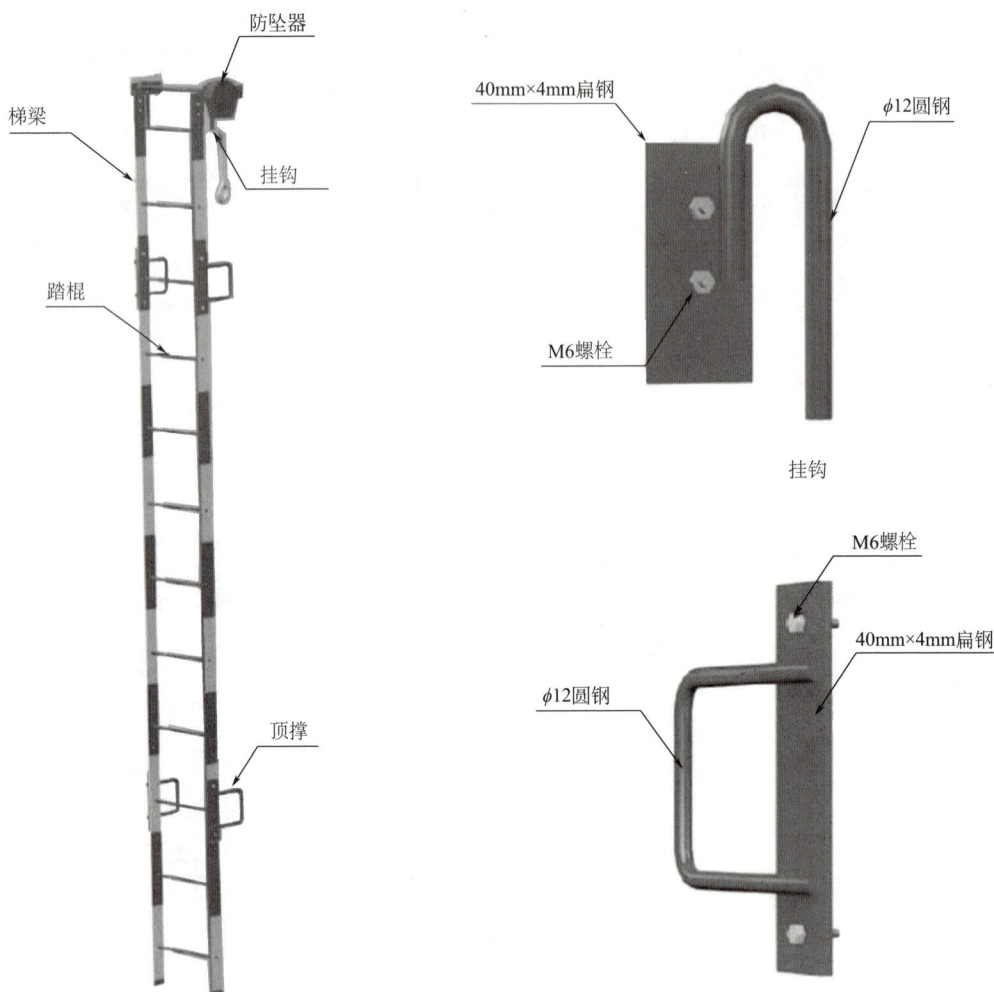

图 6-20　防坠器垂直登高挂梯安全技术

（7）制作完成后，应及时进行除锈，梯梁分段喷涂不同颜色的防腐油漆，每段油漆长度以 300mm 为宜。

（8）作业人员登高必须通过钢挂梯上下，攀爬过程中应面向爬梯，手中不得持物，严禁以钢柱栓钉为支撑攀爬钢柱。

（9）防坠器不应挂在爬梯上，使用时应设置牵引绳。

4. 钢屋架梁安全吊装技术

钢屋架梁安全吊装如图 6-21 所示。

（1）钢屋架横梁地面拼装安全防护措施主要是防止钢屋架横梁倾倒造成安全事故。因此，钢屋架横梁在地面拼装的时候要在两侧加斜撑，以稳定钢屋架横梁。

（2）钢屋架横梁吊装的最大安全隐患就是钢梁与立柱之间的螺栓紧固及取吊车吊钩和钢丝绳时可能发生作业人员坠落事故。

（3）钢柱攀爬也是造成安全隐患的一个重大危险源，因此攀爬钢柱前先在需安装钢梁的钢柱侧面安装好一个自制 600mm×800mm 的钢管井字架，并使之与钢柱牢固绑在一起，待稳定后，施工人员佩戴好安全帽和安全带后，方可上柱顶位置施工。

图 6-21 钢屋架梁安全吊装

5. 钢屋架屋面檩条和屋面水平支撑安装安全技术

钢屋架屋面檩条和屋面水平支撑安装时最大的安全隐患就是发生高空坠落。

（1）屋面檩条和水平支撑安装的安全防护措施是采用在主屋架梁上拉生命线。屋面檩条、水平支撑安装安全防护措施如图 6-22 所示。在钢结构屋面檩条和水平支撑的安装过程中，要求采用双保险防护措施，首先在吊装钢梁之前在钢梁上预先挂设一根与钢梁长度相等的、直径为 8～10mm 大小的钢丝绳。具体做法为，先在钢梁两端距离为 200mm 的位置固定安装一根支座杆（杆高度为 1.2m、杆径为 $\phi48\times3$，利用 M20 将立杆与钢梁上翼板固定锁紧），但立杆间距不应超 8m，如超过应在中间加设一根立杆以确保生命线安全有效地使用（此绳在安装屋面板时才允许逐次拆除）；上高空作业人员在屋面安装檩条和水平支撑时必须先将安全带环扣系在钢丝绳上，才能在钢梁上移动施工，有条件的在屋架梁下方还可考虑挂设安全网。

图 6-22 屋面檩条、水平支撑安装安全防护措施

（2）拉条安装时使用可移动的梯子作为操作平台。拉条安装时必须使用一个木制或钢制楼梯（楼梯长度不低于6m）横架在檩条上，施工人员坐在楼梯上移动安装。安装拉条前应对梯子进行加固和防滑处理。具体做法为，在楼梯朝屋脊方向一端垂直加一根60mm以上的木方，且应安全牢固；施工作业人员移动时将安全带环扣在楼梯边柱上，安装拉条固定位置施工时也可将安全带环扣在檩条上拖着滑行，严禁仅用檩条作为安装行走梁去安装拉条。

6. 钢结构屋面板安装安全技术

（1）在钢结构屋面板的安装过程中，必须采取双保险的防护措施，应在上板位置安放宽度不低于2m以上的木板，木板上应加钉防滑条，防滑条间距以600mm/根为宜。木板应进行加固处理以满足安全使用，木板必须平铺至屋脊位置，也可分为两个走道，但中间和两边应在屋面施工的下方挂设好安全网。屋面板转运移动时只允许施工作业人员站在已铺满屋面彩钢板的这一侧往前运送，不允许施工作业人员站在未铺彩钢板的一侧接运。

（2）屋面板安装时必须顺屋面板平行方向拉一根钢丝绳。钢丝绳一端固定在天沟上，另一端固定在屋脊位置檩条上，并根据安装进度适时平行移动，安全带可根据屋面距地面的高度适当延长并将环扣系在钢丝绳上。也可在屋面板已安装好一侧放置一副木制或钢制楼梯（楼梯长度不低于6m）平放在已安装好的屋面板，施工人员将加长（钢丝或保险绳长度以3～4m为宜）的安全带系扣在木制或钢制楼梯上移动安装。

7. 钢结构行车梁吊装安全技术

钢结构行车梁吊装如图6-23所示。行车梁的安装主要是有高处坠落的安全隐患。在行车梁的安装过程中，首先必须在行车梁起点的第一轴线钢柱至最后一个轴线钢柱上，沿行车梁平行方向且距行车梁上平面约1.5m高的位置拉一根通长钢丝绳，钢丝绳直径为8～10mm。钢丝绳要求在每间隔2～3个钢柱就采用相配套的钢丝绳夹（钢丝夹标准为《钢丝绳夹》GB/T 5976—2006，也可采用自制钢夹固定）固定锁紧在钢柱上。两头钢丝绳与钢柱连接锁紧同样采用钢丝绳夹锁紧在钢柱上的方法，但还应采用花篮螺栓旋紧拉直钢丝绳，绳头必须使用3个花篮螺栓锁紧。施工人员利用楼梯登上行车梁后必须马上将安全带环扣系在钢丝绳上，行走时，环扣可顺钢丝绳滑行，可将钢丝绳当扶手，但不允许将全身重量靠在钢丝绳上受力行走。

图6-23 钢结构行车梁吊装

8. 压型钢板施工回顶安全技术

压型钢板施工回顶安全技术如图 6-24、图 6-25 所示。

图 6-24　盘扣式脚手架支撑

图 6-25　顶部支撑

（1）压型钢板进场前应进行材料验收，且必须要求压型钢板厂家及时提供压型钢板截面抵抗矩 W 及截面惯性矩 I 等参数。技术部门根据参数进行浇灌混凝土工况的压型钢板的抗弯承载能力及挠度验算，确保所用压型钢板满足施工安全要求。

（2）应根据设计要求确定是否需要在压型钢板下部加设临时支撑回顶措施。支撑回顶应在施工方案中进行明确，要求临时支撑承载力经过验算、复核，满足施工安全要求。

（3）压型钢板组合结构混凝土浇筑前，施工总承包单位应对压型钢板安装质量及临时支撑回顶进行验收。严禁在下层压型钢板组合结构未浇筑或浇筑后强度未达到设计要求的情况下，进行上层压型钢板混凝土施工。

（4）在浇灌压型钢板组合结构混凝土过程中，必须严格按照承载力、挠度计算书控制施工荷载，并采取有效措施防止浇灌现场荷载集中。

（5）钢筋桁架楼承板、拆卸底模式钢桁架楼承板结构施工时，应参照上述压型钢板组合结构混凝土浇筑安全控制原则执行。拆卸底模式钢桁架楼承板还应根据当期养护环境条件、实体结构混凝土强度增长情况、连续回顶荷载传递与分布情况等，验算确定拆卸底模的具体龄期，严禁未经验算即拆卸底模，严禁过早拆卸底模。

（6）支撑架间距与步距需通过计算确定，并在施工方案中明确。立杆伸出顶层水平杆中心线至支撑点的长度不应超过 0.5m。可调托撑螺杆伸出长度不宜超过 200mm，插入立杆内的长度＞150mm，支撑架搭设高度≤30m。

9. 接火斗安全技术

高空焊接时为了防止电焊火花的危害，设置插挂式接火斗于焊接位置底部。高空焊接接火斗如图 6-26 所示。接火斗（盆）用于钢梁节点焊接时接收焊接残渣及火花，预防火灾发生。

图 6-26　高空焊接接火斗

（1）焊接及气割前，作业人员应按照防火要求对焊接点附近的易燃物品进行清理，设置好接火斗（盆），将挂件在钢梁上翼缘挂牢。

（2）如图 6-26 所示类型的接火斗适用于 H 型钢梁对接焊缝处焊接接火。

（3）高处焊接时，应对接火斗采取相应的防坠措施。

（4）为防止焊接火花飞溅，接火斗（盆）内应满铺石棉布。

（5）未使用时，应将接火斗（盆）在地面统一存放，严禁将接火斗（盆）挂在钢梁上过夜。

10. 吊装安全技术

（1）防止人员从高空坠落措施。现场施工人员均应戴安全帽；高空作业人员应系安全带，并要高挂低用，且系在安全可靠的地方；现场作业人员要穿好防滑鞋。吊装工作区应有明显标志，并设专人警戒，非吊装现场作业人员严禁入内。起重机工作时，起重臂下严禁站人，同时避免人员在起重机起重臂回转半径内停留。登高用梯子、吊装操作平台应牢靠，起重机移动操作平台时，上面严禁站人。吊装时，高空作业人员应站在操作平台、吊篮、梯子上作业，吊装钢梁时在其上弦加设安全防护支架，并在人员工作上方拉安全钢丝绳，以便施工人员在梁上弦上能安全操作，严禁在未加固的构件上行走。在结构基础安装完毕，檩条就位安装后，需拆除梁上弦安全支架。在拆除安全支架前，在整榀梁的檩条之上，从两边柱底固定拉一个直径 15mm、长度 90m 的棕绳作安全绳挂安全带，才允许拆除安全支架，并进行其上方剩余檩条的安装。高空操作必须佩戴安全带，穿绝缘软底鞋，并作好安全措施。在可以安全行走之前，屋面板必须完全连接在檩条上，使每侧均与其他屋面板连接，绝不能在部分连接或未连接的屋面板上行走。不得踩在板的边肋上、板边附近的皱褶处以及离未固定板边缘规定范围内。单层屋面板不得当作工作平台。人员不得站在毫无承重强度的保温棉上。一旦发现屋面板留有油性物质，应立即抹去以防滑倒或翻落。处在板边时，工人应时时注意防止危险情况，使用安全带、安全网和扶手。人员手脚须远离移动重物及起吊设备。吊物和吊具下不可站人。

（2）防止高空坠物伤人措施。高空作业人员所携带各种工具、螺栓等应在专用工具袋中放好。在高空传递物品时，应挂好安全绳，不得随便抛掷，以防伤人。吊装时，不得在构件上堆放或是悬挂零星物件，零星物品应用专用袋子上、下传递。构件绑扎必须牢固，起吊点应通过构件的重心位置。吊开时应平稳，避免振动或摆动，在构件就位或固定前，不得解开吊装索具，以防构件坠落伤人。对于钢梁的吊装，由于钢梁为不规则工字钢，绑扎点容易滑动，应特制吊装悬挂点用的专用钢板，即厚度14mm钢连接板，并用螺栓将其与钢梁上弦紧固。起吊构件时，速度不能太快，不能在高空停留太久，严禁猛升、猛降，以防构件脱落。构件安装后，应检查各构件的连接和稳定情况，当连接确实安全可靠，方可松钩、卸索。吊装高空对接构件时，需绑好溜绳，控制其方向。雨期作业时，应采取必要的防滑措施，夜间作业应有充足的照明。特别指出，对于夹层吊装时的松钩、卸索，施工人员应站在稳固可靠的梯子之上。严禁在高空向下抛掷物料。

（3）起重设备作业安全措施。吊装时，起重机应有专人指挥，指挥人员应位于起重机司机视力所及地点，应能清楚地看到吊装的全过程。起重工指挥手势要准确无误，哨声要明亮，起重机司机要精力集中，服从指挥，并不得擅自离开工作岗位。吊装过程中因设备出现故障，中断作业时，必须采取措施进行处理，不得使构件长时间处于悬空状态。风力大于6级时禁止吊装作业。非专业人员不能擅自进入驾驶室或操作起重机，起重机停止作业时，应刹住回转及行走机构。起重设备不允许在斜坡道上工作，不允许起重机两边高低差相差太多。如场地条件差，土质松软，履带式起重机下虽有走道板铺垫，但雨后土质会变得更松软，为防止履带式起重机在行走和吊装时倾倒，现场需有其他机械配合进行再次平整、压实，避免发生事故。

（4）防止吊装后结构失稳安全措施。构件吊装就位后，应经初校和临时固定或连接可靠后方可以卸钩，最后稳定后方可拆除固定工具或其他稳定装置。屋盖构件吊装，及时进行固定并安好屋面支撑系统，以保持结构稳定。钢柱校正：钢柱垂直度用经纬仪校正，偏差及标高可用千斤顶校正，校正无误后立即用紧固件固定，钢柱固定后的底座用细石膨胀混凝土进行固定；钢梁校正：钢梁轴线和垂直度用测量校正，校正后立即固定。

小结

本项目主要介绍了钢结构施工质量与影响因素，质量问题与检查方法，钢结构施工安全管理与安全技术措施等内容，让学生对钢结构工程质量和施工安全的基本知识有了较为详细的认知，同时为能应用质量与安全的检验规范、标准和规程开展实际钢结构工程工作打下较坚实的基础。

习　题

1. 选择题

（1）设计要求的一、二级焊缝应进行内部缺陷的（　　　），一、二级焊缝的质量等级和检测要求应符合《钢结构工程施工质量验收标准》GB 50205—2020 相关规定。

　　A. 有损检测　　　　B. 无损检测　　　　C. 观测　　　　D. 痕迹发现

　　（2）焊缝外观质量应符合《钢结构工程施工质量验收标准》GB 50205—2020 相关规定。检查数量：承受静荷载的二级焊缝每批同类构件抽查（　　）。

　　A. 10%　　　　B. 20%　　　　C. 5%　　　　D. 15%

　　（3）普通螺栓作为永久性连接螺栓时，当设计有要求或对其质量有疑义时，应进行螺栓实物最小拉力载荷复验，其结果应符合《紧固件机械性能 螺栓、螺钉和螺柱》GB/T 3098.1—2010 的规定。检查数量：每一规格螺栓应抽查（　　）。

　　A. 3 个　　　　B. 5 个　　　　C. 6 个　　　　D. 8 个

　　（4）高强度螺栓连接副终拧后，螺栓丝扣外露应为（　　）扣，其中允许 10% 的螺栓丝扣外露 1 扣或 4 扣。

　　A. 2～3　　　　B. 3～4　　　　C. 4～5　　　　D. 1～2

　　（5）机械剪切的零件厚度不宜大于 12.0mm，剪切面应平整。碳素结构钢在环境温度低于（　　），低合金高强度结构钢在环境温度低于 -12℃时，不得进行剪切、冲孔。

　　A. -13℃　　　　B. -16℃　　　　C. -15℃　　　　D. -17℃

　　（6）钢板、型钢冷矫正的最小曲率半径和最大弯曲矢高应符合《钢结构工程施工质量验收标准》GB 50205—2020 中表 7.3.4 的规定。检查数量：按冷矫正的件数抽查（　　），且不应少于 3 个。

　　A. 1%　　　　B. 5%　　　　C. 10%　　　　D. 15%

　　（7）桁架结构组装时，杆件轴线交点偏移不宜大于（　　）。

　　A. 5.0mm　　　　B. 4.0mm　　　　C. 3.0mm　　　　D. 1.0mm

　　（8）单层多高层钢结构安装偏差的检测，应在结构形成空间稳定单元并连接固定且临时支承结构拆除（　　）进行。

　　A. 前　　　　B. 后　　　　C. 中间　　　　D. 同时

　　（9）构件吊装就位后，应经（　　）或连接可靠后方可以卸钩，最后稳定后方可拆除固定工具或其他稳定装置。

　　A. 初校和终定　　B. 初校和固定　　C. 初校和临时固定　　D. 固定

2. 简答题

　　（1）屋面及墙面压型钢板的长度方向连接采用搭接连接时，要注意的质量问题有哪些？应如何检查？

　　（2）钢结构工程质量验收记录应符合的规定有哪些？

　　（3）属于哪些情况的钢材应进行抽样复检？

　　（4）接火斗安全技术有哪些要点？

　　（5）起重设备作业安全措施有哪些要求？

　　（6）钢屋面系统抗风揭性能检测出现哪些情况应判定为试件的破坏或失效？

项目7

装配式钢结构工程案例

教学目标

1. 知识目标

（1）了解装配式钢结构建筑一般规定、监理的主要工作方法和措施；

（2）熟悉钢结构厂房屋面施工方法与质量保证措施、装配式钢结构建筑管控要点；

（3）掌握某钢结构档案馆综合大楼施工难点与主要施工过程、某体育馆因高强度螺栓疲劳而塌落的原因、某火车站大跨度钢结构施工过程、某在建钢结构房屋坍塌的原因与防范措施。

2. 能力目标

（1）能够认知和判断工程施工过程中的危险、错误与缺陷；

（2）能够熟练参与常见钢结构工程的施工准备、施工工艺、质量检验和控制，预防质量问题和工程事故的发生。

3. 素质目标

（1）自觉养成工程安全与质量习惯；

（2）提升工程实践主体责任机制，强化全周期质量安全监管效能。

装配式钢结构施工特点主要表现在以下方面：

（1）施工效率显著提升。工厂预制与现场快速组装，钢结构构件在工厂标准化生产，尺寸精度达毫米级，现场通过螺栓或焊接快速组装，施工速度比传统混凝土结构快，主体结构（墙板、梁柱等）或功能模块（厨房、卫生间）在标准化车间生产，摆脱天气、场地限制。工厂生产与现场基础施工同步进行，大幅压缩整体工期，尤其适合工期紧迫的项目，如应急住房、大型公共设施。工期可控性增强，通过 BIM 技术模拟施工流程，实现进度精准管理，减少返工和天气干扰。

（2）质量控制严格且可追溯。工厂化生产保障质量，采用数控机床和自动化生产线，构件出厂前需通过材质、尺寸及性能检测，确保符合标准。全过程数据追溯，从生产到安装的全流程数据记录，便于质量追溯和责任划分。机械化生产减少人工误差，解决传统现浇结构蜂窝麻面、露筋等通病。工厂环境可实现高强度混凝土养护、钢结构防腐等精细工艺，提升耐久性。

（3）环保和劳动力转型。环保性能突出，资源节约与污染减少，工厂预制减少现场湿作业，建筑垃圾减少 50% 以上，钢材可回收利用率达 90%。降低对劳动力的依赖度，用工结构转型，现场工人需求减少，技术工人占比提升。

（4）施工安全与风险易控制。机械化作业主导，减少高空人工作业风险，通过塔式起重机和自动化设备完成构件吊装，降低安全事故发生率；在预制构件出厂前完成防火涂料喷涂等标准化防护措施；现场施工同步设置临时支撑体系，避免结构失稳。

装配式钢结构施工以"工厂化预制＋高效装配"为核心，兼具工期短、精度高、抗震强、环保优等优势，是未来建筑工业化转型的重要方向。

任务 7.1　装配式钢结构建筑施工管理总要求

1. 装配式钢结构建筑定义

首先，装配式建筑就是在工厂生产好组件以后在施工现场组接起来的建筑；其次，钢结构建筑是指以钢作为建筑的骨架，用新型保温、隔热的墙体材料作为围护结构而构成的建筑。装配式钢结构建筑就是将这两种建筑方式结合起来，即提前在工厂生产安装好一部分的钢结构骨架，然后运到施工现场用焊缝、螺栓或铆钉连接起来的建筑。

2. 装配式钢结构建筑一般规定

（1）装配式钢结构建筑应采用系统集成的方法统筹设计、生产运输、施工安装和使用维护，实现全过程的协同。

（2）装配式钢结构建筑应按照通用化、模数化、标准化的要求，以少规格、多组合的原则，实现建筑及部品部件的系列化和多样化。

（3）装配式钢构部件的工厂化生产应建立完善的生产质量管理体系，设置产品标识，提高生产精度，保障产品质量。

（4）装配式钢结构建筑应综合协调建筑、结构、设备和内装等专业，制定相互协同的施工组织方案，并应采用装配式施工，保证工程质量，提高劳动效率。

（5）装配式钢结构建筑应实现全装修，内装系统应与结构系统、外围护系统、设备与管线系统一体化设计建造。

（6）装配式钢结构建筑宜采用建筑信息模型（BIM）技术，实现全专业、全过程的信息化管理。

（7）装配式钢结构建筑宜采用智能化技术，提升建筑使用的安全、便利、舒适和环保等性能。

（8）装配式钢结构建筑应进行技术策划，对技术选型、技术经济可行性和可建造性进行评估，并应科学合理地确定建造目标与技术实施方案。

（9）装配式钢结构建筑应采用绿色建材和性能优良的部品部件，提升建筑整体性能和品质。

（10）装配式钢结构建筑防火、防腐应符合国家现行相关标准的规定，满足可靠性、安全性和耐久性的要求。

3. 装配式钢结构建筑管控要点

（1）装配式钢结构建筑设计阶段管控要点。工程设计阶段，应要求设计单位按照装配式建筑评分规则进行设计。施工图审查时，应将装配式建筑施工图设计文件、抗震超限审查文件、装配式建筑评分相关文件、实施方案、专家评审意见等作为审查内容；施工图设计文件应满足装配式建筑评分规则。

（2）施工前管控要点。施工质量的控制是一个全过程的系统控制过程，根据工程实体形成的时间段，装配式钢结构工程的质量控制应从原材料进场、加工预制、安装焊接、尺寸检查等几个方面着手，特别要做好施工前预控及施工过程中质量巡检等工作。在施工管理工作中对"人、机、材、法、环"五个主要影响因素进行全面控制。

1）装配式钢结构施工单位资质审查。由于装配式钢结构工程专业性较强，对专业设备、加工场地、工人素质，以及企业自身的施工技术标准、质量保证体系、质量控制及检验制度要求较高，一般多为总包下分包工程。根据《中华人民共和国建筑法》第十三条，分包企业需独立满足注册资本、技术人员、技术装备等资质条件；根据《建设工程质量管理条例》，钢结构工程主体结构的分包需合同约定且分包单位具备相应资质。在上述情况下施工企业资质和管理水平相当重要。因此资质审查是管控的重要环节，其审查内容包括：施工资质经营范围是否满足工程要求；施工技术标准、质量保证体系、质量控制及检验制度是否满足工程设计技术指标要求。

2）图纸会审及技术准备工作。按监理规划中图纸会审程序，在工程开工前熟悉图纸，召集并主持设计、业主、监理和施工单位专业技术人员进行图纸会审，依据设计文件及其相关资料和规范，把施工图中错漏、不合理、不符合规范和国家建设文件规定冲突的问题在施工前解决。协调业主、设计和施工单位针对图纸问题，确定具体的处理措施或设计优化。整理完善图纸会审纪要，最后各方签字盖章后，分发各单位按此执行。认真审核施工图纸，特别注意管廊、构架钢柱的轴线尺寸和钢梁标高等与基础轴线尺寸进行核对。理解设计意图、掌握设计要求。

3）建立项目例会制度。组织参加每周召开的由建设、施工、监理及其他分包单位共同参加的工程例会，及时解决施工中的问题。

4）施工组织设计（方案）审查。认真审阅施工单位编制的施工技术方案，由专业监理工程师进行初审，总监理工程师批准；审批程序要符合规范，对于特大构件吊装应单独编制施工方案，特殊情况还应组织专家论证会。

5）焊工资质审查。装配式钢结构工程，很多的拼接需要工人现场焊接，焊缝的质量好坏直接影响到工程质量与安全。焊工必须经考试合格并取得合格证书，持证焊工必须在其考试合格项目及其认可范围施焊。检查数量：全数检查（现场人员）。检查方法：检查焊工合格证及其认可范围、有效期。

6）驻场监造制度。监理单位应严格执行国家和地方相关标准规范，切实履行监理责任。根据委托合同，结合装配式钢结构工程特点，派驻监理到生产工厂驻场监督。监理单位应根据装配式建筑质量安全管理难点，制定监理规划和监理实施细则，重要部位和关键工序应实行旁站监理。上道工序质量验收不合格的，不得允许进入下道工序。

7）材料进场质量检查。装配式钢结构用钢材及焊接填充材料的选用应符合设计图的要求，并应具有钢厂和焊接材料厂出具的质量证明书或检验报告；其化学成分、力学性能和其他质量要求必须符合国家现行标准规定。当采用其他钢材和焊接材料替代设计选用的材料时，必须经原设计单位同意；需取样材料应由取样员取样送样，待材料合格后方可用于加工。装配式钢结构用钢材表面有锈蚀、麻点或划痕等缺陷，且深度大于钢材的厚度允许负偏差的1/2时，不得使用。同时检查钢材表面的平整度、弯曲度和扭曲度等是否符合规范要求；装配式钢结构所有的连接件，均应进行标识，焊材按规定进行烘干。装配式钢结构工程常用的紧固件有高强度螺栓（分为大六角型和扭剪型）、普通螺栓、地脚螺栓、锚栓等紧固标准件，其品种、规格、性能等应符合现行国家产品标准和设计要求。对特殊螺栓需做抗滑移试验。涂装材料监理应要求承包商提供材料的产品质量合格证明文件，钢结构防腐涂装用材料和防火涂料的品种和技术性能应符合设计要求，防火涂料应经过具有资质的检验机构检测符合国家现行有关标准的规定，并经当地消防管理部门确认。防火、防腐涂料应进行相容性试验。

8）生产运输。装配式钢构部件生产企业应有固定的生产车间和自动化生产线设备，应有专门的生产、技术管理团队和产业工人，并应建立技术标准体系及安全、质量、环境管理体系。装配式钢构部件应在工厂生产，生产过程及管理宜应用信息管理技术，生产工序宜形成流水作业。装配式钢构部件生产前，应根据设计要求和生产条件编制生产工艺方案，对构造复杂的部品或构件宜进行工艺性试验。装配式钢构部件生产前，应有经批准的构件深化设计图或产品设计图，设计深度应满足生产、运输和安装等技术要求，并经原设计单位进行认可，出具确认函。

装配式钢构部件生产过程质量检验控制应符合以下规定：首批装配式钢构产品加工应进行自检、互检、专检，产品经检验合格形成检验记录，方可进行批量生产，合格后应对产品生产加工工序，特别是重要工序控制进行巡回检验；装配式钢构部件生产检验合格后，生产企业应提供出厂产品质量检验合格证，应符合设计和国家现行有关标准的规定，并应提供执行产品标准的说明、出厂检验合格证明文件、质量保证书和使用说明书；装配式钢构件焊接宜采用自动焊接或半自动焊接，并应按评定合格的工艺进行焊接；焊缝质量应符合现行国家标准规范的规定。

装配式钢构部件的运输方式应根据部件特点、工程要求等确定。构件出厂时，为便于现场查找，宜在每个装配式钢构部件上粘贴构配件信息编码数据（包括但不限于构配件重量、规格尺寸、位置等信息）。采用信息化技术对各部件进行质量追溯。装配式钢构部件出厂前应有保护措施，保障部件在运输及堆放过程中不破损、不变形。对超长、超宽、超重、形状特殊的大型构件的运输和堆放应制定专门的方案。装配式钢构部件堆放场地应平整、坚实，并按部件的保管技术要求采用相应的防雨、防潮、防暴晒、防污染和排水等措施。装配式钢构部件在运输、存放和安装过程中损坏的涂层以及安装连接部位的涂层应进行现场补漆，并应符合原涂装工艺要求。

9）施工准备。施工单位应根据装配式钢结构建筑的特点，选择合适的施工方法，制定合理的施工顺序，并应尽量减少现场支模和脚手架用量，提高施工效率降低建造成本。施工单位应对装配式钢结构建筑的现场施工人员进行相应专业的培训。施工过程中用到的设备、机具、工具和计量器具，应满足施工要求，并应在合格检定有效期内。

（3）施工过程中管控要点。装配式钢构件在安装前对表面应进行清洁，保证安装构件表面的干净，结构主要表面不应有疤痕、泥沙等污垢。钢结构安装前要求施工单位做好工序交接的同时，还要求施工单位对基础做好下列要点：基础表面应有清晰的中心线和标高标记、基础顶面凿毛；基础施工单位应提交基础测量记录，包括基础位置及方位测量记录。

装配式钢结构安装控制要点：装配式钢构件应根据结构特点选择合理顺序进行安装，并应形成稳固的空间单元，必要时应增加临时支撑或临时措施。另外，钢构件在出厂前或实际安装前应进行预拼装；认真熟悉施工图纸设计说明，明确设计要求。审查装配式钢结构加工制作及吊装等专业施工方案。重点审查施工单位的组织质保体系，主要分项工程的施工方法、焊接要点和技术质量控制措施；督促施工单位专人负责对分包单位的生产管理和质量控制，如制作用尺、钢构件放样、切割、矫正、边缘加工、制孔（螺栓孔、穿钢筋孔）、组装、工程焊接和焊接检验、除锈、编号等，并对首件制作进行重点监控；构件安装吊点和绑扎方法，应保证钢结构不产生变形，正式吊装前应进行试吊、对吊装过程实行操作工艺流程监控，上道工艺流程不符合验收要求条件的，不得进入下道工艺流程；楼层段钢柱应按编号进行吊装，按图纸要求检查钢柱接头处连接板搭设、固定，复核柱顶标高和垂直度，符合要求后方可进行钢柱焊接。督促检查钢构件吊装过程中的质量通病，如钢柱位移、钢柱垂直度偏差超差、安装孔位偏移、构件安装孔不重合、螺栓穿不进等；吊装前应对吊耳及有效焊缝进行检查，复核吊装用的钢丝绳吊点是否符合要求（柱子吊点为两侧）；检查钢梁吊装现场焊接的焊接顺序、焊接方法、焊接保护等；督促施工单位吊装及其焊接时应注意天气情况变化，如风、雨、潮湿以及阳光的照射的影响，并要求制定有效预控措施；在装配式钢结构安装时进行旁站监理，主要控制构件的中心线和标高基准点等标记、钢构件安装时的定位轴线对齐质量、钢构件表面的清洁度等。

钢柱、钢梁与钢桁架安装控制要点：钢柱安装前应对地脚螺栓等进行尺寸复核，有影响安装的情况时，应进行技术处理，在安装前地脚螺栓应一直有涂抹的油脂保护。钢柱在安装前应对基础尺寸进行复核，主要核对轴线、标高线是否正确，以便各层钢梁进行引线。安装柱时，每节柱的定位轴线应从地面控制轴线直接引上，不得从下层柱的轴线引上。各层的钢梁标高可按相对标高或设计标高进行控制。钢柱、钢梁、斜撑等钢构件从预制场地向安装位置倒运时，必须采用相应的措施，进行支垫或加垫（盖）软布、木（下垫上盖）。钢柱在安装前应将中心线及标高基准点等标记做好，以便安装过程中进行检测和控制。钢梁吊装前应由技术人员对钢柱上的节点位置、数量进行再次确认，避免因此造成失误。钢梁安装后的主要检查项目是钢梁的中心位置、垂直度和侧向弯曲矢高。钢结构主体形成后应对主要立面尺寸进行全部检查，对每个所检查的立面，除两列角柱外，尚应至少选取一列中间柱。对于整体垂直度，可采用激光经纬仪、全站仪测量。对于大型或复杂钢结构，工厂制作的钢零部件在吊装前，需拼装成钢构件作为吊装单元。由于构件组装要求较高，可根据现场实际情况几榀构件作为一个检验批。为保证在高空安装时顺利组对，制作完成后需在地面进行相关构件之间的预拼装、检验批可按照同类构件之间的拼装作为一个检验批来进行划分。钢桁架安装前，钢结构安装几何尺寸，各部分间隙达到图纸要求。按照施工图纸及规范严格验收，合格后方可进行下一步工作。由于钢桁架的跨距大，起吊时应防止结构变形。钢桁架的安装如采用大型吊车吊装，应编制专门吊装方案，再进行吊装工作。

装配式钢结构焊接工程质量控制要点：施工单位对其首次采用的钢材、焊接材料、焊接方法、焊后热处理等，应进行焊接工艺评定，并应根据评定报告确定焊接工艺。焊接材料对钢结构焊接工程的质量有重大影响，因此，进场的焊接材料必须符合设计文件和国家现行标准的要求。钢结构的焊接必须由持证的技术工人进行施焊，钢结构的焊缝等级、焊接形式必须严格按设计要求和焊接技术规程进行施焊，一、二级焊缝的焊接质量必须按设计、规范要求，并按设计及规范进行无损检测。钢结构的焊接质量要求：焊缝表面不得有裂纹、焊瘤等缺陷；一级、二级焊缝不得有表面气孔、夹渣、弧坑裂纹、电弧擦伤等缺陷，且一级焊缝不得有咬边、未焊满、根部收缩等缺陷；焊缝质量不合格时，应查明原因并进行返修；同一部位返修次数不应超过两次，当超次返修时，应编制返修工艺措施；焊缝的焊接部位、坡口形式和外观尺寸必须符合设计和焊接技术规程的要求。

装配式钢结构螺栓连接质量控制要点：所有高强度螺栓孔，均应采用钻孔制孔方法，严禁现场气割电焊成孔。高强度螺栓的施工采用扭矩法施工，高强度螺栓的初拧及终拧均采用电动扭力扳手进行，扭矩值必须达到设计要求及规范的规定，不得出现漏拧、过拧等现象。装配式构配件在加工、运输、存放中需保证摩擦面的喷砂或喷铝效果符合设计要求，安装前需经检查，合格后方可进行高强度螺栓的安装。柱、梁连接施工中，应先安装高强度螺栓，后焊接翼缘板与柱连接。高强度螺栓连接的钢构件之间，不得使用垫板、不得随意扩孔、不得使用气割扩孔。高强度螺栓连接摩擦面的抗滑移系数与钢材种类、表面处理所用的砂的种类、风压、喷砂时间、试验前摩擦面的锈蚀程度均有关系，因此钢结构制作单位必须有代表性地进行抗滑移系数试验。试板的处理应与实际生产一致，规范要求每 2000t 钢结构应进行一组试验，每组试验需有六副试板，其中三副应在钢结构生产前进行试验，另三副应在钢结构高强度螺栓安装前进行复试，以验证高强度螺栓连接摩擦面抗滑移系数仍在规范或设计要求范围内。钢结构生产中，如变换高强度螺栓连接摩擦面预处理场地，或变换处理方式，必须重新进行抗滑移系数试验。高强度螺栓连接摩擦面的安装质量、高强度螺栓的施拧程度等分别进行不小于10%的检查。扭力扳手应经过标定，每班使用前及班后应对扭力扳手进行复查，并做好检查记录。终拧后 1h 后、48h 内，监理应会同施工单位检查终拧扭矩。同时检查螺栓丝扣外露应为 2～3 扣（允许 10% 的螺栓丝扣外露 1 扣或 4 扣）。施工单位应准备两把扭力扳手，一把施工扳手，误差在 5% 以内，另外一把作为检测扳手，误差在 3% 以内。每班使用前及班后对施工扳手用检测扳手进行检测。高强度螺栓不可作为定位螺栓用，其初拧至终拧应在 24h 内完成。高强度螺栓终拧扭矩检测应用检测扳手进行。

装配式钢结构防腐工程质量控制要点：钢结构除锈应符合设计及规范要求，在防腐前应进行除锈和隐蔽报验，监理工程师要对钢结构的表面质量和除锈效果进行检查和确认。钢结构防腐涂料、稀释剂和固化剂等材料的品种、规格、性能、颜色等应符合现行国家产品标准和设计要求。钢结构在涂装时的环境温度和相对湿度应符合涂料产品说明书的要求。钢结构除锈后应在 4h 内及时进行防腐施工，以免钢材二次生锈，如不能及时涂装时，在钢材表面不应出现未经处理的焊渣、焊疤、灰尘、油污、水和毛刺等。防腐涂料的涂装遍数和涂层厚度应符合设计要求。钢结构各构件防腐涂装完成后，钢结构构件的标志、标记和编号应清晰完整，以便于施工单位识别和安装。

装配式钢结构防火工程质量控制要点：防火涂料施工前应由各专业、工种办理交接手续，在钢结构防腐、管道安装、设备安装等完成后再进行防火涂料涂刷。防火涂料施工前，钢结构的防腐涂装应已按设计要求涂刷完成。防火涂料施工前，应由施工单位技术人员对工人进行技术交底。对于防火涂料涂层的厚度检查，应按涂装构件数的 10％且不少于三件。检查的结果厚度要保证 80％及以上面积，符合设计或规范的要求，且最薄处厚度不应低于要求的 85％。钢结构的防火涂料施工往往与各专业施工相交叉，对已施工完成的部位要有成品保护措施。如出现破损情况，应及时进行修补。防火涂料的表面色应按设计要求进行涂刷。

装配式钢结构钢管混凝土施工控制要点：钢管柱内混凝土的浇筑采用高位抛落免振捣法，自密实混凝土。浇筑过程中应符合《自密实混凝土应用技术规程》JGJ/T 283—2012 的规定，同时应掺加适量膨胀剂。混凝土浇筑漏斗下装一定长度导向管，确保混凝土沿导向管下落，通过计量漏斗的容积控制来核对下料量。一般设计图纸中都建议在正式施工前进行钢管混凝土浇筑的足尺模拟试验，以检验施工工艺。但实际建议不做，可通过制定并经论证可行的施工方案来代替足尺模拟试验。混凝土浇筑前应编制详细、可行的施工方案和详细的技术交底，下发给施工班组、质检员和生产经理并在工程施工前，对全体施工人员开技术交底现场会。钢管柱混凝土浇筑检测，施工过程中锤击跟踪混凝土液面位置，用铁锤敲击钢管以检查混凝土的密实度，敲击法检查异常时，可用超声波检测。商品混凝土罐车在装车前应仔细检查并排除车内残存刷车水，并严禁中途加水，改变水灰比。泵管布置根据现场情况，应保持混凝土在其高自流平状态未消失前完成连续泵送，不得延误时间。

钢筋桁架楼承板施工控制要点：钢筋桁架楼承板用钢筋进入加工厂必须经过取样复试合格才可使用，钢筋调直不得使用具有拉伸功能的调直机具。出厂钢筋桁架板需要经过验收合格后才可出厂，主要检查钢筋桁架高度、底筋间距、板底钢筋保护层厚度，都应符合设计及标准规范要求。检查钢筋桁架板底板质量，不得有较大变形，边缘部位弯曲的需要进行调整后方可使用。钢筋桁架楼承板由于采用扣缝连接，因此在钢筋桁架板施工完成后应该对扣缝质量进行检查，避免在混凝土浇筑过程中产生漏浆现象。根据图纸要求进行栓钉焊接，焊接时应确保栓钉垂直，现场使用铁锤进行栓钉敲击检查，栓钉弯折 20°，焊接部位没有产生裂纹视为合格。焊接完成后应将瓷环全部清理干净。

钢结构成品控制要点：在装配式钢结构预制场地对于成品或半成品的堆放要求是根据组装的顺序分别存放，存放构件的场地应平整，并设置垫木或垫块；箱装零部件、连接用紧固标准件宜在库内存放；对易变形的细长钢柱、钢梁、斜撑等构件应采取多点支垫措施。

4. 监理的主要工作方法和措施

（1）工作方法

1）组织会议：针对施工中的事宜定期组织监理例会，不定期组织专项、专题会议。监理例会是由项目监理机构主持的，在工程实施过程中针对工程质量、造价、进度、合同管理及其他事务管理等事宜定期召开，由工程项目各参建单位参加的会议。专项、专题会由总监理工程师或专业监理工程师根据需要及时组织专题会议，解决施工过程中的各种专项问题。专题会议是为解决施工过程中的专门问题而召开的会议。项目各主要参建单位均可向项目监理机构书面提出召开专题会议的建议。

2）巡视：是由监理人员对正在施工的部位或工序在现场进行的定期或不定期的监督活动。此项工作内容是监理进行全过程控制的重要体现，也是对工程的质量、进度能起到关键作用的一种监理预控手段。

3）平行检验：项目监理机构利用一定的检查或检测手段，在承包单位自检的基础上，按照一定的比例独立进行检查或检测的活动。装配式钢结构工程施工阶段主要的平行检验内容是钢结构预制和钢结构安装，这几项内容关系到装配式钢结构工程的结构性能。

4）旁站：在重要部位或关键工序施工过程中，由监理人员在现场进行的监督活动。钢结构工程施工过程中，根据实际需要和实际情况进行安排和执行旁站。

5）见证：由监理人员现场监督某工序全过程完成情况的活动。装配式钢结构工程阶段主要见证试验内容包括钢结构原材、焊接材料、防腐材料、防火材料等。

（2）监理的工作措施

1）工程暂停令：监理人员在施工过程中发现存在重大质量隐患时，有可能造成质量事故或已经造成质量事故时，应通过总监理工程师及时下达工程暂停令要求施工单位停工整改。

2）监理工程师通知单：监理人员在施工过程中发现存有质量缺陷或可能要发生质量隐患时，应及时下达监理工程师通知单，明确要求施工单位进行整改，在施工单位整改完成后检查其整改的结果。

3）监理工作联系单：监理工作联系单是监理工程师与各参建方之间最经常使用的联系文件，当施工过程中有进度、质量、安全以及设计变更等需要各方或一方协调解决时，监理工程师均可使用监理工作联系单与各方进行书面联系，以促进工程的进展。

任务7.2　某钢结构档案馆综合大楼施工

1. 工程概况

某中高层钢结构档案馆综合大楼，建筑面积 94937m²，建筑高度 60m，地上 13 层，地下 3 层；裙楼结构形式为钢框架体系，南北塔楼结构形式为钢框架＋混凝土核心筒体系；地下楼面结构为混凝土楼板，地上楼面结构为钢筋桁架楼承板，连廊为桁架结构（跨度 33m）；结构安全等级为二级，设计年限为 50 年，建筑物耐火等级为一级，抗震设防烈度 8 度，外形尺寸 139m×102m。钢结构档案馆综合大楼如图 7-1 所示。

项目总用钢量 9600t，主要钢构件形式为"H"形钢柱梁、箱型梁柱、支座、钢桁架、"十"字形钢柱等；构件主要采用栓焊连接。劲性钢结构连接节点如图 7-2 所示。

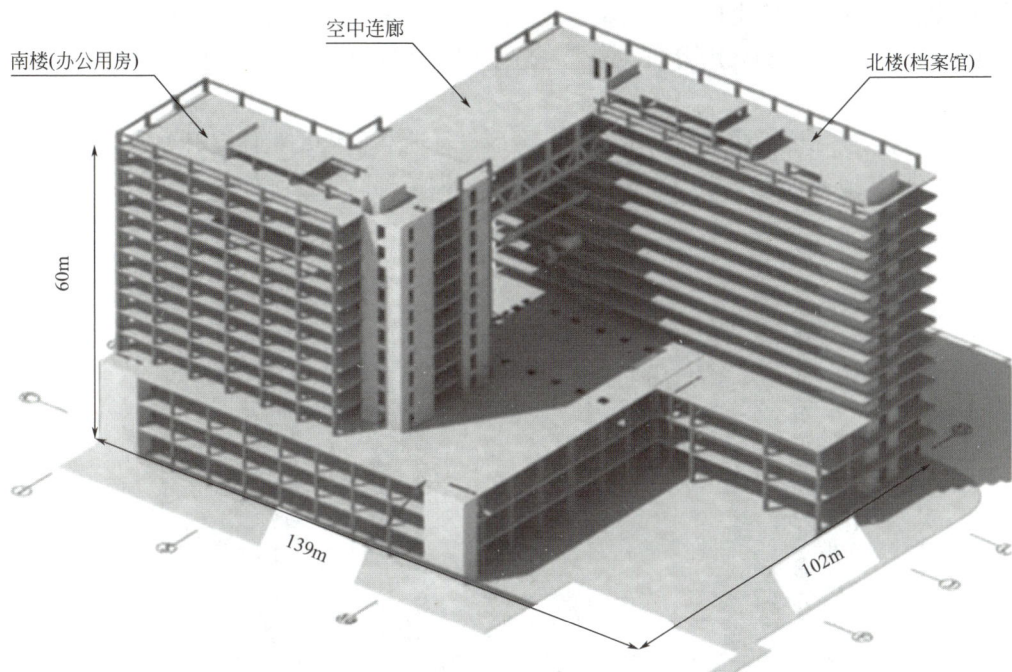

图 7-1 钢结构档案馆综合大楼

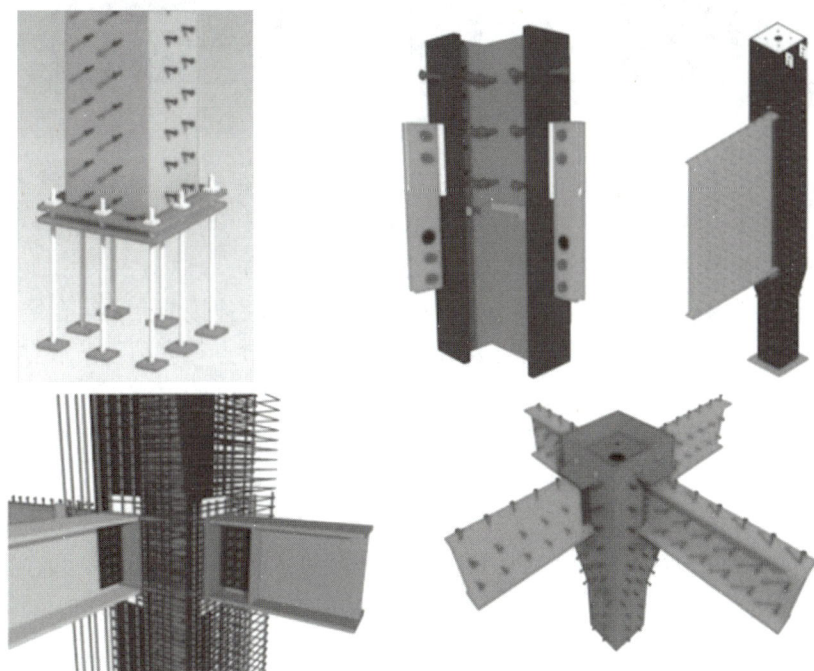

图 7-2 劲性钢结构连接节点

本工程柱脚采用锚栓与混凝土连接。梁柱连接全部为无牛腿栓焊连接，主次梁连接采用高强度螺栓连接。连廊由四榀钢桁架组成，除部分次梁及连系梁采用栓焊连接外，其他均为现场焊接。连廊一侧采用滑动支座，一侧采用铰接支座。

2. 施工难点

钢结构高空连廊位于裙房屋面正上方，屋面设计荷载不满足整体提升要求。高空散拼胎架无法直接从地面进行支撑，连廊安装难度大。钢结构高空连廊如图 7-3 所示。

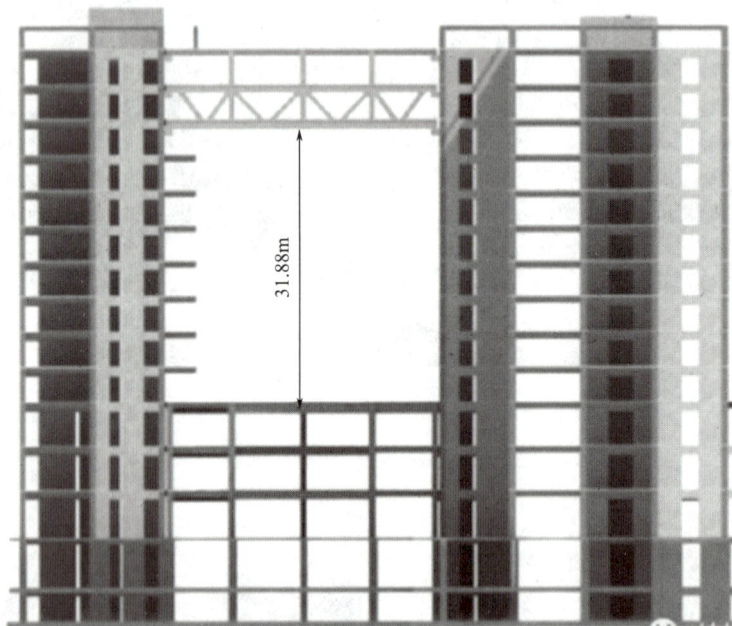

图 7-3　钢结构高空连廊

项目为政府工程，整体装修较为简洁，钢柱防火施工完成后，需进行腻子涂料施工。常规防火涂料施工完成后表面平整度较差，不能满足涂料基层要求，故选用一种既满足防火要求又兼顾装修效果的防火材料是项目施工中的一个难点。

现场存在劲性结构十字柱变截面节点、裙房钢框架梁柱连接节点、组合结构箱型柱连接节点。连廊支座钢平台，连廊支座牛腿及变截面梁连接节点等多种复杂节点，深化、加工难度大。

钢结构吊装精度要求高。梁柱连接全部为无牛腿连接节点，施工精度控制要求高，构件就位、安装难度大，起重设备占用率高。现场钢梁安装如图 7-4 所示。

冬期施工焊缝质量控制任务重。由于工期紧张，根据总控进度节点要求，主体结构部分地上第三节、第四节柱及标准层 7～11 层钢梁施工进入冬期施工，现场共存在冬施焊缝 3300 余条，焊接质量直接关系到主体结构安全，是本工程质量控制的重点。

3. 主要施工过程

（1）钢结构深化设计。针对节点复杂多样，深化、加工难度大的特点，工程采用 Tekla 软件进行深化设计，BIM 精确建模放样，确保构件加工精度及质量，如图 7-5 所示。

（2）施工场地规划。现场西侧设置一台 M125 塔式起重机和一台 220t 履带式起重机，

图 7-4　现场钢梁安装

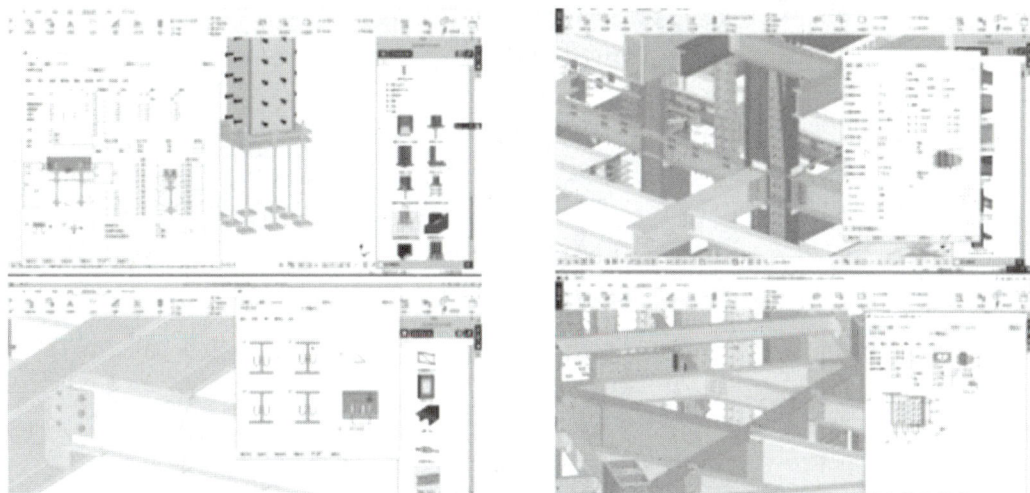

图 7-5　钢结构深化设计

东侧和南侧各设置一台 8039 塔式起重机。施工场地平面布置示意图如图 7-6 所示，现场构件堆放如图 7-7 所示。

（3）钢结构主体构件安装。地下钢结构跟随土建施工进度流水作业，共分 8 个施工流水区，如图 7-8 所示。

现场预埋地脚锚栓如图 7-9 所示。针对梁柱无牛腿连接节点，安装精度要求高，起重设备占用率高等问题，在构件加工时利用虚拟预拼装技术，精准定位，预先在钢柱部位上焊接码板，现场安装时直接就位，提高安装精度，减少起重设备占用率，如图 7-10 所示。上部钢结构梁柱安装如图 7-11 所示。

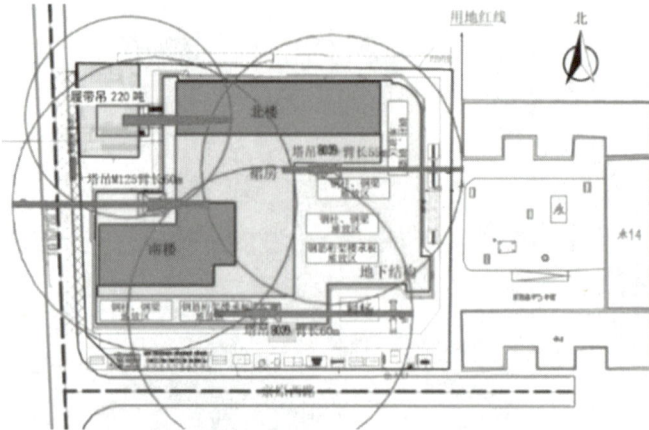

图 7-6　施工场地平面布置示意图

图 7-7　现场构件堆放

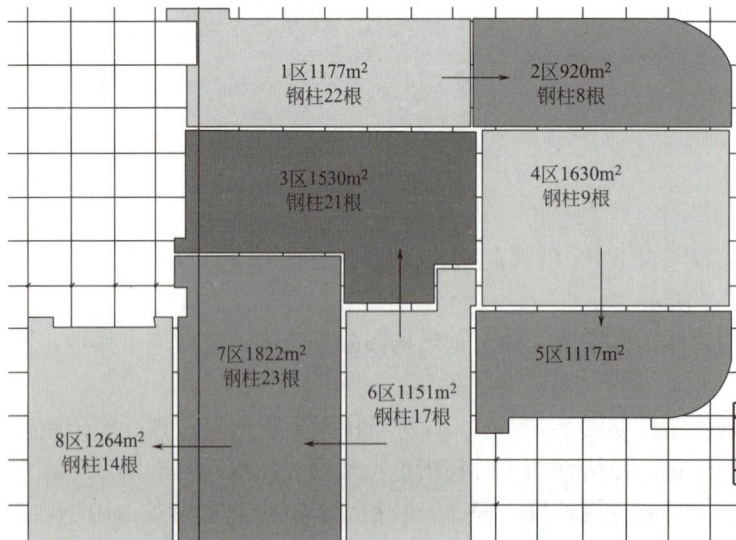

图 7-8　地下钢结构分 8 个施工流水区

图 7-9　现场预埋地脚锚栓

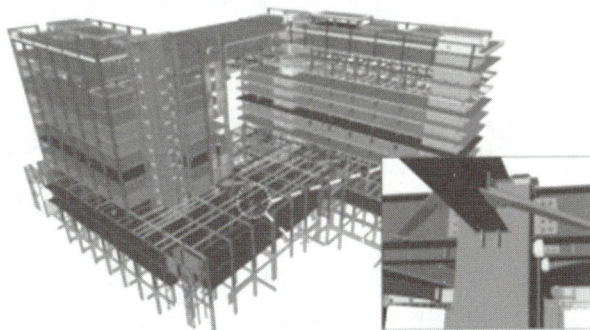

图 7-10　预先在钢柱部位上焊接码板

图 7-11　上部钢结构梁柱安装

（4）钢连廊安装。针对屋面上方连廊安装难度大的特点。现场采用施工单位自主创新的"钢连廊屋顶超高支架法安装技术"进行安装。屋面架设塔式起重机作为钢结构散拼超高支架，屋面钢梁预先焊接埋件，并在支撑布置点钢梁下方布置加固钢斜撑。支撑架设置工字钢附着，支撑架顶部用通长型钢与转换平台焊接连接固定。钢连廊安装如图 7-12 所示。

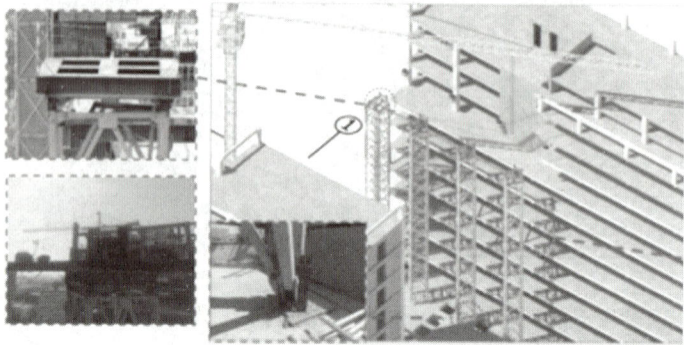

图 7-12　钢连廊安装

任务 7.3　某体育馆因高强度螺栓疲劳而塌落事故

1. 工程及事故概况

某体育馆建于 1974 年，承重结构为三个立体钢框架，屋盖钢桁架悬挂在立体框架梁上，每个悬挂节点用 4 个高强度螺栓连接。1979 年 6 月某日，高强度螺栓断裂，屋盖中心部分突然塌落。

2. 事故原因

悬挂节点按静载条件设计，设计恒载 $1.27kN/m^2$，活载 $1.22kN/m^2$，每个螺栓设计受荷 238.1kN，而每个螺栓的设计承载力为 362.8kN，破坏荷载为 725.6kN。按照屋面发生破坏时的荷载，每个螺栓实际受力 136～181kN。因此，在静载条件下，高强度螺栓不会发生破坏。

在风荷载作用下，屋盖桁架与立体框架梁间产生相对移动，使吊管式悬挂节点连接中产生弯矩，从而使高强度螺栓承受了反复荷载。而高强度螺栓受拉强度仅为其初始最大承载力的 20%，对高强度螺栓在松紧五次后，其强度仅为原有承载力的 1/3。另外，螺栓在安装时没拧紧，连接件中各钢板没有紧密接触。

综上分析，该体育馆倒塌的主要原因为：高强度螺栓在风荷载作用下，塑料垫层的徐变使螺栓预拉力受到损失，从而加剧了螺栓的疲劳破坏。

疲劳破坏与静力强度破坏是截然不同的两个概念。它与塑性破坏和脆性破坏相比具有以下特点：

（1）疲劳破坏是钢结构在反复交变动载作用下的破坏形式，而塑性破坏和脆性破坏是钢结构在静载作用下的破坏形式。

（2）疲劳破坏虽然具有脆性破坏特征，但不完全相同。疲劳破坏经历了裂纹起始、扩展和断裂的漫长过程，而脆性破坏往往是无任何先兆的情况下瞬间突然发生。

（3）就疲劳破坏断口来说，一般分为疲劳区和瞬断区，如图7-13、图7-14所示。疲劳区记载了裂缝扩展和闭合的过程，颜色发暗，表面有较清楚的疲劳纹理，呈沙滩状或波纹状；瞬断区真实反映了当构件截面因裂缝扩展削弱到一临界尺寸时脆性断裂的特点，瞬断区晶粒粗亮。

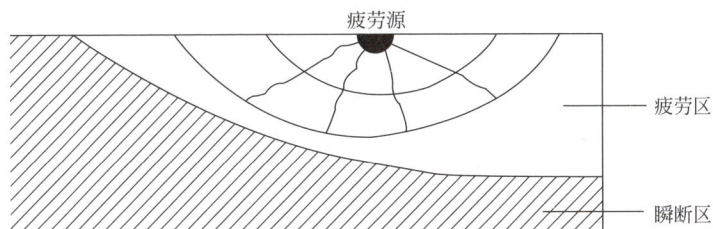

图7-13 疲劳破坏断口分区示意

图7-14 疲劳破坏断口分区实物

3. 处理方法与事故预防措施

事故后，该体育馆主要承重结构立体框架完好、正常。但由于屋顶悬挂设计成吊管连接不适宜，因此，屋顶应重新设计和施工，更换所有的吊管连接件。

设计人员常常忽视将风荷载看成动荷载。这一事故告诫我们，螺栓作为纯拉构件，并且这些螺栓只承受由风载产生的动荷载时就必须严肃考虑螺栓可能存在的疲劳。

提高和改善疲劳性能的途径从减小应力集中入手。具体措施有以下几方面：

（1）精心选材。对用于动载作用的钢结构或构件，应严格控制钢材的缺陷，并选择优质钢材。

（2）精心设计。力求减少截面突变，避免焊缝集中，使钢结构构造做法合理化。

（3）精心制作。使缺陷、残余应力等减小到最低程度。

（4）精心施工。避免附加应力集中的影响。

（5）精心使用。避免对结构的局部损害，如划痕、开孔、撞击等。

（6）修补焊缝。目的是缓解缺陷产生的应力集中，方法如下：

1）对于对接焊缝，磨去焊缝表面部分，如对接焊缝的余高。如果焊缝内部无显著缺陷，疲劳强度可提高到和母材相同。

2）对于角焊缝，应打磨焊趾。焊缝的趾部时常存在咬肉（咬边）等切口，且有焊渣侵入。因此，要得到较好的效果，不仅磨去切口，还要将板磨去 0.5mm，以除去侵入的焊渣。这种做法虽然使钢板截面稍有削弱，但影响并不大。对于纵向角焊缝，则可打磨它的端部，使截面变化趋于缓和，打磨后的表面不应有明显刻痕。

3）对于角焊缝的趾部，用气体保护钨弧重新熔化，可以起到消除切口的作用。此方法在不同应力幅的情况下疲劳寿命都能同样提高。

4）在焊缝及附近金属表层采用喷射金属丸粒或锤击等方法引入残余压应力，是改善疲劳性能的一个有效方法。残余压应力和锤击造成的冷工硬化均会使疲劳强度提高，同时尖锐切口也被缓减。

依靠精心的选材、设计、制作、安装和使用，再加上焊接之后的一些特殊工艺措施，可以达到提高和改善疲劳性能的作用。

任务 7.4　钢结构厂房屋面施工方案

1. 施工方法

（1）施工工序安排

1）屋面：彩板进场→搭设施工平台→天沟安装→下层板安装→保温棉铺设→屋面板安装→屋脊帽盖安装→山墙泛水安装→天沟防水处理→零星布定。屋面局部施工如图 7-15所示。

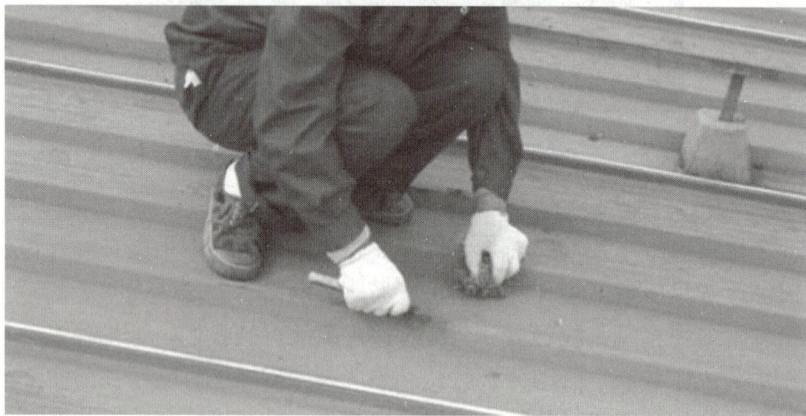

图 7-15　屋面局部施工

2）墙面：彩板进场→搭设施工平台→墙面放线安装→铺设保温棉→内墙板安装→泛水件安装→门窗口包件安装→工程验收。

（2）钢结构彩板施工

1）天沟安装：厂房轴距为 6m，每跨天沟分两段，采用焊接接缝，为避免焊接时出现变形，接头处先用间接式点焊，直到接头完全平整后再满焊。合格后再进行吊装依次进行焊接。

2）屋面板施工：屋面底板为 YX900 型板，施工时先将底板固定在檩条上平面，然后再铺岩棉保温层，从 16 轴向 1 轴铺设。在铺设岩棉的同时铺设屋面顶板，在安装屋面板时应注意板的横向平整度，在铺设第一块时，先用钢卷尺量出女儿墙到钢梁的平行尺寸，并进行定位。在铺设 3～5 片屋面板时，应测量出屋脊和檐口的宽度是否一致，以保证屋面平行，并确保最大斜度不超过规范 20mm。

3）山墙泛水、屋脊盖板施工：如图 7-16 所示，在屋面板安装完成后，先对屋脊檐口做泛水沿的防水处理，再进行屋脊帽盖的安装。在安装屋脊帽盖时搭接部分长度不小于 100mm，并用铆钉进行连接，在屋脊盖板完成后，对所有外露铆钉满打密封胶。

图 7-16 山墙泛水、屋脊盖板施工

4）墙板安装、保温棉铺设：按照先外墙后内墙安装顺序，有利于外部防水及结构稳定性。首块墙板需严格校正垂直度与水平度，后续墙板以此为基准。外墙板固定于檩条外侧，需采用自攻螺钉或焊接固定。如果采用岩棉作为保温棉，岩棉钉需按梅花形布置，密度≥6 个/m²，锚固深度≥25mm，且穿透压型钢板进入檩条≥15mm。当保温棉为双层铺设，需错缝搭接，接缝严密（缝隙≤2mm），避免热桥效应。为了预防保温棉下垂，除岩棉钉外，可增设镀锌钢丝网或横向支撑带（间距≤1.5m），增强整体性。外墙板安装后立即铺设保温棉，可减少风雨侵蚀风险，但需注意工序衔接，避免踩踏保温层导致变形。内墙板固定于檩条内侧时，需预留保温层厚度，避免挤压导致保温棉密实度下降。内墙板横向接缝应错开外墙板接缝≥200mm，竖缝采用密封胶或橡胶条填充。内墙板与地面交接处设置弹性胶条。

2. 质量保证措施

（1）工人进场后首先进行施工要点与质量安全教育。每天班前强调施工操作要点，加强质量意识教育；每道工序施工前都必须对工人进行详细的技术交底。

（2）工程所需的所有材料、设备必须有合格证或材质证明书，各类证书应列表登记，并与实物核对无误；如无此文件，可拒绝验收或施工；有疑问的应复核鉴定，合格后方可使用。

（3）运输、堆放和吊装严禁彩板变形及涂层脱落。

（4）彩板成型后，涂、镀层不应有肉眼可见的裂纹、剥落和擦痕缺陷。

（5）彩板成型后，表面应干净，不应有明显凹凸和皱纹。

（6）彩板、泛水板、包角板等固定可靠、牢固，防腐涂料涂刷和密封材料敷设应完好。

（7）山墙泛水距离边波峰高度 250mm 的高度沿屋面坡度开出 10mm×15mm 的泛水槽，其次将泛水板折边与槽连接处采用 M6 膨胀螺栓连接固定，对外露膨胀螺栓部分用密封胶进行密封处理；与屋面板连接处用自攻螺钉固定于屋面板支架上，并使用通长止水胶带对泛水板与屋面板接缝处进行防水处理。

（8）彩板安装应平整、顺直，板面不应有施工残留物和污物。檐口应呈直线，不应有未经处理的错钻孔洞。

（9）项目经理部及其他作业队伍应严格按已批准的技术文件施工，不得随意更改。现场技术员和质检员有权检查执行情况，并及时纠正违反既定措施的施工方法。

（10）如发现原定施工工艺有缺陷，应由现场技术负责人提出修改意见，经原批准部门同意后，以技术联系单形式通知变更。

（11）施工人员对已批准的技术措施可提出合理化建议，经原批准部门核定后，以技术联系单通知变更。

（12）业主或设计单位提出的图纸修改或材料代用，应有正式的变更图或通知单。

（13）如因施工需要或合理化建议发生的变更，由项目经理部以技术联系单形式向业主提出，收到正式的答复后方可执行。

（14）施工中出现的问题，如需请示上级技术部门的，需待方案确定后以正式的通知为准执行。

（15）施工员、质检员、班组长应及时认真做好各项施工记录，如实反映施工情况。

（16）严格按照《钢结构工程施工质量验收标准》GB 50205—2020、《钢结构高强度螺栓连接技术规程》JGJ 82—2011 进行施工技术管理。

（17）交工技术文件。钢结构安装工程完工后，应会同建设单位按公司对技术文件的规定和《钢结构工程施工质量验收标准》GB 50205—2020 的要求整理竣工资料。

3. 成品保护

（1）成品件及各类成型附件应存放在有防雨、雪措施和平整的地面，并用有足够强度且材质较软的支撑物支撑稳固。

（2）压型金属板水平转运时，应用刚性材料制作胎架搬运，不得随地拖拽，垂直吊放时应用带软垫的吊索，分多点绑扎、吊索受力时应尽量处在垂直位置，搁置时应平稳轻放，避免碰撞压型金属板。

（3）压型金属板在运输和施工过程中，不应和未做防腐处理的铁质构件接触。板面在切割和钻孔中会产生铁屑，这些铁屑必须及时处理，不可过夜，因为铁屑在潮湿空气条件下或雨期会立即锈蚀，在钢板板面上形成成片的红色锈斑，很难清除。

（4）压型钢板屋面的施工荷载不能过大，施工中工人不可在压型钢板屋面聚集，以免集中荷载过大，造成板面损坏；必须在铺完的压型钢板上堆放钢筋、工具或其他重物时，应堆放在钢梁上方，并应在压型钢板的波谷处垫方木，方木高度要超过波高。

（5）对钢结构进行防腐、防火二次涂装时，应对周围的压型金属板表面进行覆盖，以免污损，压型金属板安装后，其后续工序施工前，应覆盖已安装的压型金属板，避免在上面行走及拖拉转运货物。

任务7.5　某在建钢结构房屋坍塌事故

1. 事故概况

2018年5月4日上午8点10分，某幢在建3层钢结构房屋发生坍塌，造成现场施工人员18人受困。经过20多个小时全力救援，被困人员已全部找到，其中死亡5人，轻微伤2人，送医救治11人，伤者神志清醒。

倒塌的建筑共三层，占地面积800m²，现场到处是碎裂的混凝土楼板、扭曲的钢柱钢梁，三层房屋整体坍塌，叠合在一起，现场惨不忍睹。

当天，省市有关部门共调派应急救援人员500余人，救援车辆93辆。同时，事故相关责任人已被公安机关控制。钢结构房屋坍塌现场如图7-17所示。

图7-17　钢结构房屋坍塌现场

据几位从倒塌建筑里逃生的工人描述，厂里正在建三层楼高的厂房是钢结构的，目前基本结构已经全部建好，现在做的是内部砌墙的工作；事发当天，工人们大约七点半就到厂房内，八点开始正式干活，工人大多数是外乡人；没干一会，突然听到非常大的响动，然后哗啦啦的撕扯声音，也不知道谁大喊快跑，他们就马上跟着跑出来。据现场工人回忆，建筑倒得非常快，自己前脚刚走，后脚就倒了，所以能跑出来的，基本都是在一楼做事的工人，二、三楼的工人，可能都没跑出来。

2. 钢结构失稳破坏的主要原因

（1）原始缺陷。原始缺陷包括钢材的负公差严重超规，制作过程中焊接等工艺产生的局部鼓曲和波浪形变形等。

（2）设计错误。设计人员缺乏稳定概念；稳定验算公式错误；只验算基本构件的稳定，忽视整体结构的稳定验算；计算简图及支座约束与实际受力不符，设计安全储备过小等；忽视甚至不进行构件的局部稳定验算，或者验收方法错误，致使组成构件的各类板件宽厚比和高厚比大于规范限值。

（3）制作缺陷。制作缺陷通常包括构件的初弯曲、初偏心、热轧冷加工以及焊接产生的残余变形等。这些缺陷将对钢结构的稳定承载力产生显著影响。

（4）构造不当。通常在构件局部受集中力较大的部位，原则上应设置构造加劲肋。另外，为了保证构件在运转过程中不变形，也须设置横隔、加劲肋等。但实际工程中，加劲肋数量不足、构造不当的现象比较普遍。

（5）支撑不足。柱间支撑、隔撑、临时支撑、细杆往往被设计者所忽视，这也是造成整体失稳的原因之一。钢结构在安装过程中，尚未完全形成整体结构之前，属几何可变体系，构件的稳定性很差。因此必须设置足够的临时支撑体系来维持安装过程中的整体稳定性。若临时支撑设置不合理或者数量不足，轻则会使部分构件丧失稳定，重则造成整个结构在施工过程中倒塌或倾覆。

（6）吊点位置不合理。在吊装过程中，尤其是大型的钢结构构件，吊点位置的选定十分重要。吊点位置不同，构件受力的状态也不同。有时构件内部过大的压应力将会导致构件在吊装过程中局部失稳。因此，在钢结构设计中，针对重要构件应在图纸中说明起吊方法和吊点位置。在吊装中，由于吊点位置的不同，桁架或网架的杆件受力可能变化，造成失稳。

（7）使用不当。结构竣工投入使用后，使用不当或意外因素也是导致失稳事故的主因。例如，使用方随意改造使用功能；改变构件的受力状态；由积灰或增加悬吊设备引起的超载；基础的不均匀沉降和温度应力引起的附加变形；意外的冲击荷载等。

3. 钢结构失稳破坏的防范措施

当钢结构发生整体失稳事故而倒塌后，整个结构已经报废，事故的处理已没有价值，只剩下责任的追究问题，但对于局部失稳事故，可以采取加固或更换板件的做法。钢结构失稳事故应以防范为主，以下原则应该遵守：

（1）设计人员应强化稳定设计理念，避免设计错误。

（2）制作单位应力求减少缺陷。在常见的众多缺陷中，初弯曲、初偏心、残余应力对稳定承载力影响最大，因此，制作单位应通过合理的工艺和质量控制措施将缺陷减低到最低程度。

（3）施工单位应确保安装过程中的安全。施工单位只有制定科学的施工组织设计，采用合理的吊装方案，精心布置临时支撑，才能防止钢结构安装过程中失稳，确保结构安全。

（4）使用单位应正常使用钢结构建筑物。一方面，使用单位要注意对已建钢结构的定期检查和维护；另一方面，当需要进行工艺流程和使用功能改造时，必须与原设计单位或有关专业人士协商，不得擅自增加负荷或改变构件受力。

任务7.6　某火车站大跨度钢结构施工

1. 工程概况

某火车站房屋的屋面钢桁架结构东西 286.5m，屋面桁架南北向跨度为 21m＋66m＋21m，两侧悬挑 8m，基本柱网 10.5m×21.5m、10.5m×24m，高架层结构标高为 8.745m，夹层结构标高 16.4m，屋顶结构标高 29.91～37.51m，如图 7-18 所示。该火车站房屋 8～15 轴柱间跨度达 66m，该段构件总质量 31.7t，柱顶平面桁架整体起拱幅度约 9.45m。火车站房屋横向一榀钢桁架如图 7-19 所示。

2. 施工方案分析

跨拱桁架安装方案可以有分段吊装和整体提升两种施工方案，每种方案都有自身的优劣性。

方案一为分段吊装法。此方案优点在于：主桁架地面多个工作面同时提前拼装有利于

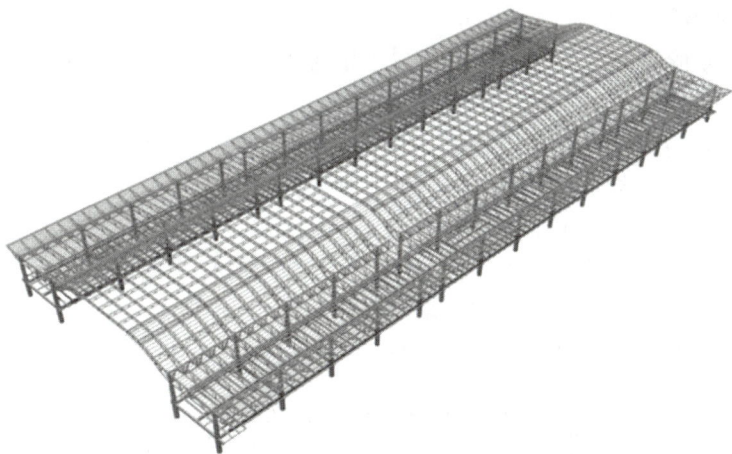

图 7-18 某火车站房屋的钢桁架屋面三维效果图

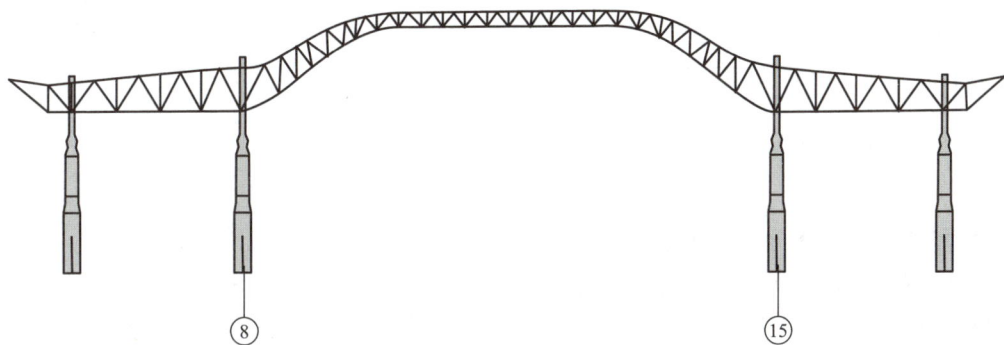

图 7-19 火车站房屋横向一榀钢桁架

工期保证；对下层混凝土楼板影响小；支撑胎架循环利用，投入量少；分段吊装在屋盖结构成型过程中，桁架杆件内力变化影响小。缺点在于：施工机械型号较大，费用高；高空施工作业量相对较多。

方案二为整体提升法。此方案优点在于：整体拼装质量高；高空施工作业量少。缺点在于：9m 层混凝土楼板需要达到设计强度后，才能进行桁架拼装，不能提前进行，对总工期不利；楼板拼装占用大量作业面，对其他工作开展不利；桁架起拱高，拼装时投入脚手架用量非常大，提升至安装完毕，桁架可看成简支梁转化成连续梁的过程，结构杆件内力变化较大。

考虑到工程整体工期紧张，同时对结构构件内力变化更加有利，更加节约费用，综合比较后选定方案一，即分段吊装法。8～15 轴柱间桁架可分成 3 段进行吊装。分段处无下部柱支撑，因此需搭设支撑架。使用 400t 履带式起重机吊装钢柱、夹层梁及 8～15 轴两侧的横向主桁架、纵向主桁架，形成稳定结构体系，然后吊装该区域横向次桁架、纵向次桁架及悬挑端分段单元。66m 跨的横向桁架分为三段吊装，在分段处设置支撑架，支撑架高度 26.9m。施工过程中支撑架循环利用，但需保留纵向两个柱距内的支撑架，以防止整体结构成型前的过度变形。

3. 施工方案验算

(1) 钢柱吊重验算。本工程高架夹层 16.28m 标高以下钢管混凝土柱截面为 1600mm×35mm，高架夹层 16.28m 标高以上钢柱截面为 1400mm×35mm，根据钢柱分布特点及履带式起重机性能，将钢柱分为两段，以 18.5m 标高处为分段位置。对吊装性能要求最高的中间柱第二段进行吊装工况分析，满足吊装要求。

(2) 主桁架吊重验算。本工程主桁架采用站房两侧 2 台 400t 履带式起重机塔式工况进行吊装。横向主次桁架共分 7 段，其中 66m 跨桁架分 3 段、两侧跨各分 2 段，如图 7-20 所示。通过对第一分段吊装工况分析、第二分段吊装工况分析、第三分段吊装工况分析，都采用了合适吨位和臂长的吊车起重。

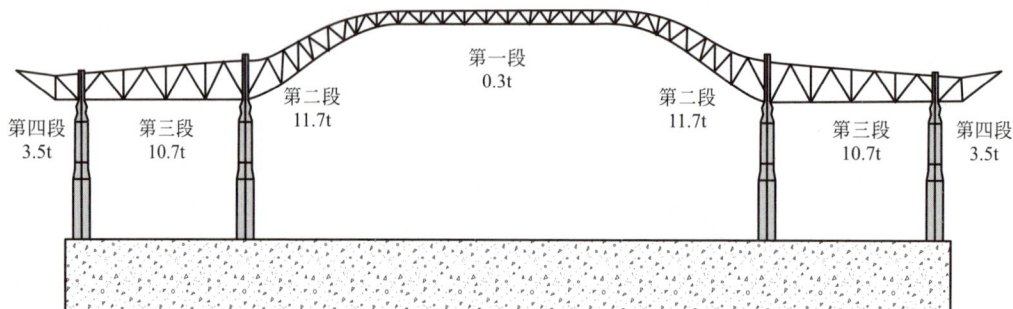

第一段 0.3t

第二段 11.7t

第二段 11.7t

第三段 10.7t

第三段 10.7t

第四段 3.5t

第四段 3.5t

图 7-20　横向主次桁架分段

4. 施工过程力学分析及实施

(1) 施工过程受力及变形模拟。钢结构安装过程是一个逐步累积的过程，该过程中，结构的受力和边界条件是依时变化的。因此，构件的最大内力状态或最终状态与设计时整体结构分析结果会因不同的施工工艺或顺序而有较大差别。为保证钢屋盖施工过程和安装完成后结构的安全，需进行施工过程模拟分析。施工过程分析采用大型通用有限元软件 midas Gen V8.0 进行，得出钢结构施工过程中的内力和变形情况。

(2) 计算模型。选取最不利典型单元进行施工模拟，钢管混凝土柱采用 SRC 材料和结构，支撑架腹杆采用桁架单元，其余全部采用梁单元模拟。根据实体模型，自重系数取 1.0。檩条、檩托采用线荷载的方式加载于对应横向桁架上弦，等效荷载取 1.53kN/m。采光玻璃天窗支架采用节点荷载的方式加载于玻璃天窗下方纵横向桁架上弦节点，等效荷载取 5.0kN。钢管混凝土柱底部刚接。支撑架底部铰接，不考虑底部加固措施的有利作用；对支撑架顶部进行 Y、Z 向和转角约束释放。

(3) 吊装钢管混凝土柱，楼层钢梁。受力分析：运用软件模拟分析受力，楼层钢梁最大应力 39.3MPa，符合设计要求。

(4) 安装屋盖主桁架，形成稳定框架。受力及变形分析：最大竖向变形 13.1mm，出现在楼层钢梁处，桁架竖向变形小；杆件最大应力 38.72MPa。

(5) 安装屋盖次桁架，形成完整整体；在 8.745m 标高楼面搭设支撑架。受力及变形分析：最大竖向变形 13.04mm，出现在楼层钢梁处，桁架竖向变形小；杆件最大应力 38.23MPa。现场吊装屋盖次桁架如图 7-21 所示。

图 7-21 现场吊装屋盖次桁架

（6）安装屋盖跨中第二段桁架。受力及变形分析：最大竖向变形 13.05mm，出现在楼层钢梁处，桁架竖向变形小；杆件最大应力 38.53MPa。跨中第二段桁架受力及变形软件分析如图 7-22 所示；现场吊装跨中第二段桁架如图 7-23 所示。

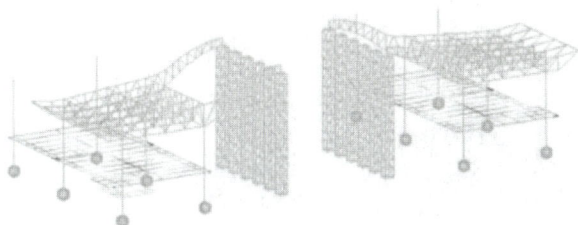

图 7-22 跨中第二段桁架受力及变形软件分析

图 7-23 现场吊装跨中第二段桁架

（7）安装屋盖跨中第一段桁架。受力及变形分析：最大竖向变形 13.05mm，出现在楼层钢梁处，桁架竖向变形小；杆件最大应力 38.49MPa。跨中第一段桁架受力及变形软件分析如图 7-24 所示；现场吊装跨中第一段桁架如图 7-25 所示。

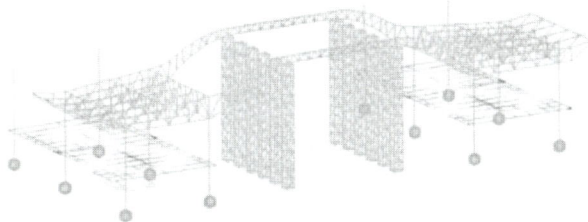

图 7-24 跨中第一段桁架受力及变形软件分析

图 7-25 现场吊装跨中第一段桁架

（8）安装屋盖跨中横向次桁架。受力及变形分析：最大竖向变形 13.04mm，出现在楼层钢梁处，桁架竖向变形小；杆件最大应力 38.51MPa。跨中横向次桁架受力及变形软件分析如图 7-26 所示；现场吊装跨中横向次桁架如图 7-27 所示。

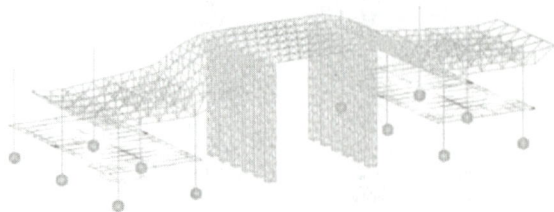

图 7-26 跨中横向次桁架受力及变形软件分析

图 7-27 现场吊装跨中横向次桁架

（9）安装屋盖跨中纵向次桁架。受力及变形分析：最大竖向变形 13.04mm，出现在楼层钢梁处，桁架竖向变形小；杆件最大应力 38.5MPa。现场吊装跨中纵向次桁架如图 7-28 所示。

图 7-28 现场吊装跨中纵向次桁架

（10）屋盖卸载，拆除支撑架。受力及变形分析：最大竖向变形 27.2mm；杆件最大应力 45.2MPa。屋盖卸载、拆除支撑架施工现场如图 7-29 所示。

图 7-29 屋盖卸载，拆除支撑架施工现场

（11）安装檩条、玻璃天窗。受力及变形分析：最大竖向变形 36mm；杆件最大应力 47.51MPa。安装檩条、玻璃天窗施工现场如图 7-30 所示。

图 7-30　安装檩条、玻璃天窗施工现场

5. 总结

（1）本工程 66m 大跨度钢结构桁架采用分段吊装、高空合拢的吊装方案进行吊装，该区域共用时 4 个月完成了 12000t 钢结构的吊装工作，为确保工程总体施工进度打下了坚实的基础。

（2）本工程大跨度钢结构桁架施工过程中，结构最大变形 36mm，最大应力 47.51MPa，结构变形和应力均满足规范和设计要求。分段吊装施工与结构一次成型相比，附加变形 1.9mm，附加应力 1.2MPa，附加变形和附加应力均较小，满足施工要求。分段吊装、高空合拢吊装方案安全合理。

小结

本项目主要介绍了装配式钢结构建筑施工管理总要求，某钢结构档案馆综合大楼施工，某体育馆因高强度螺栓疲劳而塌落事故，钢结构厂房屋面施工方案，某在建钢结构房屋坍塌事故，某火车站大跨度钢结构施工等内容，让学生对真实钢结构的综合性施工方案和施工过程有了比较全面的理解，开阔了眼界，同时，对钢结构工程的真实事故有了清醒的认识，为以后参与实际钢结构工程项目打下较坚实的工程间接经验基础。

习　题

1. 选择题

（1）装配式钢结构建筑应采用系统集成的方法统筹设计、生产运输、施工安装和使用维护，实现（　　）的协同。

A. 分过程　　　　B. 全过程　　　　C. 全领域　　　　D. 全区域

（2）装配式钢结构建筑应实现（　　），内装系统应与结构系统、外围护系统、设备与管线系统一体化设计建造。

    A. 全装修   B. 全程化   C. 全面化   D. 共同化

（3）所有高强度螺栓孔，均应采用钻孔制孔方法，（   ）现场气割电焊成孔。

    A. 均应   B. 根据实际可考虑

    C. 也可以   D. 严禁

（4）箱装零部件、连接用紧固标准件宜在库房内存放，对易变形的细长钢柱、钢梁、斜撑等构件（   ）采取多点支垫措施。

    A. 应   B. 可以   C. 宜   D. 适当

（5）监理是项目监理机构利用一定的检查或检测手段，在承包单位自检的基础上，按照一定的比例独立进行检查或检测的活动。装配式钢结构工程施工阶段主要的（   ）内容是钢结构预制和钢结构安装，关系到装配式钢结构工程的结构性能。

    A. 巡视   B. 平行检验   C. 旁站   D. 见证

（6）梁柱连接全部为无牛腿连接节点，施工精度控制要求（   ），构件就位、安装难度大，起重设备占用率高。

    A. 较低   B. 较高   C. 低   D. 高

（7）在风荷载作用下，屋盖桁架与立体框架梁间产生相对移动，使吊管式悬挂节点连接中产生弯矩，从而使高强度螺栓承受了反复荷载，与螺栓的疲劳破坏（   ）。

    A. 不确定关系   B. 无关   C. 有关   D. 挠度有关

2. 简答题

（1）钢结构厂房屋面施工工序有哪些？

（2）钢结构失稳破坏的主要原因有哪些？

（3）钢结构分段吊装法的优点、缺点分别有哪些？

（4）钢材检验流程与常用计量器具有哪些？

（5）钢结构中的钢筋桁架楼承板施工管理控制要点有哪些？

（6）钢结构失稳破坏的防范措施有哪些？

参考文献

［1］中华人民共和国住房和城乡建设部．钢结构工程施工质量验收标准：GB 50205—2020［S］．北京：中国计划出版社，2020.

［2］中华人民共和国住房和城乡建设部．房屋建筑制图统一标准：GB/T 50001—2017［S］．北京：中国建筑工业出版社，2018.

［3］中华人民共和国住房和城乡建设部．钢结构焊接规范：GB 50661—2011［S］．北京：中国建筑工业出版社，2012.

［4］中华人民共和国住房和城乡建设部．钢结构高强度螺栓连接技术规程：JGJ 82—2011［S］．北京：中国建筑工业出版社，2011.

［5］中华人民共和国住房和城乡建设部．空间网格结构技术规程：JGJ 7—2010［S］．北京：中国建筑工业出版社，2011.

［6］中华人民共和国住房和城乡建设部．建筑钢结构防腐蚀技术规程：JGJ/T 251—2011［S］．北京：中国建筑工业出版社，2012.

［7］中华人民共和国住房和城乡建设部．建筑防腐蚀工程施工质量验收标准：GB/T 50224—2018［S］．北京：中国计划出版社，2019.

［8］杜绍堂．钢结构工程施工［M］．5 版．北京：高等教育出版社，2023.

［9］孙韬，戚豹．钢结构工程施工［M］．北京：高等教育出版社，2020.

［10］姚习红．钢结构工程施工［M］．重庆：重庆大学出版社，2019.